普通高等教育土木工程学科精品规划教材（学科基础课适用）

结构设计软件

STRUCTURAL DESIGN SOFTWARE

谷　岩　编著

张晋元　主审

天津大学出版社
TIANJIN UNIVERSITY PRESS

内 容 提 要

本书紧密结合现行建筑结构规范，介绍了中国建筑科学研究院 PMCAD、SATWE 软件(V2.1 版)和北京迈达斯技术有限公司 MIDAS Building 软件在结构设计中的应用。本书分为三篇，第 1 篇主要介绍结构初步设计的相关知识；第 2 篇主要介绍建立结构计算模型的 PMCAD 软件和进行多、高层结构计算分析的 SATWE 软件；第 3 篇主要介绍 MIDAS Building-Structure Master 的应用。

本书可作为高等院校本科土木工程专业"结构设计软件"课程的教材和教学参考书，也可作为"结构设计软件"课程设计和毕业设计的上机指导书，同时又可作为广大土木工程设计人员的参考用书。

图书在版编目(CIP) 数据

结构设计软件/谷岩编著. —天津：天津大学出版社，
2014.7

普通高等教育土木工程学科精品规划教材. 学科基础课
适用

ISBN 978-7-5618-5122-7

Ⅰ. ①结… Ⅱ. ①谷… Ⅲ. ①建筑结构 – 结构设计 –
计算机辅助设计 – 应用软件 – 高等学校 – 教材 Ⅳ.
①TU318-39

中国版本图书馆 CIP 数据核字(2014) 第 157721 号

出版发行	天津大学出版社	
出 版 人	杨欢	
地 址	天津市卫津路 92 号天津大学内(邮编：300072)	
电 话	发行部：022-27403647	
网 址	publish. tju. edu. cn	
印 刷	廊坊市长虹印刷有限公司	
经 销	全国各地新华书店	
开 本	185mm×260mm	
印 张	15.25	
字 数	381 千	
版 次	2015 年 1 月第 1 版	
印 次	2015 年 1 月第 1 次	
印 数	1 – 3 000	
定 价	40.00 元	

普通高等教育土木工程学科精品规划教材

编审委员会

普通高等教育土木工程学科精品规划教材

编写委员会

主　任：姜忻良

委　员：（按姓氏汉语拼音排序）

毕继红	陈志华	丁　阳	丁红岩	谷　岩	韩　明
韩庆华	韩　旭	亢景付	雷华阳	李砚波	李志国
李忠献	梁建文	刘　畅	刘　杰	陆培毅	田　力
王成博	王成华	王　晖	王铁成	王秀芬	谢　剑
熊春宝	闫凤英	阎春霞	杨建江	尹　越	远　方
张彩虹	张晋元	郑　刚	朱　涵	朱劲松	

总序

随着我国高等教育的发展，全国土木工程教育状况有了很大的发展和变化，教学规模不断扩大，对适应社会的多样化人才的需求越来越紧迫。因此，必须按照新的形势在教育思想、教学观念、教学内容、教学计划、教学方法及教学手段等方面进行一系列的改革，而按照改革的要求编写新的教材就显得十分必要。

高等学校土木工程学科专业指导委员会编制了《高等学校土木工程本科指导性专业规范》（以下简称《规范》），《规范》对规范性和多样性、拓宽专业口径、核心知识等提出了明确的要求。本丛书编写委员会根据当前土木工程教育的形势和《规范》的要求，结合天津大学土木工程学科已有的办学经验和特色，对土木工程本科生教材建设进行了研讨，并组织编写了"普通高等教育土木工程学科精品规划教材"。为保证教材的编写质量，我们组织成立了教材编审委员会，聘请全国一批学术造诣深的专家作教材主审，同时成立了教材编写委员会，组成了系列教材编写团队，由长期给本科生授课的具有丰富教学经验和工程实践经验的老师完成教材的编写工作。在此基础上，统一编写思路，力求做到内容连续、完整、新颖，避免内容重复交叉和真空缺失。

"普通高等教育土木工程学科精品规划教材"将陆续出版。我们相信，本套系列教材的出版将对我国土木工程学科本科生教育的发展与教学质量的提高以及土木工程人才的培养产生积极的作用，为我国的教育事业和经济建设作出贡献。

丛书编写委员会

土木工程学科本科生教育课程体系

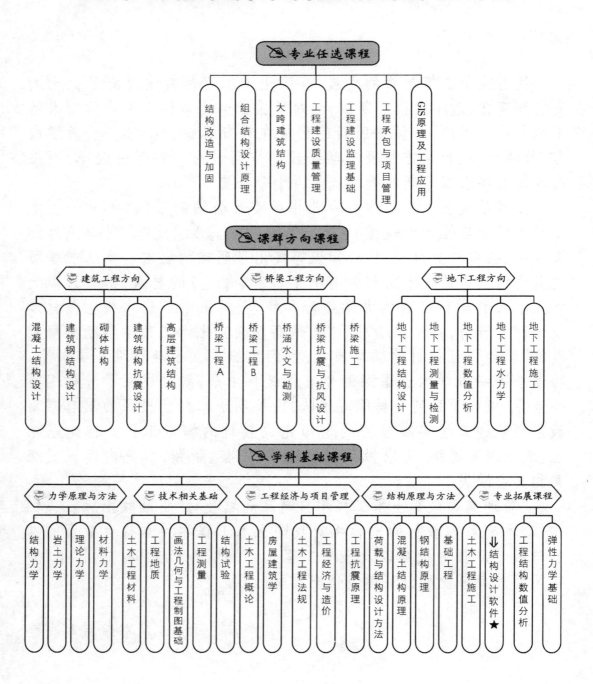

专业任选课程
- 结构改造与加固
- 组合结构设计原理
- 大跨建筑结构
- 工程建设质量管理
- 工程建设监理基础
- 工程承包与项目管理
- GIS原理及工程应用

课群方向课程

建筑工程方向
- 混凝土结构设计
- 建筑钢结构设计
- 砌体结构
- 建筑结构抗震设计
- 高层建筑结构

桥梁工程方向
- 桥梁工程A
- 桥梁工程B
- 桥涵水文与勘测
- 桥梁抗震与抗风设计
- 桥梁施工

地下工程方向
- 地下工程结构设计
- 地下工程测量与检测
- 地下工程数值分析
- 地下工程水力学
- 地下工程施工

学科基础课程

力学原理与方法
- 结构力学
- 岩土力学
- 理论力学
- 材料力学

技术相关基础
- 土木工程材料
- 工程地质
- 画法几何与工程制图基础
- 工程测量
- 结构试验
- 土木工程概论
- 房屋建筑学

工程经济与项目管理
- 土木工程法规
- 工程经济与造价

结构原理与方法
- 工程抗震原理
- 荷载与结构设计方法
- 混凝土结构原理
- 钢结构原理
- 基础工程
- 土木工程施工

专业拓展课程
- ⇓结构设计软件★
- 工程结构数值分析
- 弹性力学基础

前言

　　"结构设计软件"课程是土木工程专业的学科方向专业课,也是一门实践性很强的专业必修课。本书根据最新的建筑结构设计规范,按中国建筑科学研究院 PMCAD、SATWE 软件（V2.1 版）和北京迈达斯技术有限公司 MIDAS Building 软件编写。本书首先简要讲述建筑结构设计的初步知识,然后就计算机辅助设计的建立模型、计算分析步骤详细介绍 PMCAD、SATWE 和 MIDAS Building 结构大师的基本使用方法及操作步骤。

　　本书在编写过程中参考了中国建筑科学研究院 PKPM 系列软件和北京迈达斯技术有限公司 MIDAS Building 软件的用户手册,同时也参考了其他许多公开发表的文献,在此谨向作者表示衷心的感谢。

　　因编者的水平有限,错误和遗漏在所难免,不足之处,敬请读者批评指正。

编著者

2014 年 6 月

前言

目　　录

第 1 篇　结构初步设计与结构设计软件应用概述

第2篇　建研院 PKPM 多、高层结构设计软件应用

第 3 篇　MIDAS Building-Structure Master 应用

第 1 篇　结构初步设计与
结构设计软件应用概述

第1章 结构体系与结构布置

1.1 结构体系

1.1.1 结构体系简介

民用建筑中常用的多层及高层钢筋混凝土结构体系主要包括框架结构、剪力墙结构、框架-剪力墙结构和简体结构。各结构体系的特点分别介绍如下。

1. 框架结构

框架结构的特点是建筑平面布置灵活,可以取得较大的使用空间,具有较好的延性。但其整体侧向刚度较小,在强烈地震作用下侧向变形较大,非结构构件破坏比较严重,不仅地震中危及人身安全和财产安全,而且震后的修复量大,费用也很高。水平荷载作用下,框架结构的侧向变形特征为剪切型。

2. 剪力墙结构

剪力墙结构刚度大,空间整体性好,在水平荷载作用下侧向变形小,有利于避免设备管道及非结构构件的破坏,由于没有梁、柱等构件的外露与凸出,空间使用效率高。其缺点是受平面布置的限制,不能提供较大的使用空间,结构自重较大。水平荷载作用下,剪力墙结构的侧向变形特征为弯曲型。为了争取底部有较大空间,可以在一些剪力墙底部开设大洞,使部分剪力墙"不落地",用柱子和梁来支承上部的剪力墙,这就是部分框支剪力墙结构。

短肢剪力墙是指截面厚度不大于 300 mm,墙肢截面高度与厚度之比的最大值大于 5 但不大于 8 的剪力墙。一般情况下,当剪力墙结构中短肢剪力墙所承担的第一振型底部地震倾覆力矩达到结构总底部地震倾覆力矩的 50% 时,可认为是短肢剪力墙结构。短肢剪力墙结构可减轻结构自重,平面布置灵活,住宅建筑应用较多。

剪力墙结构适用于高度较高的高层建筑。部分框支剪力墙结构的最大适用高度较一般剪力墙结构要低,短肢剪力墙结构则更低。

3. 框架-剪力墙结构

框架-剪力墙结构既具有框架结构布置灵活、使用空间较大的特点,结构刚度又较大,具有多道抗震防线和良好的抗震性能,应用范围较为广泛。其缺点是由于建筑使用功能要求,剪力墙的平面布置往往受到限制,可能会造成结构的偏心过大、结构的平面不规则等。水平荷载作用下,框架-剪力墙结构的侧向变形特征为弯剪型。

有抗震设计要求的一般高层建筑,宜优先选用框架-剪力墙结构。

4. 简体结构

简体结构主要包括框架-核心筒结构、筒中筒结构和多筒体结构。框架-核心筒结构中的主要抗侧力构件是布置在楼层中央由剪力墙围成的核心筒,它具有较大的抗侧力刚度和承载力。框架-核心筒结构的周边为较大柱距的框架,结构的受力特点类似于框架-剪力墙。筒中筒结构的内筒与框架-核心筒结构的核心筒相似,但外筒与框架-核心筒结构的外框架不同。筒中筒结构的外筒是由密排柱和截面高度相对较大的边梁组成,具有很好的空间性能以及更大的抗侧力刚度和承载力,其受力特点不同于框架 - 核心筒结构。通常,在结构高宽比大于 3 时,才能充分发挥外筒的作用,因此筒中筒结构更适用于高度更高的高层建筑,而不宜用于高度低于 60 m 的建筑。

筒体结构的共同特点是整体性好、空间刚度大,适用于较高的高层建筑。

1.1.2　结构体系的选择

通常,结构体系在建筑方案中有所体现,但结构体系是否合理,应根据建筑的抗震设防类别、抗震设防烈度、建筑高度、场地条件、地基、结构材料和施工等因素,经技术经济和使用条件(如建筑功能、建筑平面及立面布置等)综合比较确定。常用结构体系及其适用范围见表 1 - 1。

表 1 - 1　常用结构体系及其适用范围

结构体系	适用范围
砌体结构	五层或五层以下建筑,如住宅、宿舍、办公楼、教学楼、实验楼、医院建筑等
底部框架 - 抗震墙砌体结构	底部为商店、餐厅、邮局等生活服务设施,上层为住宅的临街多层建筑
框架结构	办公楼、教学楼、实验楼、医院建筑、商业建筑、旅馆、多层工业厂房等
排架结构、门式钢架结构	单层工业厂房、仓库等
框、排架结构	单层空旷房屋,如礼堂、影剧院、体育馆、展览馆建筑等
剪力墙结构	高层住宅、公寓、旅馆、写字楼
框架 - 剪力墙结构	中高层、高层公共建筑
框支剪力墙结构	高层多功能建筑
筒体结构	高层公共建筑、多功能建筑
异形柱框架、框架 - 剪力墙结构	多层住宅、公寓、旅馆、写字楼

确定结构体系时,应符合下列各项要求:

(1)应具有明确的计算简图和合理的地震作用传递途径;

(2)应避免因部分结构或构件破坏而导致整个结构丧失抗震能力或对重力荷载的承载能力;

(3)应具备必要的承载能力,良好的变形能力和消耗地震能量的能力;

(4)对可能出现的薄弱部位,应采取有效措施予以加强;

(5)结构体系宜有多道抗震防线;

(6)结构体系的竖向和水平布置宜具有合理的刚度和承载力分布,避免因局部突变和扭转效应而形成薄弱部位或产生过大的应力集中或塑性变形集中;

(7)结构体系在两个主轴方向的动力特性宜相近。

此外,各种结构体系的最大适用高度还应满足国家标准《建筑抗震设计规范》GB 50011—2010(后面均简称《抗震规范》)第 6.1.1 条和《高层建筑混凝土结构技术规程》JGJ 3—2010(后面均简称《高规》)第 3.3.1 条的规定;最大高宽比应满足《高规》第 3.3.2 条的规定。

1.2　结构布置

1.2.1　结构平面布置

　　一般建筑平面的形状如图 1-1 所示。在高层建筑的一个独立结构单元内,宜使结构平面形状简单、规则、均匀、对称,使结构受力明确、传力直接,有利于抵抗水平和竖向荷载,减少扭转影响和构件的应力集中。

　　结构首选平面是图 1-1(a)至(e)所示具有两个或多个对称轴的平面形状,当采用矩形平面时,结构的长宽比不宜大于 6。

　　图 1-1(k)至(o)所示的平面形状比较不规则、不对称,且传力路线复杂,容易引起结构的较大扭转和一些部位的应力集中。图 1-1(n)、(o)所示角部重叠和细腰形的平面形状,在中央部位形成狭窄部分,地震时容易产生震害,尤其在凹角部位,因应力集中易使楼板开裂,不宜采用。必须采用时,则这些部位应采用加大板厚、增加板内配筋、设置集中配筋的边梁、配置 45°斜向钢筋等方法予以加强。

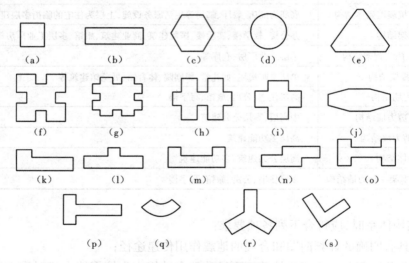

图 1-1　建筑平面形状

　　结构平面布置时应保证楼板在自身平面内有很大的刚度。当楼板平面比较狭长、有较大的凹入和开洞而使楼板刚度有较大削弱时,应在设计中考虑楼板刚度削弱产生的不利影响。楼板凹入或开洞尺寸不宜大于楼面宽度的一半;楼板开洞总面积不宜超过楼板面积的 30%;在扣除凹入或开洞后,楼板在任一方向的最小净宽度不宜小于 5 m,且开洞后每一边的楼板净宽度不应小于 2 m,如图 1-2 所示。

　　"卅"字形、"井"字形等外伸长度较大的建筑,当中央部分楼、电梯间使楼板刚度有较大削弱时,应加强楼板及连接部位墙体的构造措施。在不妨碍建筑使用的原则下,可以设置如图 1-3 所示的拉梁 a,拉梁内配置受拉钢筋;或设置如图 1-3 所示不上人的外挑板或可以使用的阳台板 b,在板内双层双向配置钢筋,每层、每向配筋率 0.25%。

　　楼板开大洞使其刚度削弱后,宜采取以下构造措施予以加强:

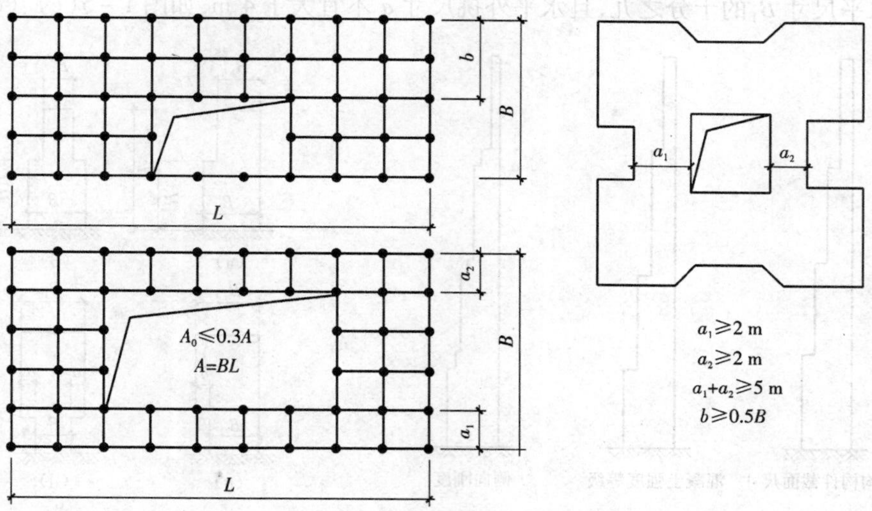

图 1-2　楼板自身平面内刚度对平面尺寸的要求

图 1-3　楼板刚度的加强措施

（1）加厚洞口附近楼板，提高楼板的配筋率；

（2）采用双层双向配筋，或加配斜向钢筋；

（3）洞口边缘设置边梁、暗梁；

（4）在楼板洞口角部集中配置斜向钢筋。

1.2.2　结构竖向布置

高层建筑的竖向体型宜规则、均匀，避免有过大的外挑和内收，结构的侧向刚度宜下大上小，逐渐均匀变化。在实际工程设计中，往往沿竖向自下而上逐渐减小构件的截面尺寸和混凝土强度等级。从施工方便和结构受力角度来看，柱截面尺寸每次减小 $100 \sim 150$ mm 为宜，墙厚每次减小 50 mm 为宜，混凝土强度每次降低 5 MPa 为宜，且构件截面尺寸的减小与混凝土强度等级的降低最好错开楼层，避免同层同时改变，如图 1-4 所示。

抗震设计时，当结构上部楼层收进部位到室外地面的高度 H_1 与房屋高度 H 之比大于 0.2 时，上部楼层收进后的水平尺寸 B_1 不宜小于下部楼层水平尺寸 B 的四分之三，如图1-5（a）、（b）所示；当结构上部楼层相对于下部楼层外挑时，下部楼层的水平尺寸 B 不宜小于上

部楼层水平尺寸 B_1 的十分之九,且水平外挑尺寸 a 不宜大于 4 m,如图 1-5(c)、(d)所示。

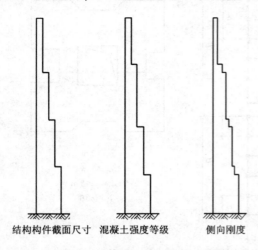

图 1-4　结构构件截面尺寸、混凝土强度等级、
侧向刚度沿高度的变化

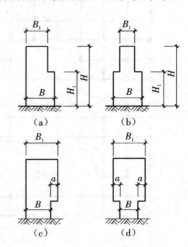

图 1-5　结构竖向收进和外挑示意图

1.3　规范关于不规则结构的界定

《抗震规范》第 3.4.2 条规定:建筑设计应重视其平面、立面和竖向剖面的规则性对抗震性能及经济合理性的影响,宜择优选用规则的形体,其抗侧力构件的平面布置宜规则对称,侧向刚度沿竖向宜均匀变化,竖向抗侧力构件的截面尺寸和材料强度宜自下而上逐渐减小,避免侧向刚度和承载力突变。

《抗震规范》第 3.4.3 条指出,建筑形体及其构件布置的平面、竖向不规则性应按照表 1-2 划分。

表 1-2　建筑形体及其构件布置的平面、竖向不规则类型

	不规则类型	定　义
平面不规则	A. 扭转不规则	在规定的水平力作用下,楼层的最大弹性水平位移(或层间位移)大于该楼层两端弹性水平位移(或层间位移)平均值的 1.2 倍
	B. 凹凸不规则	平面凹进的一侧尺寸大于相应投影方向总尺寸的 30%
	C. 楼板局部不连续	楼板的尺寸和平面刚度急剧变化,例如有效楼板宽度小于该层楼板典型宽度的 50%,或开洞面积大于该层楼面面积的 30%,或较大的楼层错层
竖向不规则	D. 侧向刚度不规则	该层的侧向刚度小于相邻上一层的 70%,或小于其上相邻三个楼层侧向刚度平均值的 80%;除顶层或出屋面小建筑外,局部收进的水平向尺寸大于相邻下一层的 25%
	E. 竖向抗侧力构件不连续	竖向抗侧力构件(柱、抗震墙、抗震支撑)的内力由水平转换构件(梁、桁架等)向下传递
	F. 楼层承载力突变	抗侧力结构的层间受剪承载力小于相邻上一楼层的 80%

实际上引起建筑结构不规则的因素还有很多,特别是复杂的建筑体型,很难一一用若干简化的定量指标来划分不规则的程度并规定限制范围,但是有经验的、有抗震知识素养的建

筑设计人员应该对所设计的建筑的抗震性能有所估计,要区分不规则、特别不规则和严重不规则等的不规则程度,避免采用抗震性能差的严重不规则的设计方案。

这里,"不规则"指的是超过表 1-2 中一项及一项以上的不规则指标;"特别不规则"指的是多项均超过表 1-2 中不规则指标或某一项超过规定指标较多,具有较明显的抗震薄弱部位,地震时将会引起不良后果;"严重不规则"指的是体型复杂,多项不规则指标超过表 1-2 的上限值或某一项大大超过规定指标,具有严重的抗震薄弱环节,将会导致地震破坏的严重后果。

对于混凝土结构、钢结构和钢-混凝土组合结构建筑,当存在表 1-2 所列举的平面不规则类型或竖向不规则类型时,除应根据不规则程度进行水平地震作用计算和内力调整,还应对薄弱部位采取有效的抗震构造措施。

在结构设计阶段,针对建筑方案主要应考虑不规则类型 B、C、E;对不规则类型 A、D、F 应通过结构计算进行分析及调整。

第2章 结构体系方案设计

2.1 楼盖结构

2.1.1 楼盖结构的作用

楼盖是由梁板形成的水平刚性结构,承受竖向荷载,并与竖向构件相连组成整体结构,将竖向荷载和水平荷载有效传递至基础。

楼盖相当于水平隔板,提供足够的平面内刚度,可以聚集和传递水平荷载到各个竖向抗侧力结构,使整个结构协同工作。特别是当竖向抗侧力结构布置不规则或各抗侧力结构水平变形特征不同时,楼盖的这个作用更显得突出和重要。

2.1.2 楼盖结构的选型

普通高层建筑楼盖结构的选型可参照表 2-1 确定。

表 2-1　普通高层建筑楼盖结构的选型

结构体系	房屋高度	
	≤50 m	>50 m
框架结构	可采用装配整体式,宜采用现浇楼面	宜采用现浇楼面
剪力墙结构	可采用装配整体式,宜采用现浇楼面	宜采用现浇楼面
框架-剪力墙结构	可采用装配整体式,宜采用现浇楼面	应采用现浇楼面
板柱-剪力墙结构	应采用现浇楼面	应采用现浇楼面
筒体结构	应采用现浇楼面	应采用现浇楼面

有抗震设防要求的多、高层建筑的楼盖结构宜优先选用现浇混凝土板。当采用预制装配式楼盖时,应从楼盖体系和构造上采取措施确保各预制板之间连接的整体性,满足楼板刚度无限大的假定。

(1)每层宜设现浇层,现浇层厚度不应小于 50 mm,混凝土强度等级不应低于 C20,并应双向配置直径 6~8 mm、间距 150~200 mm 的钢筋网,钢筋应锚固在剪力墙内。楼面现浇层应与预制板缝混凝土同时浇筑。

(2)要拉开板缝,板缝宽度不小于 40 mm,配置板缝钢筋,并宜贯通整个结构单元,板缝用高强度混凝土填缝,必要时可以设置现浇板带。

重要的、受力复杂的楼板,应比一般层楼板有更高的要求。屋顶、转换层楼板以及开口过大的楼板应采用现浇板以增强其整体性。顶层楼板加厚可以有效约束整个高层建筑,使其能整体空间工作。转换层楼板要在平面内完成上层结构内力向下层结构的转移,楼板在平面内承受较大的内力,应当加厚。

现浇楼板的混凝土强度等级不应低于 C20,也不宜高于 C40。

2.1.3　现浇楼盖的尺寸估算

1. 现浇板的厚度

现浇板的最小厚度应符合国家标准《混凝土结构设计规范》GB 50010—2010（后面均简称《混凝土规范》）第 9.1.2 条的规定,具体见表 2-2。

表 2-2　现浇板的最小厚度

板的类别		最小厚度/mm	板的类别		最小厚度/mm
单向板	屋面板	60	密肋楼盖	面板	50
	民用建筑楼板	60		肋高	250
	工业建筑楼板	70	悬臂板（根部）	悬臂长度≤500 mm	60
	行车道下的楼板	80		悬臂长度>1 200 mm	100
双向板		80	无梁楼板		150

现浇板的常用经济跨度及其厚度可参考表 2-3 取值。

表 2-3　现浇板的厚度与跨度的最小比值（h/l_0）

板的种类		h/l_0	常见跨度/m	适用范围	备注
单向板	简支	1/30	≤4	民用建筑的楼板	当 $l_0>4$ m 时应适当加厚
	连续	1/40			
双向板	简支	1/40	≤8	民用建筑的楼板	当 $l_0>4$ m 时应适当加厚
	连续	1/50			
无梁楼盖	无柱帽	1/40 ~ 1/30	≤7	民用建筑的楼板	—
	有柱帽	1/45 ~ 1/35	≤9		
密肋板	单向密肋板	1/20 ~ 1/18	7 ~ 10	民用建筑的楼板	
	双向密肋板	1/30 ~ 1/20			
井字梁楼板		1/45 ~ 1/35	2 ~ 3.5	民用建筑的楼板	小跨取大值,大跨取小值
悬臂板		1/12 ~ 1/10	≤1.5	雨篷、阳台或其他悬挑构件	当 $l_0>1.5$ m 时宜做挑梁
普通板式楼梯		1/28 ~ 1/25	—	民用建筑的楼板	l_0 为楼梯水平投影长度

注:1. 对于双向板, l_0 为板的短跨计算跨度;
　　2. 对于无梁楼盖、双向密肋板、井字梁楼板, l_0 为板的长跨计算跨度;
　　3. 对于密肋板、井字梁楼板, h 为含面层板厚度的肋高;
　　4. 荷载较大时,板厚应适当加厚,并经挠度和裂缝宽度验算后确定。

2. 现浇梁的截面高度

现浇梁的截面高度一般可以根据高跨比 h/l 估算,可参照表 2-4 取值。

表 2 - 4　钢筋混凝土结构现浇梁截面高度(h)

分类		梁截面高度	常用跨度/m	适用范围	备注
现浇整体楼盖	普通主梁	$l/18 \sim l/10$	≤9	民用建筑框架结构、框 - 剪结构、框 - 筒结构	—
	框架扁梁	$l/22 \sim l/16$			
	次梁	$l/20 \sim l/12$			
独立梁	简支梁	$l/12 \sim l/8$	≤12	混合结构	—
	连续梁	$l/15 \sim l/12$			
悬臂梁		$l/7 \sim l/5$	≤4	—	—
井字梁		$l/20 \sim l/15$	≤15	长宽比 < 1.5 的楼盖	梁距 > 3.6 m 且周边应有边梁
框支梁		$l/8 \sim l/6$	≤9	框支 - 剪力墙结构	—

注:1. 表中 l 为梁的(短跨)计算跨度;
　　2. 梁的荷载较大时,截面高度取较大值,必要时应计算挠度;
　　3. 梁设计荷载的大小,一般可以以均布设计荷载 40 kN/m 为界。

2.2　框架结构

2.2.1　结构布置原则

1. 平面布置

有抗震设防的框架结构,或非地震区层数较多的框架结构,应采用纵横双向梁柱刚接的抗侧力结构。若有一个方向为铰接时,应在铰接方向设置支撑等抗侧力构件。主体结构除个别部位外,不应采用梁柱铰接。抗震设计的框架结构不宜采用单跨框架。

柱网的开间和进深可设计成图 2 - 1 所示的大柱网或小柱网。大柱网适用于建筑平面要求有较大空间的房屋建筑,但将增大梁柱的截面尺寸。小柱网梁柱截面尺寸小,适用于饭店、办公楼、医院病房楼等分隔墙体较多的建筑。在有抗震设防的框架房屋中,过大的柱网将给实现强柱弱梁及延性框架增加一定困难。

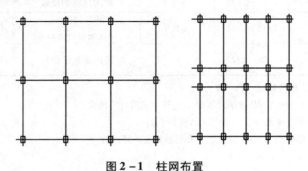

图 2 - 1　柱网布置

2. 竖向布置

柱子布置应均匀、对称,同层各柱截面尺寸宜相同,避免短柱。应使各柱抗侧力刚度大致相同,防止在地震作用下由于各柱抗侧力刚度相差悬殊而被各个击破导致结构破坏。

框架沿高度方向各层平面柱网尺寸宜相同。尽量避免因楼层某些框架柱取消而形成不规则框架,否则应视不规则程度采取加强措施,如加厚楼板、增加边梁配筋等。上下楼层柱子截面变化时,尽可能使柱中心对齐,或上下仅有较小的偏心。

3. 不应采用混合承重形式

抗震设计时,不应采用部分由砌体墙承重、部分由框架承重的混合承重形式。框架结构中的楼、电梯间及局部突出屋面的电梯机房、楼梯间、水箱间和设备间等,均应采用框架承重,屋顶设置的水箱和其他设备应可靠地支承在框架主体上。

2.2.2　柱网及构件尺寸初步拟订

1. 柱网尺寸

框架结构的柱网尺寸即框架梁的跨度。柱网布置应力求做到简单、规则、整齐,柱网尺寸应符合经济原则,尽量符合模数。

柱网尺寸及层高应根据建筑功能要求、施工条件及材料设备等各方面因素来确定。从使用上来说,愈大愈好;但梁的截面高度太大不仅影响建筑净高,而且对框架的抗侧刚度的影响也很大。考虑到抗震设计时的延性要求,梁的截面尺寸不宜太大,因此框架结构柱网尺寸宜为 6 ~ 8 m,不宜超过 9 m。需要大尺寸的柱网(如 9 ~ 12 m)时,应考虑采用预应力混凝土梁。

一般情况下,在民用建筑(如旅馆、办公楼、宿舍、教室、医院等)中,框架结构的柱网常采用为对称三跨(A + B + C)式,称之为内廊式柱网。其中:A 为边跨跨度(房间进深),常为 6 m、6.6 m、6.9 m 等;B 为中间跨跨度(走廊宽度),常为 2.4 m、2.7 m、3.0 m 等;C 为开间方向柱距,常取房间开间的 2 倍,一般为 6 ~ 8.4 m。

在工业建筑(如多层厂房、仓库等)中,框架结构常采用等跨式柱网。其进深常为 6 m、7.5 m、9 m、12 m,从经济方面考虑不宜超过 9 m;开间方向的柱距常为 6 ~ 9 m。

2. 框架柱的截面尺寸

结构方案布置时,框架柱的截面尺寸应满足以下构造要求。

(1)柱截面尺寸在纵、横两个方向上不宜相差过大。矩形柱边长比不宜超过 1.5;在地震区,柱截面尺寸受到轴压比限制,不能过小,同时为了保证纵、横两个方向都有足够的承载力、刚度和相近的动力特性,柱截面宜采用方形、圆形、多边形以及接近方形的矩形截面。

(2)《抗震规范》第 6.3.5 条规定:柱截面的宽度和高度,四级或不超过 2 层时不宜小于 300 mm,一、二、三级且超过 2 层时不宜小于 400 mm;圆柱的直径,四级或不超过 2 层时不宜小于 350 mm,一、二、三级且超过 2 层时不宜小于 450 mm;柱剪跨比宜大于 2;柱截面长边与短边的边长之比不宜大于 3。

(3)柱净高与截面高度之比不宜小于 4。

(4)层高与柱截面高度之比不宜大于 15。

各类结构的框架柱和框支柱的截面尺寸,可以根据柱的受荷面积计算由竖向荷载产生的轴向力标准值 N,按照式(2-1)估算柱截面面积 A_c,然后再确定柱边长。

$$A_c \geq \frac{\zeta N}{[\mu_c] f_c} \qquad (2-1)$$

式中　ζ——轴向力放大系数,按照表 2-5 取用;

f_c——混凝土抗压强度设计值,按《混凝土规范》表 4.1.4-1 取值;

$[\mu_c]$——轴压比限值,非抗震设计时取0.9~0.95,抗震设计时按照表2-6取用。

表2-5　轴向力放大系数 ζ

		框支柱	框架角柱	框剪结构框架柱	其他柱
抗震设计	一级	1.6	1.6	1.4	1.5
	二级	1.6	1.6	1.4	1.5
	三级	1.5	1.6	1.4	1.5
	四级	1.4	1.5	1.3	1.3
非抗震设计		1.3	1.5	1.3	1.3

表2-6　轴压比限值 $[\mu_c]$

结构类型	抗震等级			
	一级	二级	三级	四级
框架结构	0.65	0.75	0.85	0.90
框架-抗震墙结构、筒体结构	0.75	0.85	0.90	0.95
部分框支抗震墙结构	0.60	0.70	—	—

注:1. 表内数值适用于剪跨比大于2、混凝土强度等级不高于C60的柱;剪跨比不大于2的柱,轴压比限值应降低0.05;剪跨比小于1.5的柱,轴压比限值应专门研究并采取特殊构造措施。

2. 沿柱全高采用井字复合箍且箍筋肢距不大于200 mm、间距不大于100 mm、直径不小于12 mm,或沿柱全高采用复合螺旋箍且螺旋间距不大于100 mm、箍筋肢距不大于200 mm、直径不小于12 mm,或沿柱全高采用连续复合矩形螺旋箍且螺旋间距不大于80 mm、箍筋肢距不大于200 mm、直径不小于10 mm,轴压比限值均可增加0.10;上述三种箍筋的最小配箍特征值 λ 均应按增大的轴压比按《抗震规范》第6.3.9条以及《混凝土规范》的规定确定。

3. 在柱的截面中部附加芯柱,其中另加的纵向钢筋的总面积不少于柱截面面积的0.8%,轴压比限值可增加0.05;此项措施与注2的措施共同采用时,轴压比限值可增加0.15,但箍筋的体积配箍率仍可按轴压比增加0.10的要求确定。

4. 柱轴压比不应大于1.05。

柱截面尺寸一般取50 mm的倍数,为便于施工和使用,对多层框架,柱截面尺寸沿高度一般不变;对高层框架,可变化1或2次。

3. 框架梁的截面尺寸

框架梁的截面尺寸应根据承受竖向荷载大小、跨度、抗震设防烈度、混凝土强度等级等诸多因素综合考虑确定。在一般荷载情况下,框架梁截面高度 h_b 可按 $(1/18 \sim 1/10)L_b$,且不应小于400 mm,也不宜大于1/4净跨,L_b 为框架梁的计算跨度;框架梁的宽度 b_b 不宜小于 $h_b/4$,且不应小于200 mm。

为了降低楼层高度,或便于通风管道等通行,必要时框架梁可设计成宽度较大的扁梁,此时应根据荷载及跨度情况,满足梁的挠度限值,扁梁截面高度可取 $h_b \geq (1/18 \sim 1/15)L_b$。采用扁梁时,楼板应现浇,梁中线宜与柱中线重合。当梁宽大于柱宽时,扁梁应双向布置。

当梁高较小时,除验算其承载力外,还应注意满足刚度及剪压比的要求。在计算梁的挠度时,可以扣除梁的合理起拱值,对现浇梁板,宜考虑梁受压翼缘的有利影响。一般对于边框架梁取截面惯性矩 $I = (1.2 \sim 1.5)I_0$,对于中框架梁取截面惯性矩 $I = (1.5 \sim 2.0)I_0$,其中

I_0 为矩形梁截面的惯性矩。

2.2.3　梁柱偏心

《高规》第 6.1.7 条规定:框架梁、柱中心线宜重合。当梁、柱中心线不能重合时,在计算中应考虑偏心对梁、柱节点核心区受力和构造的不利影响以及梁荷载对柱的偏心影响。

梁、柱中心线之间的偏心距,9 度抗震设计时不应大于柱截面在该方向宽度的 1/4;非抗震设计和 6~8 度抗震设计时不宜大于柱截面在该方向宽度的 1/4。如偏心距大于该方向柱宽的 1/4 时,可采取增设图 2-2 所示水平加腋梁等措施。设置水平加腋梁后,仍需考虑梁、柱偏心的不利影响。

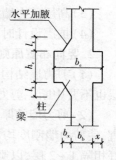

图 2-2　水平加腋梁

2.2.4　框架填充墙

框架结构中的填充墙主要起围护和分隔房间的作用,应优先选用轻质墙体。如果采用砌体填充墙,由于其自重较大、抗侧刚度也很大,如果布置不当,极易形成偏心,产生扭转,会出现震害,甚至影响主体结构的安全。尤其在窗台以下连续砌筑砌体填充墙,将使框架柱形成短柱,发生脆性破坏。因此,抗震设计时如采用砌体填充墙,应使平面和竖向布置均匀对称,以减少因抗侧刚度偏心所造成的扭转,并应避免形成短柱及上下层刚度变化过大。

当实际工程中砌体墙不可避免时,设计中应当从概念设计出发,从计算和构造两个方面来考虑。

(1)结构分析时,宜根据填充墙的实际布置情况,用较为合理的偏心距来反映平面布置的不均匀,用层刚度增大系数来反映竖向布置的不均匀,并取按此计算的结果和不考虑这些因素的计算结果两者中的最不利情况作为设计依据。

(2)对上下层填充墙数量变化很大的框架结构,宜考虑按薄弱层设计。

(3)应采取切实可靠的构造措施来减小由于填充墙布置的不均匀、不对称而产生的结构偏心或上下层刚度差异较大所造成的不利影响。

(4)当柱上下两端设置的刚性填充墙的约束使框架中部形成短柱时,柱剪力设计值应按实际柱净高计算,并应按《抗震规范》第 6.3.9 条第 4 款的规定,柱箍筋全高加密。

2.3　剪力墙结构

2.3.1　结构布置原则

1. 平面布置原则

(1)高层剪力墙结构的墙体应双向或多向布置,形成对承受竖向荷载有利、抗侧力刚度大的平面和竖向布局。一般情况下,采用矩形、L 形、T 形平面时,剪力墙沿两个正交的主轴方向布置;采用三角形及 Y 形平面时,可沿三个方向布置;采用正多边形、圆形和弧形平面时,则可沿径向及环向布置。

(2)单片剪力墙的长度不宜过大,如果同一轴线上的连续剪力墙过长时,可用跨高比大于 6 的弱连梁分成若干个墙段,每一个独立墙段可以是整体墙或联肢墙。每个独立墙段的总高度与墙肢长度的比值不宜小于 3。每一墙段可以具有若干个墙肢,每一墙肢截面高度(即墙肢长度)不宜大于 8 m。当墙肢长度超过 8 m 时,应采用结构洞的方法把长墙肢分成短墙肢。

(3)高层剪力墙结构应尽量减轻建筑物重量,宜采用大开间结构方案和轻质高强材料。

(4)抗震设计时,高层建筑结构不应采用全部为短肢剪力墙的剪力墙结构。

2. 竖向布置原则

(1)剪力墙结构的剪力墙应在整个建筑的竖向连续分布,上应到顶,下要到底,中间楼层也不要中断。剪力墙不连续会使结构刚度突变,对抗震非常不利。

(2)剪力墙的厚度沿竖向可逐渐减薄,但应按阶段变化,每次厚度减少 50 ~ 100 mm 为宜,使剪力墙刚度均匀连续改变。剪力墙厚度改变和混凝土强度等级的改变应错开楼层,最好相隔 1 ~ 2 层,以避免刚度突变。为减少上下剪力墙结构的偏心,一般情况下厚度宜两侧同时内收。为保持外墙面平整,可以只在内侧单面内收;电梯井因安装要求,可以只在外侧单面内收。剪力墙结构中屋顶局部突出的水箱间、电梯机房不应采用砌体结构。

(3)剪力墙的门窗洞口宜上下对齐,成列布置,使剪力墙形成明确的墙肢和连梁。洞口设置应避免墙肢刚度相差悬殊。抗震设计时,一、二、三级剪力墙的底部加强部位不宜采用上下洞口不对齐的错洞墙,全高均不宜采用洞口局部重叠的叠合错洞墙。

(4)高层剪力墙结构,当在顶层设置大房间而将部分剪力墙去掉时,大房间应尽量设在结构单元的中间部位,并且该层刚度不应小于相邻下层刚度的 70%,楼板和屋顶板宜采用现浇或其他整体性好的楼板,板厚不宜小于 180 mm,配筋按转换层要求配置。

(5)当底部需要大空间而部分剪力墙不落地时,应设置转换层,按框支 - 剪力墙结构设计。

(6)高层剪力墙结构的基础应有一定的埋深,并且宜设置地下室。

2.3.2 剪力墙的数量和墙肢厚度估算

1. 剪力墙的数量

对于大多数 30 层以内的住宅结构,底层部分的剪力墙截面总面积(A_w)与楼面面积(A)之比,应在以下范围内:

(1)大开间(6 ~ 8 m),$A_w/A = 4\% ~ 6\%$;

(2)小开间(3 ~ 4 m),$A_w/A = 6\% ~ 8\%$。

因此,在方案上优先选用大开间剪力墙结构。

2. 墙肢厚度估算

剪力墙结构中的剪力墙截面的最小厚度应满足表 2 - 7 的要求。

表 2 - 7　剪力墙截面的最小厚度

结构类型	抗震等级	剪力墙部位	最小厚度/mm(取较大值)	
			有端柱或翼墙	无端柱或翼墙
剪力墙结构	一、二级	底部加强部位	$H/16$、200	$H/12$、200
		其他部位	$H/20$、160	$H/20$、180
	三、四级	底部加强部位	$H/20$、160	$H/20$、180
		其他部位	$H/25$、160	$H/20$、160
—	非抗震	—	$H/25$、160	$H/25$、160

注:1. H 为层高或墙肢长度二者中的较大值;
　　2. 翼缘长度小于 3 倍墙厚或端柱截面边长小于 2 倍墙厚时,视为无翼缘或无端柱;
　　3. 框支 - 剪力墙结构转换构件上部的剪力墙厚度不宜小于 200 mm;
　　4. 电梯井或管井的墙体厚度可适当减小,但不宜小于 160 mm。

2.4　框架 - 剪力墙结构

2.4.1　框架 - 剪力墙结构中剪力墙的形式

框架 - 剪力墙结构中剪力墙的形式主要根据建筑平面布局和结构受力需要灵活处理。一般可采用以下几种形式,并宜使纵、横墙组成 L 形、T 形、[形等形式:
　　(1)框架和剪力墙(单片墙、联肢墙或较小井筒)分开布置;
　　(2)在框架结构的若干跨内嵌入剪力墙,形成带边框剪力墙;
　　(3)在单片抗侧力结构内连续分别布置框架和剪力墙;
　　(4)上述两种或三种形式的混合。

2.4.2　结构布置原则

　　(1)框剪结构中的框架和剪力墙应分别符合 2.2 和 2.3 节的相关规定。
　　(2)框剪结构应设计成双向抗侧力体系,主体结构之间不宜采用铰接。框架 - 剪力墙结构在结构两个主轴方向均应布置剪力墙,形成双向抗侧力体系。非抗震设计时,可根据建筑物迎风面的大小及风荷载的大小设置剪力墙,两个主轴方向的剪力墙数量和抗侧刚度可以不同;抗震设计时,两个主轴方向的剪力墙数量、抗侧刚度和周期尽可能接近。梁与柱或柱与剪力墙的中线宜重合,框架梁与柱中线之间的偏心距不宜大于柱宽的 1/4。
　　(3)剪力墙的平面布置应遵循对称、周边、均匀、分散的原则。
　　①剪力墙应尽可能对称布置,以减少结构的扭转效应;并宜均匀布置在建筑物的周边附近,如楼梯间、电梯间、平面形状变化及恒载较大的部位,以加强结构的抗扭作用。
　　②平面形状凸凹较大时,宜在凸出部分的端部附近布置剪力墙。
　　③单片剪力墙底部承担的水平剪力不宜超过结构底部总水平剪力的 40%。
　　④剪力墙宜贯通建筑物的全高,以避免刚度突变。剪力墙开洞时洞口宜上下对齐且洞口面积不宜大于墙面面积的 1/6。
　　⑤剪力墙的梁端宜设置端柱、翼墙或与另一方向的剪力墙相连。

⑥电梯间、竖井等造成连续楼层开洞时,宜在洞边设置剪力墙,且尽量与附近的框架或剪力墙相结合,不宜孤立地布置在单片抗侧力结构或柱网以外的中间部分。

⑦房屋纵、横向区段较长时,刚度较大的剪力墙不宜设置在房屋的端开间。

2.4.3　剪力墙数量的初步估算

初步设计时,国内大量已建成的框架 – 剪力墙结构中剪力墙的数量,可以作为新建结构布置剪力墙的参考。作为一个指标,可以采用底层结构截面面积(即剪力墙截面面积 A_w 和柱截面面积 A_c 之和)与楼面面积 A 之比和剪力墙截面面积 A_w 与楼面面积 A 之比,比较合理的数值见表 2 – 8。

表 2 – 8　底层结构截面面积与楼面面积之比以及剪力墙截面面积与楼面面积之比

设计条件	7 度设防、Ⅱ类场地	8 度设防、Ⅱ类场地
$(A_w + A_c)/A$	3% ~ 5%	4% ~ 6%
A_w/A	2% ~ 3%	3% ~ 4%

当设防烈度、场地情况不同时,可以根据上述数值适当增减。层数多、高度大的框架 – 剪力墙结构宜取表中的上限值。

第3章 荷载导算

建筑结构设计中涉及的作用包括直接作用(荷载)和间接作用(如地基变形、混凝土收缩、焊接变形、温度变化或地震等引起的作用)。

按作用的时间,荷载分为永久荷载、可变荷载和偶然荷载三类。永久荷载也称恒荷载,主要包括结构自重、土压力、预应力等。可变荷载也称活荷载,主要指楼(屋)面使用荷载、屋面积灰荷载、风荷载、雪荷载、吊车荷载等。偶然荷载是指在结构使用期间不一定出现,但一旦出现,其值很大且持续时间很短的荷载,如爆炸力、撞击力、地震作用等。

荷载有四种代表值,即标准值、组合值、频遇值和准永久值。在结构设计中,应根据不同的设计要求,选取不同的荷载代表值来计算荷载效应。荷载标准值是荷载的基本代表值,它是由大量的实测数据经统计分析得出的、设计基准期(一般按50年)内最大荷载统计分布的特征值,如均值、众值、中值或某个分位值。其他荷载代表值则是在荷载标准值的基础上乘以相应的系数后得出的。

荷载取值的准确性直接影响结构设计的结果。一般情况下,荷载应按国家标准《建筑结构荷载规范》GB 50009—2012(后面均简称《荷载规范》)的有关规定采用;未明确规定时,可从有关参考资料中查找;必要时还需通过实测确定。

在使用结构设计软件进行结构分析时,荷载导算的目的主要是得到作用在楼板、梁、墙、柱上的各种荷载标准值。地震作用、风荷载、人防荷载标准值不需要手算,只要在软件中输入相应的基本参数即可,由程序自动计算。

3.1 楼(屋)面荷载

楼(屋)面主要承受竖向荷载,包括恒载(结构自重等)、楼(屋)面活载(使用荷载)、雪荷载、屋面积灰荷载等。这些荷载是结构计算时的主要荷载,荷载导算时,一般根据功能分区来进行,并应计入楼(屋)盖板的结构自重。

3.1.1 屋面荷载

1. 屋面恒载

屋面按功能可分为上人屋面、非上人屋面、种植屋面(屋顶花园)。屋面恒荷载标准值按照构造做法计算。常用屋面构造做法及其恒荷载标准值见表3-1。

表 3 - 1　常用屋面构造做法及其恒荷载标准值

名称及部位	构造做法	厚度/mm	容重/(kN/m³)	重量/(kN/m²)	恒荷载标准值/(kN/m²)
非上人屋面 05J1 - 屋 13	高聚物改性沥青防水卷材(SBS)	4	—	0.15	6.15
	1:3 水泥砂浆找平层,掺聚丙烯纤维	20	20	0.40	
	聚苯保温板	100	3.0	0.30	
	1:8 水泥膨胀珍珠岩找 2% 坡,最薄处不小于 20 mm	100	15	1.50	
	1:3 水泥砂浆找平层,掺聚丙烯纤维	20	20	0.40	
	钢筋混凝土楼板	120	25	3.00	
	板底混合砂浆抹灰	20	20	0.40	
上人屋面 05J1 - 屋 6	10 mm 厚地砖铺平拍实,缝宽 5～8 mm,1:1 水泥砂浆填缝	10	20	0.20	6.80
	25 mm 厚 1:4 干硬性水泥砂浆结合层	25	20	0.50	
	高聚物改性沥青防水卷材(SBS)	3	—	0.10	
	1:3 水泥砂浆找平层,掺聚丙烯纤维	20	20	0.40	
	聚苯保温板	100	3.0	0.30	
	1:8 水泥膨胀珍珠岩找 2% 坡,最薄处不小于 20 mm	100	15	1.50	
	1:3 水泥砂浆找平层,掺聚丙烯纤维	20	20	0.40	
	钢筋混凝土楼板	120	25	3.00	
	板底混合砂浆抹灰	20	20	0.40	
种植屋面 (有保温层) 05J1 - 屋 17	种植层:70% 泥土、30% 膨胀蛭石或锯末	200	18	3.60	11.22
	隔离层:干铺无纺聚酯纤维布一层	—	—	—	
	蓄水层:聚氯乙烯泡沫塑料板一层	40	3.0	0.12	
	排水层:粒径 20～30 mm 卵石	50	20	1.00	
	保护层:C20 细石混凝土,内配4@150×150 网片	40	20	0.80	
	隔离层:干铺无纺聚酯纤维布一层	—	—	—	
	保温层:聚苯保温板	100	3.0	0.30	
	防水层:高聚物改性沥青防水卷材	3	—	0.10	
	找平层:1:3 水泥砂浆找平层,掺聚丙烯纤维	20	20	0.40	
	找坡层:1:8 水泥膨胀珍珠岩找 2% 坡,最薄处不小于 20 mm	100	15	1.50	
	钢筋混凝土楼板	120	25	3.00	
	板底混合砂浆抹灰	20	20	0.40	

注:表中屋面构造做法选自华北地区建筑标准图集 05J1。

2. 屋面均布活荷载

　　屋面均布活荷载主要指不上人屋面的屋面检修荷载和上人屋面相当于楼面活荷载的负荷。屋面水平投影面上的均布活荷载应按表 3 - 2 取用。

表 3-2 屋面水平投影面上的均布活荷载

项次	类别	标准值/(kN/m²)	组合值系数 ψ_c	频遇值系数 ψ_f	准永久值系数 ψ_q
1	不上人的屋面	0.5	0.7	0.5	0
2	上人的屋面	2.0	0.7	0.5	0.4
3	屋顶花园	3.0	0.7	0.6	0.5
4	屋顶运动场	4.0	0.7	0.6	0.4

注:1. 不上人的屋面,当施工或维修荷载较大时,应按实际情况采用;对不同结构应按有关设计规范的规定,将标准值作 0.2 kN/m² 的增减。

2. 上人屋面兼作其他用途时,应按相应楼面活荷载采用。

3. 对于因屋面排水不畅、堵塞等引起的积水荷载,应采取构造措施加以防止;必要时,应按积水的最大可能深度确定屋面活荷载。

4. 屋顶花园活荷载不包括花圃土石等材料自重。

3. 屋面雪荷载

屋面水平投影面上的雪荷载标准值,应按式(3-1)计算:

$$s_k = \mu_r s_0 \tag{3-1}$$

式中 s_k——雪荷载标准值(kN/m²);

μ_r——屋面积雪分布系数;

s_0——基本雪压(kN/m²)。

基本雪压应按《荷载规范》附录 E.5 中附表 E.5 中 50 年一遇的雪压采用。对雪荷载敏感的结构,基本雪压应适当提高,并应由有关的设计规范具体规定。

屋面积雪分布系数 μ_r 是屋面水平投影面上的雪荷载 s_k 与基本雪压 s_0 的比值。它与屋面形式、朝向及风力有关。根据不同类别的屋面形式,屋面积雪分布系数 μ_r 按《荷载规范》表 7.2.1 采用。

4. 屋面积灰荷载

冶金、铸造、水泥等行业的厂房及其附近建筑物的屋面,一般应考虑 0.5～1.0 kN/m² 的积灰荷载,按《荷载规范》表 5.4.1-1 和表 5.4.1-2 取用。

如车间无除尘设备或不能坚持正常的清灰制度,屋面积灰荷载应与厂方共同商定。

积灰荷载应与雪荷载或不上人的屋面均布活荷载两者中的较大值同时考虑。

3.1.2 楼面荷载

1. 楼面恒载

楼面恒载按照各楼面区域的功能选择构造做法,并按构造做法计算其标准值,详见表 3-3。

表 3-3　楼面构造做法及其恒荷载标准值

名称及部位	构造做法	厚度/ mm	容重/ (kN/m³)	重量/ (kN/m²)	恒荷载标准值/ (kN/m²)
水泥砂浆楼面 (厚 20 mm) 05J1 - 楼 1	20 mm 厚 1:2 水泥砂浆抹面压光	20	20	0.40	3.80
	素水泥浆结合层一遍	—	—	—	
	钢筋混凝土楼板	120	25	3.00	
	板底混合砂浆抹灰	20	20	0.40	
水磨石楼面 (厚 30 mm) 05J1 - 楼 6	12 mm 厚 1:2 水泥石子磨光	12	25	0.30	4.06
	素水泥浆结合层一遍	—	—	—	
	18 mm 厚 1:3 水泥砂浆找平层	18	20	0.36	
	素水泥浆结合层一遍	—	—	—	
	钢筋混凝土楼板	120	25	3.00	
	板底混合砂浆抹灰	20	20	0.40	
铺地砖楼面 (厚 30 mm) 05J1 - 楼 10	10 mm 厚地砖铺平拍实,水泥浆擦缝	10	20	0.20	3.80
	20 mm 厚 1:4 干硬性水泥砂浆结合层	20	20	0.40	
	钢筋混凝土楼板	120	25	3.00	
	板底轻钢龙骨吊顶	—	—	0.20	
花岗石楼面 (厚 50 mm) 05J1 - 楼 13	20 mm 厚花岗石板铺平拍实,水泥浆擦缝	20	28	0.56	4.36
	30 mm 厚 1:4 干硬性水泥砂浆结合层	30	20	0.60	
	钢筋混凝土楼板	120	25	3.00	
	板底轻钢龙骨吊顶	20	20	0.20	
铺地砖防水楼面 (厚 102 mm) 05J1 - 楼 27	10 mm 厚地砖铺平拍实,水泥浆擦缝	10	20	0.20	5.45
	25 mm 厚 1:4 干硬性水泥砂浆结合层	25	20	0.50	
	1.5 mm 厚聚氨酯防水涂料	—	—	—	
	刷基层处理剂一遍	—	—	—	
	15 mm 厚水泥砂浆找平层	15	20	0.30	
	50 mm 厚 C15 细石混凝土找坡,最薄处不小于 30 mm	50	25	1.25	
	钢筋混凝土楼板	120	25	3.00	
	板底轻钢龙骨吊顶	—	—	0.20	

注:表中楼面构造做法选自华北地区建筑标准图集 05J1。

2. 楼面活荷载

民用建筑的楼面均布活荷载按《荷载规范》第 5.1.1 条的规定采用。

对于民用建筑的楼面,不同的装修材料,其自重的变异性较大,且在设计基准期内可能发生二次装修甚至多次装修,因此在设计民用建筑中,应考虑二次装修所增加的荷载,一般可取 $0.6 \sim 1.0 \ \mathrm{kN/m^2}$。

需要考虑隔墙的灵活布置时,应采用重量不超过 $3.0 \ \mathrm{kN/m^2}$ 的轻质隔墙,非固定隔墙的自重可取每延米墙重 $(\mathrm{kN/m})$ 的 1/3 作为楼面活荷载的附加值 $(\mathrm{kN/m^2})$ 计入,附加值不小于 $1.0 \ \mathrm{kN/m^2}$。当隔墙材料为普通黏土砖时,则应按实际荷载布置来验算楼面结构,必要时墙下应设次梁。

对带地下室建筑的地下室顶板(零层板),考虑到施工过程中该处的堆料荷载,在计算楼面结构时,其活荷载一般应取 10 ~ 20 kN/m²,必要时应采取临时支撑措施。但进行结构整体分析时,仍可按一般楼面确定活荷载。

工业建筑的楼面活荷载情况比较复杂,一般应由工艺提供或按《荷载规范》第5.2.1 ~ 5.2.3 条的规定采用。

3.2　填充墙荷载

多层框架结构、高层框剪结构等,其填充墙多采用空心砖、混凝土砌块或其他轻质材料。但在这样的墙体上无法安装门、窗及空调机等设备,预埋管较多时对墙体削弱较大,因而局部必须混砌普通黏土砖或其他具有一定强度的实心砌体。

计算墙体荷载时,实心砌体混砌比例可根据墙体实际情况确定,墙体荷载一般先导算为平方米容重,再根据各层层高导算为作用在梁、墙上的线荷载,必要时也可导算为集中力。

例如:某工程墙体为加气混凝土砌块,外墙厚 300 mm,内墙厚 200 mm,双面抹灰。考虑到组砌时在洞口处、墙体底部和顶部混砌部分黏土砖,加气混凝土砌块容重取 8 kN/m³,黏土砖容重取 19 kN/m³,两者混砌比例取8∶2,则砌体容重为

$$\gamma = 8 \times 0.8 + 19 \times 0.2 = 10.2 \text{ kN/m}^3$$

导算为面荷载(kN/m²):

外墙　$q'_{out} = 0.3 \times 10.2 + 0.02 \times 20 \times 2 = 3.86 \text{ kN/m}^2$

内墙　$q'_{in} = 0.2 \times 10.2 + 0.02 \times 20 \times 2 = 2.84 \text{ kN/m}^2$

若某层墙体净高为 2.8 m,则作用在梁上的线荷载为

外墙　$q_{out} = 3.86 \text{ kN/m}^2 \times 2.8 \text{ m} = 10.81 \text{ kN/m}$

内墙　$q_{in} = 2.84 \text{ kN/m}^2 \times 2.8 \text{ m} = 7.95 \text{ kN/m}$

3.3　楼梯荷载

《抗震规范》第3.6.6 条指出:利用计算机进行结构抗震分析时,计算模型的建立、必要的简化计算与处理,应符合结构的实际工作状况,计算中应考虑楼梯构件的影响。条文说明中指出:考虑到楼梯的梯板等具有斜撑的受力状态,对结构的整体刚度有较明显的影响,建议在结构计算中予以适当考虑。因此,进行结构整体计算时,楼梯间荷载应导算为作用在楼面构件上的分布荷载或集中力。以图 3 – 1 为例来说明楼梯间荷载的导算过程。

1. 梯段

恒载:	石材地面	50 厚	$1.16 \times (0.3 + 0.15)/0.3 = 1.74 \text{ kN/m}^2$
	楼梯踏步板	130 厚	$(0.13/\cos\alpha + 0.15/2) \times 25 = 5.51 \text{ kN/m}^2$
	板下抹灰	20 厚	$0.02 \times 20/\cos\alpha = 0.45 \text{ kN/m}^2$
	合　　计		7.70 kN/m²
活载:			2.00 kN/m²

2. 平台

恒载：
石材地面	50 厚		= 1. 16 kN/m²
平台板	100 厚	$0. 10 \times 25$ = 2. 50 kN/m²
板下抹灰	20 厚	$0. 02 \times 20 / \cos \alpha$ = 0. 45 kN/m²
	合　　　计		4. 11 kN/m²

活载： 2. 00 kN/m²

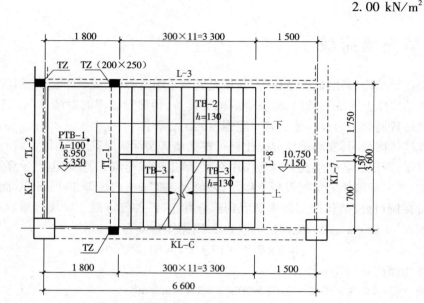

图 3 – 1　某多层住宅楼梯标准层平面图

3. 荷载传导

(1) 由梯段 TB – 2,3 直接传至楼面梁 L – 8 的均布荷载：

恒载　$7. 70 \times 3. 3 / 2 = \underline{12. 71}$ kN/m

活载　$2. 00 \times 3. 3 / 2 = \underline{3. 3}$ kN/m

(2) 由梯段 TB – 2,3 及平台板 PTB – 1 传至平台梁 TL – 1 的均布荷载：

恒载　$7. 70 \times 3. 3 / 2 + 4. 11 \times 1. 85 / 2 = 16. 51$ kN/m

活载　$2. 00 \times 3. 3 / 2 + 2. 00 \times 1. 85 / 2 = 5. 15$ kN/m

(3) 由 PTB – 1 传至平台梁 TL – 2 的均布荷载：

恒载　$4. 11 \times 1. 85 / 2 = 3. 80$ kN/m

活载　$2. 00 \times 1. 85 / 2 = 1. 85$ kN/m

(4) 由平台梁 TL – 1 传至构造柱的集中力：

平台梁 TL – 1 自重　$0. 20 \times 0. 40 \times 25 = 2. 00$ kN/m

恒载集中力　$(16. 51 + 3. 80 + 2. 00) \times 3. 6 / 2 = 40. 16$ kN

活载集中力　$(5. 15 + 1. 85) \times 3. 6 / 2 = 12. 60$ kN

(5) 由平台梁 TL – 2 传至构造柱及柱的集中力：

平台梁 TL – 2 自重　$0. 20 \times 0. 40 \times 25 = 2. 00$ kN/m

恒载集中力　$(3. 80 + 2. 00) \times 3. 6 / 2 = 10. 44$ kN

活载集中力　$1. 85 \times 3. 6 / 2 = 3. 33$ kN

（6）由构造柱 TZ 传至梁 KL－C 及 L－3 的集中力：

构造柱 TZ 自重　　$0.20 \times 0.25 \times 25 \times 3.0 = 3.75$ kN

恒载集中力　　$40.16 + 3.75 = \underline{43.91}$ kN

活载集中力　　　　　　$= \underline{12.60}$ kN

（7）由构造柱 TZ 传至梁 KL－6 的集中力：

构造柱 TZ 自重　　$0.20 \times 0.25 \times 25 \times 3.0 = 3.75$ kN

恒载集中力　　$10.44 + 3.75 = \underline{14.19}$ kN

活载集中力　　　　　　$= \underline{3.33}$ kN

上述计算结果中，带下画线者即为建立模型时需输入的荷载值。

3.4　吊车荷载

桥式吊车与吊车梁、柱的关系如图 3－2 所示，作用在横向排架结构上的荷载有吊车竖向荷载和横向水平荷载；作用在纵向排架结构上的荷载为吊车纵向水平荷载。吊车荷载由吊车两端行驶的四个轮子以集中力形式作用于两边的吊车梁上。

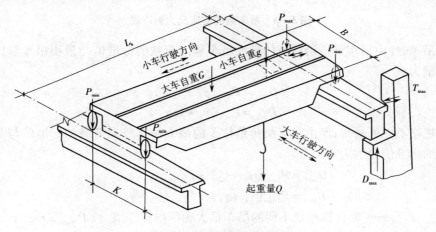

图 3－2　桥式吊车的受力情况

3.4.1　吊车竖向荷载

桥式吊车由桥架（或称为大车）和小车组成，桥架在吊车轨道上沿厂房纵向行驶，小车在桥架的轨道上沿厂房横向行驶，带有吊钩的卷扬机安装在小车上。吊车竖向荷载是指吊车在满载运行时，大车和小车重量与所吊重量经吊车梁传给厂房横向排架柱的最大竖向压力。其受力如图 3－2 所示。

当吊车起重量达到额定最大值，而小车同时驶到大车一端的极限位置时，则作用在该柱列吊车梁轨道上的压力达到最大值，称为最大轮压 P_{max}；此时作用在对面柱列轨道上的轮压则为最小轮压 P_{min}。最大轮压与最小轮压的标准值，可根据吊车的规格（吊车类型、起重量、跨度及工作级别）从厂家产品样本中查出。P_{max} 与 P_{min} 之间的关系如下：

$$n(P_{max} + P_{min}) = G + g + Q \tag{3-2}$$

式中　　G——吊车总重量（kN）；

g ——横行小车重量（kN）；

Q ——吊车额定起重量（kN），双钩吊车取大钩的最大吊重；

n ——吊车一端的轮数，一般吊车为 $n = 2$，当 $Q \geq 75$ t 时，$n = 4$。

P_{max} 与 P_{min} 确定后，根据厂房的柱距，按吊车梁的支座反力影响线及吊车轮子的最不利位置，可以求得图 3-3 所示吊车竖向荷载。

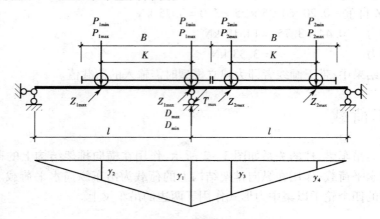

图 3-3 吊车梁的支座反力影响线

一台吊车，经由吊车梁传给柱子的最大吊车竖向荷载的标准值与最小吊车竖向荷载的标准值分别为

$$D_{max} = P_{max}(y_1 + y_2) \tag{3-3}$$

$$D_{min} = P_{min}(y_1 + y_2) \tag{3-4}$$

两台规格不同的吊车，经由吊车梁传给柱子的最大吊车竖向荷载的标准值与最小吊车竖向荷载的标准值分别为

$$D_{max} = P_{1max}(y_1 + y_2) + P_{2max}(y_3 + y_4) \tag{3-5}$$

$$D_{min} = P_{1min}(y_1 + y_2) + P_{2min}(y_3 + y_4) \tag{3-6}$$

式中　P_{1max}、P_{2max} ——两台起重量不同的吊车最大轮压的标准值，且 $P_{1max} > P_{2max}$；

P_{1min}、P_{2min} ——两台起重量不同的吊车最小轮压的标准值，且 $P_{1min} > P_{2min}$；

y_i ——与吊车轮子相对应的支座反力影响线上竖向坐标值，按图 3-3 计算。

当两台吊车完全相同时，按图 3-3 所示的支座反力影响线竖向坐标值，式（3-5）和式（3-6）可简化为

$$D_{max} = P_{max} \sum y_i = P_{max}\left(4 - \frac{2B}{l}\right) \tag{3-7}$$

$$D_{min} = P_{min} \sum y_i = P_{min}\left(4 - \frac{2B}{l}\right) \tag{3-8}$$

应当注意，当吊车宽度 B 大于柱距 l 时，应按式（3-5）和式（3-6）计算；且无 y_4 项。

3.4.2　吊车横向水平荷载

吊车横向水平荷载主要是指小车水平刹车或启动时产生的惯性力，作用于吊车轨道上，其方向与轨道垂直，并考虑正、反两个方向都有可能刹车。

吊车横向水平刹车力的标准值，可按小车重量 g 与额定起重量 Q 之和乘以相应百分数

采用。因此,吊车上每个轮子所传递的最大横向水平刹车力标准值 $Z_{\max}$ (kN)可按下式计算:

$$Z_{\max} = \frac{\alpha(Q+g)}{2n} \qquad (3-9)$$

式中　α——横向制动力系数,对软钩吊车,当 $Q \leqslant 100$ kN 时取 12%,当 $Q = 160 \sim 500$ kN 时取 10%,当 $Q \geqslant 750$ kN 时取 8%;对硬钩吊车,取 20%。

确定横向水平刹车力 Z 值后,按与计算吊车竖向荷载相同的方法,计算作用于排架柱上的吊车的横向水平荷载标准值。

两台规格不同的吊车,经由吊车梁传给柱子的最大横向水平荷载的标准值 $T_{\max}$ 可按下式计算:

$$T_{\max} = Z_{1\max}(y_1+y_2) + Z_{2\max}(y_3+y_4) \qquad (3-10)$$

式中　$Z_{1\max}$、$Z_{2\max}$——两台起重量不同的吊车最大横向水平刹车力标准值,且 $Z_{1\max} > Z_{2\max}$。

当两台吊车完全相同时,式(3-10)可简化为

$$T_{\max} = Z_{\max}\left(4 - \frac{2B}{l}\right) \qquad (3-11)$$

注意,$T_{\max}$ 是同时作用在吊车两边的柱列上,并且 $T_{\max}$ 的作用方向既可向左又可向右。

3.4.3　吊车纵向水平荷载

吊车纵向水平荷载 T_0 是指大车刹车或启动时所产生的惯性力,该项荷载作用于刹车轮与轨道的接触点上,方向与轨道方向一致,由厂房的纵向排架承担。吊车纵向水平荷载仅在验算纵向排架柱少于 7 根时使用。

吊车纵向水平荷载标准值不区分软钩吊车和硬钩吊车,均应按作用在一边轨道上所有刹车轮的最大轮压力之和的 10% 计算,即

$$T_0 = 0.1 m P_{\max} \qquad (3-12)$$

式中　m——每边轨道上的刹车轮数。

在非地震区,吊车的纵向水平荷载常用来计算柱间支撑;在地震区,由于厂房的纵向地震作用较大,吊车的纵向水平荷载可不考虑。

悬挂吊车的水平荷载应由支撑系统承受,可不计算;手动吊车及单轨电动葫芦可不考虑水平荷载。

目前的大多数程序中,输入相应计算参数后,程序可按上述方法自动计算吊车竖向荷载($D_{\max}$,$D_{\min}$)和水平荷载($T_{\max}$,T_0)。

第4章 结构软件计算与分析

4.1 结构常用分析软件介绍

建筑结构设计的计算工作复杂而繁重,绘图工作量很大,目前都是通过计算程序进行的。针对不同的结构类型以及计算要求,选用合适的通用或专用计算程序,对设计工作有着重要的意义。好的计算程序应该是输入信息简便、计算速度快、结果可靠、输出信息清晰简单,输出结果后能绘制内力图、变形图、配筋图表和施工图。

4.1.1 结构分析软件的计算模型及适用范围

常用结构分析软件的计算模型及适用范围见表4-1。

目前,国内常用计算程序的模型多为上述一种或几种组合形成。建筑物都是空间整体结构,在要求计算分析精度的前提下,应优先采用基于空间工作的计算机分析方法及相应软件。单榀平面框架分析的计算模型适用范围有限,目前已很少使用;平面结构空间协同计算模型虽然计算简便,但它只能在一定程度上反映结构整体工作性能的主要特征,对结构空间整体的受力性能反映不完全,因此平面结构空间协同计算模型现已较少应用,仅在平面、立面布置简单规则的结构情形才用;薄壁杆件模型对剪力墙为长墙、矮墙、多肢剪力墙、悬挑剪力墙、框支剪力墙、无楼板约束的剪力墙等情况时计算精度不够;膜元模型对剪力墙洞口上下不对齐、不等宽时的计算,可能会造成分析结果失真等,因此结构工程师应根据工程的实际情况,按照"适用性、准确性、规范性、完备性"的原则,选择适合本工程的相应计算程序。

在内力与位移的计算中,钢构件、型钢混凝土构件及钢管混凝土构件宜按实际情况直接参与计算,此时要求计算软件应具有相应的计算单元。当结构中只有少量钢构件、型钢混凝土构件以及钢管混凝土构件时,也可以采用等刚度原则等效为混凝土构件进行计算。

表4-1 常用结构分析软件的计算模型及适用范围

计算模型分类	计 算 假 定	适 用 范 围
单榀平面框架分析	将结构划分为若干榀正交平面抗侧力结构,在水平力作用下,按单榀平面结构进行计算 楼板假定在其自身平面内为刚度无限大	平面非常规则的纯框架(剪力墙)结构,且各榀框架(剪力墙)大体相似,一般不用于高层建筑结构
平面结构空间协同法	将结构划分为若干榀正交或斜交的平面抗侧力结构,在任一方向的水平力作用下,由空间位移协调条件进行各榀结构的水平分配 楼板假定在其自身平面内为刚度无限大	平面布置较为规则的框架、框架-剪力墙和剪力墙结构等

续表

计算模型分类		计 算 假 定	适 用 范 围
三维空间分析法	剪力墙为开口薄壁杆件模型	采用开口薄壁杆件理论,将整个平面联肢墙或整个空间剪力墙模拟为开口薄壁杆件,每一杆件有两个端点,各有 7 个自由度,前 6 个自由度的含义与空间梁、柱单元相同,第 7 个自由度是用来描述薄壁杆件截面翘曲的 在小变形条件下,杆件截面外形轮廓线在其自身平面内保持刚性,在出平面方向可以翘曲 楼板假定为无限刚,采用薄壁杆件原理计算剪力墙,忽略剪切变形的影响	框架、框架 - 剪力墙、剪力墙及筒体结构
	剪力墙为墙板单元模型	梁、柱、斜杆为空间杆件,剪力墙为允许设置内部节点的改进型墙板单元,具有竖向拉压刚度、平面内弯曲刚度和剪切刚度,边柱作为墙板单元的定位和墙肢长度的几何条件,一般墙肢用定位虚柱,带有实际端柱的墙肢直接用端柱截面及其形心作为边柱定位 在单元顶部设置特殊刚性梁,其刚度在墙平面内无限大,平面外为零,既保持了墙板单元的原有特性,又使墙板单元在楼层边界上全截面变形协调	框架、框架 - 剪力墙、剪力墙及筒体结构
	板壳单元模型	用每一节点 6 个自由度的壳元来模拟剪力墙单元,剪力墙既有平面内刚度,又有平面外刚度,楼板既可以按弹性考虑,也可以按刚性考虑	框架、框架 - 剪力墙、剪力墙、筒体等各类结构
	墙组元模型	在薄壁杆件模型的基础上作了改进,不但考虑了剪切变形有影响,而且引入节点竖向位移变量代替薄壁杆件模型的形心竖向位移变量,更准确地描述剪力墙的变形状态,是一种介于薄壁杆件单元和连续体有限元之间的分析单元 沿墙厚方向,纵向应力均匀分布,纵向应变近似定义为 $\varepsilon = \sigma_2/E$ 墙组截面形状保持不变	框架、框架 - 剪力墙、剪力墙及筒体结构

4.1.2　常用结构计算软件介绍

目前,国内外高层建筑结构计算程序很多,根据我国实际情况,下面概括介绍一些实用计算程序,供结构计算时参考。如有需要,可另行参阅其他相关的文献资料。

1. PKPM 系列程序

PKPM 软件是中国建筑科学研究院建筑工程软件研究所开发的关于房屋建筑工程设计的一套系列程序,包括建筑、结构、设备、概预算等功能模块。从建筑方案设计开始,建立建筑物的整体模型,形成的数据可用于后续的建筑设计、结构设计、设备设计和概预算工程量统计分析。

PKPM 软件面对多、高层建筑的应用推出了三个三维结构计算软件,分别是多层及高层建筑结构空间有限元分析与设计软件 SATWE,多、高层建筑结构薄壁柱模型程序 TAT,特殊多、高层建筑结构分析与设计软件 PMSAP。

1）SATWE 程序

SATWE 程序采用空间杆件单元模拟梁、柱及支撑等杆件，采用在壳元基础上凝聚而成的墙元模拟剪力墙。墙元是专用于模拟多层、高层结构中剪力墙的，对于尺寸较大或带洞口的剪力墙，按照子结构的基本思想，由程序自动进行细分，然后用静力凝聚原理将由于墙元的细分而增加的内部自由度消去，从而保证墙元的精度和有限的出口自由度。这种墙元对剪力墙的矩形洞口的大小及空间位置无限制，具有较好的适应性。墙元不仅具有墙所在的平面内刚度，也具有平面外刚度。因此，SATWE 程序可以较好地模拟工程中剪力墙的实际受力状态。

对于楼板，SATWE 程序给出了四种简化假定，即楼板整体平面内无限刚性、分块无限刚性、分块无限刚性带弹性连接板带和弹性楼板。在应用中，可根据工程实际情况和分析精度要求，选用其中的一种或几种简化假定。

SATWE 程序适用于多层和高层钢筋混凝土框架结构、框架－剪力墙结构、剪力墙结构以及高层钢结构或钢－混凝土混合结构。SATWE 程序考虑了多层、高层建筑中多塔、错层、转换层及楼板局部开大洞等特殊结构形式。

SATWE 程序可完成建筑结构在恒荷载、活荷载、风荷载和地震作用下的内力分析及荷载效应组合计算，对钢筋混凝土结构还可以完成截面配筋计算。

SATWE 程序可进行上部结构和地下室联合工作分析，并进行地下室设计。

SATWE 程序所需的几何信息和荷载信息都可从 PMCAD 建立的建筑模型中自动提取生成，并有多塔、错层信息自动生成功能，简化了设计人员操作。

SATWE 程序在完成计算后，可经全楼归并接力"梁柱施工图"模块绘制梁、柱施工图，接力 JLQ 绘制剪力墙施工图，并可为各类基础设计程序提供设计荷载。

2）TAT 程序

TAT 程序是一个三维空间分析程序，采用空间杆系计算柱、梁等杆件，采用薄壁柱原理模拟剪力墙。TAT 程序用来计算多层和高层建筑的框架结构、框架－剪力墙结构、剪力墙结构和筒体结构，适用于平面和立面体型复杂的结构形式，可完成建筑结构在恒荷载、活荷载、风荷载和地震作用下的内力计算和地震作用计算，还可以完成荷载效应组合，并对钢筋混凝土结构完成截面配筋计算，对钢结构进行强度稳定的计算。TAT 程序还可用来分析井字梁结构。

TAT 程序还可以完成多层和高层钢结构或钢－混凝土混合结构的计算，对水平支撑、斜支撑和斜柱等均作了考虑。

TAT 程序可以与 TAT－D 接力运行作超高层建筑的动力时程分析；与 FEQ 接力对框支结构局部作高精度有限元分析，对厚板接力厚板转换层的计算。

TAT 程序可读取 PMCAD 数据自动生成 TAT 程序的几何数据文件及荷载数据文件，直接进行结构计算。

TAT 程序可进行结构弹性动力时程分析，并可以按时程分析结果计算结构构件配筋。

对于框支剪力墙结构或转换层结构，TAT 程序可以自动与高精度平面有限元程序 FEQ 接力运行，其数据可以自动生成，也可以人工填表，并可指定截面配筋。

TAT 程序可以接力 PK 程序绘制梁柱施工图，接力 JLQ 绘制剪力墙施工图，接力 PM-CAD 绘制结构平面施工图。

TAT 程序还可为 JCCAD、BOX 等基础 CAD 程序提供所需数据。

　　TAT 程序善于处理高层建筑中多塔、错层等特种结构,其中包括大底盘上部高塔、上部或中部连接下部多塔情况。对多塔、错层信息的判断处理是 TAT 程序根据建筑模型智能地自动生成的。

　　3)PMSAP 程序

　　PMSAP 程序从力学上看是一个线弹性组合结构有限元分析程序,适用于广泛的结构形式。该程序能对结构作线弹性范围内的静力分析、固有振动分析、时程响应分析和地震反应谱分析,并依据规范对混凝土构件进行配筋设计,对钢构件进行验算。

　　PMSAP 程序的单元库中配备了从一维到三维共 14 类有限单元,共计 20 余种有限元模型。单元的选配遵循少而精的原则,各类单元均具有良好的性能及针对性。对于剪力墙,PMSAP 程序采用了精度高、适应性强的壳元模式,并提供了简化模型和细分模型两种计算方式。对于楼板及厚板转换层,PMSAP 程序开发了子结构模式的多边形壳元,它可以比较准确地考虑楼板对整体结构性能的影响,也可以比较准确地计算楼板自身的内力和配筋。PMSAP 程序也可对包括多塔、错层、连体在内的各种复杂高层结构进行分析和设计。

　　PMSAP 程序还有施工模拟分析、温度应力分析、预应力分析和活荷载不利布置分析等功能。与一般通用和专用程序不同,PMSAP 程序中提出了“二次位移假定”的概念并加以实现,使得结构分析的速度与精度得到兼顾,这也是 PMSAP 程序区别于其他程序的一个突出特点。

　　目前,多、高层建筑结构三维空间有限元计算软件 SATWE 是广大结构工程师使用最多的功能模块。使用 PMCAD 的逐层建模方式、接力 SATWE 等完成结构计算分析、阅读 SATWE 等计算结果的各种图形及文本文件等几乎是每一位结构工程师需要全面掌握的技能。

　　2. MIDAS 系列程序

　　MIDAS Family Program 是韩国 MIDASIT(MIDAS Information Technology Co.,Ltd.)开发的系列软件,针对土木工程的三个领域,即建筑结构分析与设计系统 MIDAS Gen、桥梁结构分析及优化系统 MIDAS Civil、岩土与隧道有限元分析软件 MIDAS GTS 以及若干前处理和后处理程序。

　　1)MIDAS Gen

　　MIDAS Gen 是结构分析和优化设计系统,具有建模方便快捷、编辑功能直观和分析结果多方式输出的特点,中文化并加入了国内结构规范,适合一般建筑结构工程技术人员使用。2004 年通过了建设部评估鉴定,可以满足工程设计和分析的精度要求。

　　MIDAS Gen 适用于土木、建筑、特种结构、组合结构等的设计,结构分析无节点数、单元数限制(一般情况下为 100 万节点、100 万个单元的规模),也没有荷载工况、荷载组合数量的限制,分析速度快,还提供了强大的前、后处理功能以及动显方式,从建模、计算到后处理所有的工作环节在其友好的工作界面下完成,程序可以进行线性和非线性静力分析、动力分析、静力弹塑性分析、几何非线性分析、重力二阶效应分析、施工阶段分析、动力非线性边界分析、动力响应分析、疲劳与断裂以及屈曲与失稳分析、钢筋混凝土预应力分析、钢结构 - 混凝土组合结构整体分析等。

　　MIDAS Gen 内含几十种结构分析的有限单元,包括桁架杆单元、一般梁单元、变截面梁单元、平面应力单元、平面应变单元、墙单元、轴对称单元、板单元、实体块单元、只受压单元、只受拉单元、间隙单元、钩单元、黏弹性阻尼单元、弹塑性阻尼单元、铅芯橡胶支座隔震单元、摩擦摆隔震单元、索单元等,可以适应各种类型的结构分析。

MIDAS Gen 采用先进的图形处理技术,具有多样的模型表现功能和操作简便的菜单系统。系统提供的无次数限制的撤销和重做功能可以最大限度地降低用户输入时的失误。程序还提供了梁、柱、拱、框架、桁架、板、壳等常见构件和结构的建模助手,提高了建模速度。

MIDAS Gen 也可以直接读取 AutoCAD、PKPM SATWE、Microstation、SAP2000、STAAD、MSC. NASTRAN 等程序所产生的几何模型,并在其子菜单上提供了与其他有限元程序以及 CAD 软件之间的接口、图形界面的控制,实现了与其他有限元程序的数据交换的强大功能。

MIDAS Gen 对分析和设计结果提供多方式输出,输出内容包括规范要求的基本设计结果和用于设计校核的内容,主要有内力验算结果、应力验算结果、最大配筋率验算结果、极限长细比验算结果、截面设计与验算结果、重力二阶效应及稳定性验算结果、剪重比验算结果、楼层屈服强度系数、振型参与质量、地震作用调整系数、层偏心、层重量、层质量、层荷载表格、层间刚度比图表、层间位移图表、预应力损失图表、优化设计图表、规则结构偶然偏心影响、双向地震作用验算、时程分析结果、施工阶段柱弹性收缩结果、施工阶段各步骤分析图表、特征值分析结果、屈曲分析结果、水化热分析结果以及材料统计表等,可以满足设计的基本要求。

2)MIDAS Civil

MIDAS Civil 是通用空间有限元分析软件,可适用于桥梁结构、地下结构、工业建筑、飞机场、大坝、港口等结构的分析与设计。针对桥梁结构,MIDAS Civil 结合国内的规范与习惯,在建模、分析、后处理、设计等方面提供了很多便利的功能,目前已为各大公路、铁路部门的设计院所采用。

MIDAS Civil 提供菜单、表格、文本、导入 CAD 和部分其他程序文件等灵活多样的建模功能,并尽可能使鼠标在画面上的移动量达到最少,从而使用户的工作效率达到最高。

MIDAS Civil 提供刚构桥、板型桥、箱型暗渠、顶推法桥梁、悬臂法桥梁、移动支架 – 满堂支架法桥梁、悬索桥、斜拉桥的建模助手,包含中国、美国、英国、德国、日本、韩国等国家的材料和截面数据库、混凝土收缩和徐变规范以及移动荷载规范。

MIDAS Civil 内含桁架、一般梁或边截面梁、平面应力或平面应变、只受拉或只受压、间隙、钩、索、加劲板轴对称、板、实体单元等工程实际时所需的各种有限元模型。可进行静力分析、动力分析、静力弹塑性分析、动力弹塑性分析、动力边界非线性分析、几何非线性分析、优化索力、屈曲分析、移动荷载分析(影响线或影响面分析)、支座沉降分析、热传导分析、水化热分析、施工阶段分析、联合截面施工阶段分析等功能。

在 MIDAS Civil 后处理中,可以根据设计规范自动生成荷载组合,也可以添加和修改荷载组合。可以输出各种反力、位移、内力和应力的图形、表格和文本;提供静力和动力分析的动画文件;提供移动荷载追踪器的功能,可找出指定单元发生最大内力、位移,移动荷载作用的位置;提供局部方向内力的合力功能,可将板单元或实体单元上任意位置的接点力组合成内力。

MIDAS Civil 还可以在进行结构分析后对多种形式的梁、柱截面进行设计和验算。

3)MIDAS GTS

MIDAS GTS 是包含施工阶段的应力分析和渗透分析等岩土和隧道所需的通用分析软件。

设计人员可以利用 GTS 提供的建模功能,也可将 CAD 等其他专用建模程序的几何数据文件导入建立几何模型,然后定义特性值、边界条件以及荷载。GTS 不仅可以考虑填土、开挖及不同的材料特性进行施工阶段分析,而且可以进行稳定流或非稳定流的渗流分析以及岩土和隧道结构所需的各种静力分析和动力分析。

GTS 的后处理提供等值线、动画等各种直观的图形处理功能以及可与 Excel 兼容的结果表格和图表功能。利用 GTS 的分析结果整理功能,设计人员可以非常便利地得到含有模型数据以及分析结果等各种信息的文本文件,并以此为基础编写计算书。

4) MIDAS Building

MIDAS Building 是北京迈达斯技术有限公司开发的结构设计软件,包括结构大师、基础大师、绘图师和建模师四个模块,是第三代结构设计产品。其中结构大师是基于三维的建筑结构分析和设计系统,是建筑大师的主要模块之一。

结构大师提供了基于实际设计流程的用户菜单系统,基于标准层概念的三维建模功能,提高了建模的直观性和便利性,从而提高了建模效率;除了提供完全自动化的分析设计功能,设计人员还可以自主输入各种控制参数,提高分析和设计的效率以及准确性;包含最新的结构设计规范,可提供三维图形结果、二维图形结果、文本计算书以及详细计算过程计算书。

3. SAP2000 系列程序

SAP2000 是由美国 CSI 公司编制的结构有限元通用分析软件,可以在房屋建筑、桥梁、工业结构、体育场馆、大坝等土木工程中使用。它具有完善、直观和灵活的界面,可为诸多领域的结构工程师提供强大的分析引擎和设计工具。它能够在简单界面中进行建模、修改、分析、设计、优化和结果浏览。

SAP2000 前处理模块,可以利用平面图、立面图和展开视图,进行三维建模。SAP2000 高级版可以进行结构静力分析、动力反应谱分析、线性时程分析、桥梁分析、非线性动力时程分析。结构分析能够考虑分段施工的效果,包括加入和移动临时支撑时,可以考虑非线性效应。在同一模型中可以分析、比较和包络多个施工顺序加载。可以在任意施工顺序加载结束时进行动力、屈曲和其他类型的分析,以便在模型变换之前或之后检验结构的效应。程序中提供板单元、实体单元、轴对称实体单元、外部阻尼单元、基础隔震和缝或钩单元等特殊单元以进行特殊结构的分析。

SAP2000 在 2004 年推出了中文版。虽然 SAP2000 有较强的构件设计功能,但与中国规范的接口还存在一些差距,尤其其后处理系统中缺少对设计结果的平面图形的直观输出以及施工图绘制能力。

4. ETABS 系列程序

ETABS 也是美国 CSI 公司的产品,是专用于建筑行业的结构分析与设计软件,是美国乃至全球公认的建筑结构分析与设计软件的业界标准,在世界上若干标志性建筑设计中采用,在国际上得到广泛认可。中国建筑标准设计研究院与 CSI 全面合作,已推出符合中国规范的 ETABS 中文版软件。

ETABS 已经发展成为一个建筑结构分析与设计的集成化环境,利用图形化用户界面来建立建筑结构的实体对象模型,通过有限元模型和自定义标准规范接口技术来进行结构分析与设计,实现了精确的计算分析过程和选择不同的设计规范来进行结构设计工作。

ETABS 是混凝土结构、钢结构和组合结构的分析与设计一体化软件,涵括了中国、美国、英国、加拿大、新西兰和其他国家及地区的结构设计规范,可以完成绝大部分国家和地区的结构工程设计工作。

与 SAP2000 一样,ETABS 尽管已有中国规范的结构设计功能,但与规范结合的全面性和紧密性还有差距,它分析和设计的结果输出没有直观、便捷地为施工图设计服务,也缺少施工图出图功能。

4.2　结构分析软件的选择与使用

4.2.1　结构分析软件的选择

《高规》第5.1.12条规定:体型复杂、结构布置复杂以及 B 级高度高层建筑结构,应采用至少两个不同力学模型的结构分析软件进行整体计算。这里"两个不同力学模型的结构分析软件"包含两层含义:一是指比较符合本工程实际受力状态的两个力学计算模型,二是指两个不同的分析软件。对同一结构采用两个或两个以上分析软件进行计算,可以相互比较和校核,对把握结构的实际受力状态是十分必要的。

对于侧向刚度变化、承载力变化以及竖向抗侧力构件连续性不符合《高规》第3.5.2条、第3.5.3条、第3.5.4条的楼层,结构的计算分析应符合《高规》第3.5.8条的规定。

对于高层建筑结构,应在重力荷载效应分析时考虑墙和柱子轴向变形的影响。在考虑轴向变形影响时,由于高层建筑结构是逐层施工形成的,其竖向刚度和竖向荷载也是逐层形成的。与按结构刚度一次形成、竖向荷载一次施加的计算方法存在较大差异,房屋越高、构件竖向刚度相差越大,差异就越大。因此对层数较多的高层建筑在重力荷载下的结构分析,宜考虑这一因素。模拟施工过程的结构分析方法,有结构竖向刚度逐层形成、竖向荷载逐层施加、逐层计算的较精确方法;也有结构刚度一次形成、竖向荷载逐层施加、逐层计算的简化方法。设计时应根据实际工程的具体情况采用合适的方法。

4.2.2　结构分析软件的使用

1. 应用力学概念对结构方案进行调整

(1)在端部设置剪力墙、采用 L 形和 T 形等截面形状的剪力墙可增大结构的抗扭刚度,有利于结构的抗扭;当结构扭、平第一自振周期之比不满足规范要求时,若结构抗侧刚度不大,可在结构平面周边增设(或加大)剪力墙,若结构抗侧刚度较大,可减少结构中部剪力墙。

(2)合理调整连梁的高度,可减少连梁超筋现象,同时对结构的抗侧力刚度有一定影响。

2. 正确确定各种调整参数

总信息是控制全局的参数,每个程序有所不同,应用程序时应熟读和理解程序的说明,且应在正确理解参数的物理概念的基础上,根据工程的实际情况及规范相关要求经分析后确定。

结构设计的信息调整可分为两部分,即一般性参数调整和抗震设计内力调整,而抗震设计内力调整又可分为三个层次,即整体调整、局部调整和构件调整。

1)周期折减系数

如果在钢筋混凝土框架结构中设置实心砖墙作为填充墙,在结构计算时应考虑其对主体结构的影响,一般可根据实际情况及经验对结构基本周期进行折减。周期折减系数的取值可参考表 4-2。

表 4-2　填充墙为实心砖时周期折减系数(ψ_t)取值

ψ_c		0.8~1.0	0.6~0.7	0.4~0.5	0.2~0.3
ψ_t	无门窗洞口	0.5(0.55)	0.55(0.6)	0.6(0.65)	0.7(0.75)
	有门窗洞口	0.65(0.7)	0.7(0.75)	0.75(0.8)	0.85(0.9)

注：1. ψ_c 为有填充墙框架榀数与框架总榀数之比；

　　2. 括号外的数值用于一片填充墙长 6 m 左右时，括号内的数值用于一片填充墙长为 5 m 左右；

　　3. 填充墙为轻质材料或外挂墙板时周期折减系数 ψ_t 取 0.8~0.9。

周期折减的目的是为了考虑填充墙刚度对计算周期的影响，其大小由结构类型和填充墙多少决定。当非承重墙体为砌体墙时，高层建筑结构的计算自振周期折减系数可按表 4-3 取值。

表 4-3　周期折减系数

结构类型	砌体墙较多	砌体墙较少	结构类型	砌体墙较多	砌体墙较少
框架结构	0.6~0.7	0.7~0.8	框架-核心筒结构	0.8~0.9	0.9~1.0
框架-剪力墙结构	0.7~0.8	0.8~0.9	剪力墙结构	0.8~1.0	1.0

注：对于其他结构体系或其他非承重墙体，可根据工程情况确定周期折减系数。

2）框架-剪力墙结构中，任一层框架部分承担的地震力调整系数

框架-剪力墙结构，由于剪力墙刚度很大，剪力墙承担了大部分地震作用剪力，若框架按其刚度分担的地震作用来进行设计，则在剪力墙开裂后很不安全，所以作为第二道抗震防线的框架部分应当承担至少 20% 的底部剪力与 1.5 倍的最大楼层剪力两者的较小值，具体规定见《高规》第 8.1.4 条。

应当注意，该调整系数适用于平面较为简单规则的结构，对于体型复杂、框架柱沿竖向变化很大及调整后可能出现不合理的内力时，不宜由程序自动调整，改由设计人员自行调整。对于多塔结构，如需调整，那么调整应在每个塔块之内进行；该调整系数只针对框架梁柱的弯矩和剪力，不调整轴力。

3）计算振型数

振型数的多少与结构层数及结构形式有关，《高规》规定采用振型分解反应谱法计算地震作用时，结构如果不考虑扭转耦联振动影响，规则结构的振型数取 3，建筑较高、结构沿竖向刚度不均匀时取 5~6；当考虑扭转耦联振动影响时，振型数一般情况下取 9~15，多塔楼建筑每个塔楼的振型数不宜小于 9，且计算振型数应保证振型参与质量不小于总质量的 90% 时所需的振型数。

4）梁端弯矩调幅系数

考虑梁在竖向荷载作用下的塑性内力重分布，通过调整使梁端弯矩减少，相应增加跨中弯矩，使梁上下配筋均匀一些，达到节约材料、方便施工的目的。为保证正常使用状态下的性能和结构安全，一般情况下装配整体式框架梁取 0.7~0.8，现浇框架梁取 0.8~0.9。框架梁端负弯矩调幅后，梁跨中弯矩按平衡条件相应增大。

梁端弯矩调幅仅对竖向荷载产生的弯矩进行，其余荷载或作用产生的弯矩不调幅。截面设计时，先对竖向荷载下的梁端进行弯矩调幅，再与其他荷载或作用产生的弯矩进行组合。

5）梁活荷弯矩放大系数

国家标准《全国民用建筑工程设计技术措施》规定：当不计算活荷载或没有考虑活荷载的不利布置时，对一般高层建筑取 1.0；对活荷载较大的高层建筑取 1.1～1.2；对活荷载较大的多层建筑取 1.2～1.3。同时，规定对楼面活荷载标准值大于 2.0 或跨度相差较大的房屋建筑，应考虑活荷载不利布置。

《高规》第 5.1.8 条规定：高层建筑结构内力计算中，当楼面活荷载大于 4.0 kN/m^2 时，应考虑楼面活荷载不利布置引起的结构内力增大；当整体计算中未考虑楼面活荷载不利布置时，应适当增大楼面梁的计算弯矩。当考虑活荷载不利布置时，梁活荷弯矩放大系数取 1.0。

6）连梁刚度折减系数

高层建筑结构构件均采用弹性刚度参与整体分析，但抗震设计的框架－剪力墙或剪力墙结构中的连梁刚度相对墙体较小，而承受的弯矩和剪力却很大，使得连梁截面设计困难，往往出现超筋现象。抗震设计时，在保证连梁具有足够的承受其所属面积竖向荷载能力的前提下，允许其适当开裂而把内力转移到墙体上。因此《高规》第 5.2.1 条规定：高层建筑结构地震效应计算时，可对剪力墙连梁刚度予以折减，折减系数不宜小于 0.5。其条文说明指出，设防烈度低时可少折减一些，即 6、7 度时折减系数可取 0.7；设防烈度高时可多折减一些，即 8、9 度时可取 0.5。

当连梁跨高比大于 5 时，受力机理类似于框架梁，竖向荷载比水平荷载作用效应明显，此时应慎重考虑连梁刚度的折减问题，以保证连梁在正常使用阶段的裂缝及挠度满足使用要求。

7）梁刚度增大系数

梁刚度增大系数主要考虑现浇楼板对梁的作用，楼板和梁连成一体按照 T 形截面梁工作，而计算时梁截面取矩形，因此可将现浇楼面和装配整体式楼面中梁的刚度放大。考虑梁调幅的影响，可将现浇楼面的边框梁取 1.5、中框梁取 2.0。有现浇面层的装配整体式的框架梁，其刚度增大系数可适当减小。对无现浇面层的装配式结构楼面梁，板柱体系的等代梁取 1.0，该系数对连梁不起作用。

当结构整体计算模型中考虑了现浇楼板对梁的作用后，梁单元计算中不应考虑额外的刚度增大。

8）梁扭矩折减系数

高层建筑楼面梁受楼板的约束，当结构计算未考虑这个约束作用时，梁的扭转变形和扭矩计算值偏大，与实际受力不符，故在截面设计时应对梁扭矩予以适当折减。计算分析表明，梁的扭矩折减系数与楼盖的约束作用和梁的位置密切相关。边梁和中梁有区别，有次梁和无次梁也不一样。因此，应根据具体情况确定楼面梁的扭矩折减系数。若计算程序中只有一个扭矩折减系数时，一般可取 0.4。

4.3　计算结果的分析、判断和调整

目前，高层建筑结构普遍采用计算机软件进行分析设计，因此对计算结果的合理性、可靠性进行判断是十分必要的。结构工程师应以力学概念和丰富的工程经验为基础，从结构整体和局部两个方面对计算结果的合理性进行判断，确认其可靠性后，方可用于工程设计。

4.3.1　合理性的判断

根据结构类型分析其动力特性和位移特性,判断其合理性。

1.周期和地震作用

周期大小与刚度的平方根成反比,与结构质量的平方根成正比。周期的大小与结构在地震中的反应有密切关系,最基本的是不能与场地土的卓越周期一致,否则会发生类共振。

按正常设计,非耦联计算地震作用时,结构周期大致在以下范围内,即

框架结构　　$T_1 = (0.12 \sim 0.15)N$

框剪结构　　$T_1 = (0.08 \sim 0.12)N$

剪力墙结构　　$T_1 = (0.04 \sim 0.08)N$

筒中筒结构　　$T_1 = (0.06 \sim 0.10)N$

$$T_2 = (1/5 \sim 1/3)T_1$$

$$T_3 = (1/7 \sim 1/5)T_1$$

式中　N——结构计算层数。

对于 40 层以上的建筑,上述近似周期的范围可能有较大差别。如果周期偏离上述数值太远,应当考虑本工程刚度是否合适,必要时调整结构截面尺寸。如果结构截面尺寸和布置正常,无特殊情况而计算周期相差太远,应检查输入数据有无错误。

非耦联计算时,底层剪重比也应在合理范围内。对第一周期小于 3.5 s 的结构,一般为

7 度、Ⅱ类土　　$V/G = 1.6\% \sim 2.8\%$

8 度、Ⅱ类土　　$V/G = 3.2\% \sim 5\%$

耦联计算地震作用时,其第一周期剪重比也应在常规范围之内,但不能简单地与非耦联计算时比较,因其振型较为复杂,地震底部剪力与非耦联计算结果相近或略小。

2.振型

正常计算结果的振型曲线多为连续光滑曲线,当沿竖向有非常明显的刚度和质量突变时,振型曲线可能有不光滑的畸变点,如图 4-1 所示。

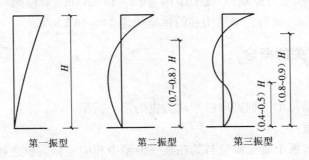

图 4-1　振型曲线

第一振型　　　　第二振型　　　　第三振型

3.位移

结构的弹性层间位移角需满足《抗震规范》第 5.5.1 条的要求。如果按照“楼板平面内刚度无限大”这一假定计算位移,那么位移与结构的总体刚度有关,计算位移愈小,其结构的总体刚度就愈大,故可以根据初算的结果对整体结构进行调整。如位移值偏小,则可以减小整体结构的刚度,对墙、梁的截面尺寸可适当减小或取消部分剪力墙。反之,如果位移偏大,则考虑如何增加整体结构的刚度,包括加大有关构件的尺寸、改变结构抵抗水平力的形

式、设置加强层和斜撑等。

4.3.2　渐变性的判断

竖向刚度、质量变化较均匀的结构,在较均匀变化的外力作用下,其内力、位移等计算结果自上而下也应均匀变化,不应有较大的突变,否则应检查结构截面尺寸或输入数据是否正确、合理。位移特征曲线如图4-2所示。

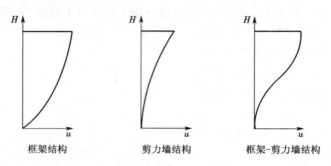

框架结构　　　　　剪力墙结构　　　　框架-剪力墙结构

图4-2　不同结构形式的位移特征曲线

4.3.3　平衡性的判断

应在结构内力调整之前进行内、外力平衡分析。

平衡校核只能对同一结构在同一荷载条件下进行,因此不能考虑施工过程的模拟加载的影响。

平衡分析时必须考虑同一种工况下的全部内力。经过CQC法组合的地震作用效应是不能作平衡分析的,当需要进行平衡校核时,可利用第一振型的地震作用进行平衡分析。

柱、墙计算轴力N基本与柱、墙受荷面积A呈线性关系,即

$$N = qA$$

式中　q——单位面积重力荷载,对框架结构为12～14 kN/m²,对框架-剪力墙结构为13～15 kN/m²,对剪力墙结构和筒体结构为14～16 kN/m²。

4.3.4　与振型有关的概念

1. 基本振型

基本振型一般指每个主轴方向以平动为主的第一振型。

2. 振型参与系数

振型参与系数指每个质点质量与其在某一振型中相应坐标乘积之和与该振型的主质量之比。振型越高,周期越短,地震力越大,但由于地震反应是各振型的叠加,高振型的振型参与系数小,特别是对规则的建筑物,一般可以忽略高振型的影响。

3. 振型的有效质量

某一振型某一方向的有效质量为各个质点质量与该质点在该振型中相应方向对应坐标乘积之和的平方,这个概念只适用于刚性楼板假定。一个振型有三个方向的有效质量,而且所有振型平动方向的有效质量之和等于各个质点的质量之和,转动方向的有效质量之和等于各个质点的转动惯量之和。

4. 有效质量系数

如果计算时只取了几个振型,那么这几个振型的有效质量之和与总质量之比,即为有效质量系数。有效质量系数用于判断参与振型数是否足够。

5. 振型参与质量

某一振型的主质量乘以该振型的振型参与系数的平方,即为该振型的振型参与质量。

6. 振型参与质量系数

由于有效质量系数只适用于刚性楼板假定,现在不少结构因其复杂性需要考虑楼板的弹性变形,因此需要一种更为一般的方法,不但能够适用于刚性楼板,也应该能够适用于弹性楼板。出于这个目的,从结构变形能的角度对此问题进行研究,提出了一个通用方法来计算各地震方向的有效质量系数,即振型参与质量系数,规范是通过控制有效质量、振型参与质量系数的大小来决定所取的振型数是否足够。一个结构所有振型的振型参与质量之和等于各个质点的质量之和。如果计算时只取了几个振型,那么这几个振型的振型参与质量之和与总质量之比,即为振型参与质量系数。由此可见,有效质量系数与振型参与质量系数概念不同,但都可以用来确定振型叠加法所需的振型数。

7. 结构振动自由度数

振型分析计算有两种模型,即侧刚模型和总刚模型,两者有不同的结构振动自由度数。

侧刚模型假定楼板为刚性楼板,对于无塔结构每层为一刚性楼板,有塔结构一塔一层为一刚性楼板,每块刚性楼板有 3 个自由度,两个平动,一个转动。侧向刚度就是建立在这些结构自由度上的。侧刚模型进行振型分析时,结构动力自由度较少、计算耗时少、分析效率高,但应用范围有限。例如,某 n 层无塔结构,侧刚模型结构的自由度为 $3n$;某 30 层 3 塔结构,第一塔 $1-30$,第二塔 $6-25$,第三塔 $3-28$,则独立的刚性楼板数 $m=30+(25-6+1)+(28-3+1)=76$,则结构自由度为 $3\times76=228$。

总刚模型是一种真实的结构模型转化成的刚度矩阵模型,结构总刚模型假定每层非刚性楼板上的每个节点的动力自由度有两个独立水平平动自由度,可以受弹性楼板的约束,也可以完全独立不与任何楼板相连,而在刚性楼板上的所有节点的动力自由度只有两个独立水平平动自由度和一个独立的转动自由度。它能真实地模拟具有弹性楼板、大开洞的错层、连体空旷的工业厂房、体育馆等结构,但自由度数相对比较多,计算耗时多且存储开销大。例如,对某 n 层无刚性楼板的结构,每层节点数为 m 个,所以结构的自由度为 $2nm$;对于 n 层有刚性楼板的结构,每层独立的节点为 m 个,有 k 个刚性楼板,则结构自由度为 $n(2m+3k)$。

结构计算振型数的最大值为结构振动自由度数。

4.3.5　需要注意的几个限值

除上述的要求外,对于一般的抗震建筑,需注意以下几个限值。

1. 柱轴压比

柱轴压比的限值是延性设计的要求,规范针对不同抗震等级的结构给出了不同要求,在抗震结构中,轴压力采用的是有地震作用组合下的最大轴力。

2. 扭转位移比

规定扭转位移比主要是保证结构平面规则性,避免产生扭转,对结构造成不利影响。《抗震规范》第 3.4.4 条规定:扭转不规则而竖向规则的建筑结构,楼层竖向构件最大的弹性水平位移和层间位移分别不宜大于楼层两端弹性水平位移和层间位移平均值的 1.5 倍。《高规》第 3.4.5 条规定:在考虑偶然偏心影响的规定水平地震力作用下,楼层竖向构件最大的水平位移和层间位移,A 级高度高层建筑不宜大于该楼层平均值的 1.2 倍,不应大于该楼层平均值的 1.5 倍;B 级高度高层建筑、超过 A 级高度的混合结构及复杂高层建筑不宜大于该楼层平均值的 1.2 倍,不应大于该楼层平均值的 1.4 倍。

扭转位移比计算时,"规定水平地震作用"一般可采用振型组合后的楼层地震剪力换算的水平作用力,水平作用力的换算原则是每一楼面处的水平作用力取该楼面上、下两个楼层地震剪力差的绝对值。

3. 层间位移角

层间位移角指层间最大位移与层高之比,是控制结构整体刚度和不规则性的主要指标。限制建筑物特别是高层建筑的层间位移角主要目的有两点:一是保证主体结构基本处于弹性受力状态,避免混凝土受力构件出现裂缝或裂缝超过规范允许的范围;二是保证填充墙和各种管线等非结构构件完好,避免产生明显的损伤。

《抗震规范》第 5.5.1 条和《高层规程》第 3.7.3 条规定:按弹性方法计算的风荷载或多遇地震标准值作用下的楼层层间最大水平位移与层高之比 $\Delta u/h$ 宜符合以下规定。

(1)高度不大于 150 m 的高层建筑,其楼层层间最大水平位移与层高之比 $\Delta u/h$ 不宜大于表 4－4 中的限值。

表 4－4　楼层层间最大水平位移与层高之比的限值

结构体系	$\Delta u/h$ 限值
框架	1/550
框架－剪力墙、框架－核心筒、板柱－剪力墙	1/800
筒中筒、剪力墙	1/1 000
除框架结构外的转换层	1/1 000

注:抗震设计时楼层位移计算可不考虑偶然偏心的影响。

(2)高度不小于 250 m 的高层建筑,其楼层层间最大水平位移与层高之比 $\Delta u/h$ 不宜大于 1/500。

(3)高度在 150～250 m 的高层建筑,其楼层层间最大水平位移与层高之比 $\Delta u/h$ 的限值按线性插入取值。

《抗震规范》第 5.5.1 条条文说明指出:第一阶段设计,变形验算以弹性层间位移角表示。对各类钢筋混凝土结构和钢结构均要求进行多遇地震作用下的弹性变形验算,以实现第一水准下的设防要求。

4. 周期比

对于高层建筑,当结构扭转为主的第一自振周期 T_t 与平动为主的第一自振周期 T_1 相接近时,由于振动耦联的影响,结构扭转效应明显增大,因此抗震设计中应采取措施减小周期比 T_t/T_1 值,使结构具有必要的抗扭刚度。因此,《高规》第 3.4.5 条规定:结构扭转为主的第一自振周期 T_t 与平动为主的第一自振周期 T_1 之比,A 级高度高层建筑不应大于 0.9,B 级高度高层建筑、超过 A 级高度的混合结构及复杂高层建筑不应大于 0.85。

扭转耦联振动的主振型,可通过计算振型方向因子来判断。在两个平动和一个扭转方向因子中,当扭转方向因子大于 0.5 时,则该振型可认为是扭转为主的振型。高层结构沿两个正交方向各有一个平动为主的第一振型周期,T_1 是指刚度较弱方向的平动为主的第一振型周期。如两个方向的第一振型周期与 T_1 的比值均能满足限值要求,其抗扭刚度更为理想。周期比计算时,可直接计算结构的固有自振特征,不必附加偶然偏心。

高层建筑结构当偏心率较小时,结构扭转位移比一般能满足规范规定的限值,但其周期比有的会超过限值,必须使位移比和周期比都满足限值,使结构具有必要的抗扭刚度,保证结构的扭转效应较小。当结构的偏心率较大时,如结构扭转位移比能满足规范规定的上限值,则周期比一般都能满足限值。

5. 层间刚度比

刚度比是控制结构竖向不规则性和判断薄弱层的重要指标。

《抗震规范》第 3.4.3 条规定:当某层结构的侧向刚度小于相邻上一层的 70%,或小于其上相邻三个楼层侧向刚度平均值的 80%;除顶层或屋面小建筑外,局部收进的水平向尺寸大于相邻下一层的 25% 时,该结构竖向不规则。

《高规》第 3.5.2 条规定:抗震设计时的框架结构,楼层与其相邻上层的侧向刚度比值不宜小于 0.7,与相邻上部三层刚度平均值的比值不宜小于 0.8;抗震设计时的框架 – 剪力墙结构、板柱 – 剪力墙结构、剪力墙结构、框架 – 核心筒结构、筒中筒结构,楼层与其相邻上层的侧向刚度比值不宜小于 0.9;当本层层高大于相邻上层层高的 1.5 倍时,该比值不宜小于 1.1;对结构底部嵌固层的比值不宜小于 1.5。

《高规》第 3.5.8 条规定:侧向刚度不符合第 3.5.2 条规定的楼层,其对应于地震作用标准值的剪力应乘以 1.25 的增大系数。

《高规》附录 E.0.2 条规定:当转换层设置在第 2 层以上时,转换层与其相邻上层的侧向刚度比不应小于 0.6。

《抗震规范》附录 E.2.1 条规定:筒体结构转换层上、下层的侧向刚度比不宜大于 2。

对于抗震高层建筑而言,此类竖向不规则结构是不宜采用的。

6. 楼层最小地震剪力系数

楼层最小地震剪力系数,也称剪重比。《抗震规范》第 5.2.5 条、《高规》第 4.3.12 条规定了不同设防烈度下楼层的最小地震剪力系数,见表 4 – 5。

表 4 – 5 楼层的最小地震剪力系数

类别	6 度	7 度	8 度	9 度
扭转效应明显或基本周期小于 3.5 s 的结构	0.008	0.016(0.024)	0.032(0.048)	0.064
基本周期大于 5.0 s 的结构	0.006	0.012(0.018)	0.024(0.036)	0.048

注:1. 基本周期介于 3.5 s 和 5.0 s 之间的结构,按插入法取值;
   2. 括号内的数值分别用于设计基本地震加速度为 0.15g 和 0.30g 的地区。

剪重比是抗震设计中非常重要的参数。在长周期作用下,地震影响系数下降较快,对于基本周期大于 3.5 s 的结构,由此计算出来的水平地震作用下的结构效应有可能太小。而对于长周期结构,地震动态作用下的地面运动速度和位移可能对结构具有更大的破坏作用,而振型分解反应谱法尚无法对此作出较准确的计算。出于安全考虑,规范规定了各楼层水平地震剪力的最小值,该值如不满足要求,说明结构有可能出现比较明显的薄弱部位,必须进行调整。

设置楼层最小地震剪力系数的目的在于控制楼层的最小地震剪力,保证结构的安全。当不满足此要求时,结构水平地震总剪力和各楼层的水平地震剪力均需要进行相应的调整或改变结构刚度,使之达到规定的要求。

对于竖向不规则结构的薄弱层的水平地震剪力,《高规》第 3.5.8 条规定:与地震作用标准值相应的剪力应乘以 1.25 的增大系数,该层剪力放大 1.25 倍后,其楼层最小地震剪力系数应不小于表 4-5 中数值的 1.15 倍。

7. 刚重比

结构整体稳定性是高层建筑结构设计的基本要求,而稳定设计主要是控制在风荷载或水平地震作用下,重力荷载产生的二阶效应不致过大,以免因其结构的失稳而倒塌。结构的刚重比(结构的刚度和重力荷载之比)是影响重力 $P-\Delta$ 效应的主要参数。

《高规》第 5.4.4 条给出了刚重比的限值,如果不满足限值要求,就需要调整并增大结构的侧向刚度。

4.3.6 构件配筋的分析和判断

结构计算完毕,除对结构整体分析进行判断和调整外,还应对构件配筋的合理性进行分析判断,包括如下内容。

(1)一般构件的配筋值是否符合构件的受力特性。

(2)特殊构件(如转换梁、大悬臂梁、转换柱、跨层柱、特别荷载作用的部位)应分析其内力,配筋是否正常,必要时应进一步分析,包括手算以及采用其他程序进行复核。

(3)柱的轴压比是否符合规范要求,短肢剪力墙的轴压比是否满足有关要求,竖向构件的加强部位(如角柱、框支柱、底层剪力墙等)的配筋是否得到反映。

(4)个别构件的超筋的判断和处理。

设计较为合理的结构,一般不应有太多的超限截面,基本上应能满足规范的各项要求。结构设计中,其计算结果一般可按上述几项内容进行分析,符合上述要求,可以认为结构基本正常,否则应检查输入数据是否有误或对结构方案进行调整,使计算结果正常、合理。

结构布置的调整,应在概念设计的基础上,从整体进行把握。

一般高层建筑单位面积的重量多数在 15 kN/m² 左右,如计算结果与此相差很大,则需考虑电算数据输入是否正确。

如果高层建筑计算出的第一振型为扭转振型,这表明结构的抗侧力构件布置得不尽合理,质量中心与抗侧刚度中心存在偏差,平动质量相对于刚度中心产生转动惯量;或是抗侧力构件数量不足;或是整体抗扭刚度偏小。此时,对结构方案应从加强抗扭刚度,减小相对偏心,使刚度中心与质量中心一致,减小结构平面的不规则性等角度出发进行调整。因此,可采用加大抗侧力构件截面或增加抗侧力构件数量,将抗侧力构件尽可能均匀对称地布置在建筑物四周,必要时设置抗震缝,将不规则平面划分为若干相对规则平面等方法进行处理。

第 2 篇　建研院 PKPM 多、高层结构设计软件应用

第5章 结构计算模型的建立

5.1 结构几何模型的建立

5.1.1 概述

1. 各种类型结构的建模方式

完成结构方案的布置后,就可以建立其计算模型。利用计算分析软件建模,就是在计算模型合理简化的基础上,把结构方案的布置在电脑上再现出来,并输入相关的几何参数、材料特性等。合理的计算模型,应能满足结构刚度、结构传力的特点,并能较好地反映结构的主要变形特征。即使有简化误差,也应控制在局部范围内。计算模型的正确性、合理性是结构分析的前提,如果计算模型简化不当,将导致分析结果失之千里。

针对各种建筑结构类型,PKPM 系列结构软件提供了多个建模模块:

(1)混凝土结构,采用主界面〖结构〗页中的 ●PMCAD 模块建模;

(2)砌体结构、底部框架抗震墙 – 上部砖房结构及配筋砌体结构等,采用主界面〖砌体结构〗页中的 ●砌体结构辅助设计 模块建模;

(3)钢结构、混合结构及组合结构等,采用主界面〖钢结构〗页中的相应模块建模;

(4)除箱形基础外的各类基础,采用主界面〖结构〗页中的 ●JCCAD 模块建模;

(5)箱形基础,采用主界面〖特种结构〗页中的 ●BOX 模块建模;

(6)复杂空间结构(如体育场馆、看台等),可采用主界面〖结构〗页中的 ●PMCAD 或 ●PMSAP 、主界面〖钢结构〗页中的 ●空间结构 等模块建模。

2. PMCAD

PMCAD 模块的主菜单如图 5 – 1 所示。

图 5 – 1 PMCAD 主菜单

作任一项工程的设计和计算,首先应该建立该项工程的专用工作子目录,子目录名任意,但不能超过 20 个英文字节或 10 个中文字符,也不能使用特殊字符。可以在主菜单"工作目录"栏中输入带路径的目录。

PMCAD 程序采用屏幕交互式数据输入方式,直观易学,不易出错且修改方便。

1)PMCAD 数据的分类

Ⅰ.几何数据

PMCAD 程序提供了一套可以精确定位的作图工具和多种直观便捷的布置方法,可以便捷地描述各种不规则平面的几何数据。

Ⅱ.数字信息

PMCAD 程序提供了常用参考值隐含列表,允许结构工程师进行选择、修改,使数值输入的效率大大提高。输入的各种信息可以随意修改、增删,并立即以图形方式显现出来。避免填写一个个字符的数据文件,为结构工程师提供了一个友好的界面。

2)PMCAD 建模的主要特点

Ⅰ.标准层模型

PMCAD 的建模方式是以结构标准层为单位进行。标准层是指结构布置、层高、材料特性、荷载布置及大小均相同的结构层,这些楼层作为一个结构标准层共同进行建模、修改、计算、出图等操作,以提高设计效率。

仅结构布置相同而其他参数不同者,不能视为同一标准层,否则会引起后续菜单项中部分荷载无法输入。

Ⅱ.基准网格线

PMCAD 建模以网点和网格线为基准进行构件和荷载布置。它是计算数据的来源,也是绘图定位的依据,使结构模型数据严谨,为后续结构计算分析奠定了良好的几何数据基础。

受网点和网格线的限制,除次梁外所有建模操作都必须围绕网点(节点)和网格线进行,没有节点和网格线不能布置构件。柱要布置在节点上,且一个节点只能布置一根柱。梁和墙要布置在网格线上,一根网格线只能布置一道主梁和墙。对构件的增加、删除、修改、对齐、升降、显示、荷载输入等操作,都必须对网点和网格线实施。建模时也不要有多余的节点和网格线,如果一道梁或墙除端点外有多余节点,就会被打断成多道梁或墙,给计算和出图带来麻烦,应尽量避免。

Ⅲ.封闭楼板

PMCAD 可以对梁和墙等构件封闭的房间自动生成楼板。非封闭房间不能生成楼板(包括悬挑板和悬挑梁上的板),不能布置楼面荷载,也不能布置楼面洞口。

从 PMCAD 主菜单进入第一项 ①建筑模型与荷载输入 后,屏幕显示图 5 - 2,输入工程的文件名称以后即进入交互式输入数据主界面,如图 5 - 3 所示。

图 5 - 3 显示程序将桌面划分为上侧的下拉菜单区、下侧的命令提示区、中部的图形显示区和右侧的菜区,其中右侧的菜单区主要是软件的专业功能。要完成对某一结构的整体描述,首先根据建筑图和结构方案建立定位轴线,相互交织形成网格和节点,再在网格和节点上布置构件形成结构标准层的平面布局,最后将各结构标准层配以各自的层高、荷载,经楼层组装后形成建筑物的竖向结构布局,具体步骤如右侧菜单次序,即轴线输入→网格生成→楼层定义→荷载输入→设计参数→楼层组装→保存。

对于新建文件,结构工程师应依次执行右侧各菜单项;对于旧文件,可根据需要直接进

图 5-2　输入工程文件名

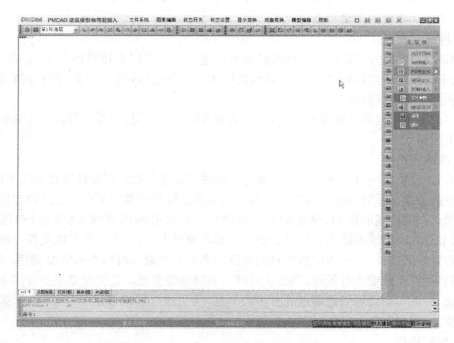

图 5-3　PMCAD 交互式输入数据主界面

入某项菜单;完成后切勿忘记保存文件,否则输入的数据将部分或全部放弃。

程序中输入的尺寸单位全部为毫米(mm)。

5.1.2　轴线输入

【轴线输入】菜单是整个交互输入程序的基础环节。结构平面布置首先要输入轴线,这里的轴线不仅包括建筑平面图中的定位轴线,还包括楼面构件的定位线,因此这些轴线可以是与墙、梁等长的线段,也可以是一整条建筑轴线。

程序提供了图 5-4 所示的多种基本图素,与捕捉工具、热键和下拉菜单中的各种工具共同构成一个小型绘图系统,可以绘制各种形式的轴线。一般情况下使用【正交轴网】和【圆弧轴网】可以方便快捷地建立结构控制性的定位轴线(一般取为建筑平面图中的定位轴线），其余轴线可根据需要利用作图工具在构件布置时进行图素编辑形成，避免初始轴线过密而不利于构件布置。

【正交轴网】是通过定义开间和进深形成正交网格，开间是输入横向从左向右连续各跨跨度，进深是输入从下到上各跨跨度，跨度数据可以从屏幕提供的常见数据中选择，或者从键盘输入。【圆弧轴网】的开间是指轴线展开角度，进深是指沿半径方向的跨度。图 5－5 至图 5－7 是采用【正交轴网】和【圆弧轴网】输入轴线的示例。

网格确定后即可命名轴线。【正交轴网】中的轴线也可在【正交轴网】对话框中勾选【轴编号】后由程序自左向右、自下而上自动命名。不执行【轴线命名】不影响计算，只影响后续施工图中的轴线编号。

各结构标准层可有不同的轴线网格，拷贝某一标准层后，其轴线和构件布置同时被拷贝，在新的结构标准层中可对轴线和构件布置进行修改以形成下一个结构标准层。

图 5－4　轴线输入菜单

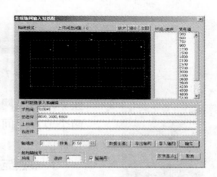

图 5－5　正交轴网轴线输入

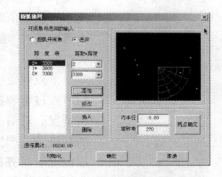

图 5－6　圆弧轴网轴线输入

5.1.3　网格生成

图 5－8 显示【网格生成】菜单所包含的命令。

轴线输入完毕后，程序会将直、弧轴线进行相交计算，打断成分段的网格，如图 5－7 所示线段。相交计算保证了网格之间不会互相跨越，在其上布置的构件也不会相互跨越，这样可以保证自动划分房间、生成楼板、楼面荷载导算的顺利进行。因此，可以看出 PMCAD 的轴网实际是由节点和网格这两个基本元素组成，后续所有构件的布置、删除、对齐、升降、显示以及荷载输入等操作，都要以网格或节点为基准进行。

程序规定网格不可跨越节点，如果网格线中间存在节点，则网格线会被自动打断为各自

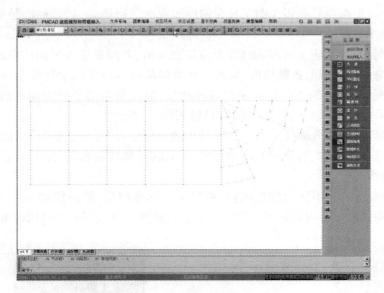

图 5 - 7　控制性的定位轴线

图 5 - 8　网格生成菜单

独立的两段网格。两个节点之间只能通过唯一的一段网格相连，两个节点之间同时存在一段直网格和一段弧线网格的情况是不允许的。

1. 节点距离

程序默认的最小节点间距为 50 mm。设计人员可利用【节点距离】命令修改该值，但应谨慎使用。因为当相邻节点之间的距离小于该数值时，程序自动把相距过近的多个节点合并为一，从而可能造成"墙找不到相应轴线"，或已输入的梁上、墙上荷载丢失。

节点间距小于 50 mm 时，应进行简化调整。节点过密包括本层节点过密和各结构标准层网格叠加后的总网格中节点过密两种情况。对第一种情况，一般通过设置构件偏心来减少过近过密的网格节点产生。对第二种情况，应进行轴线简化调整，使上、下层位置应对齐的网格节点确保对齐。上、下层相近节点间距过小，也会对后面的计算产生影响。因此应注意：

（1）在形成新的标准层时应尽量使用拷贝已完成的标准层，且进行轴线修改和构件布置时，对控制性轴网不作整体移动；

（2）为减少荷载导算出错机会，布置墙处的各层上、下节点尽量对应一致，即该部位各层网格节点不宜不同。

2. 上节点高

上节点高指本层在层高处相对于楼层的高差，程序隐含为每一节点高位于层高处，即上节点高为 0。改变上节点高就改变了该节点处的柱高和与之相连的梁、墙的坡度。利用【上节点高】命令，可调整节点顶标高，形成坡屋面等楼面高度有变化的情况。

在图 5 - 9 所示的对话框中可以选择节点抬高方式。

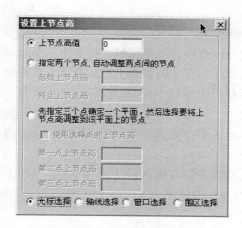

图 5 – 9　设置上节点高

1）上节点高值

直接输入上节点高值（mm），并按多种选择方式选择按此值进行抬高的节点。

2）指定两个节点，自动调整两点间的节点

指定同一轴线上两节点的抬高值，一般存在高差，程序自动将此两点间的其他节点的抬高值按同一坡度自动调整。

3）先指定三个点确定一个平面，然后选择要将上节点高调整到该平面上的节点

这项功能可以快捷地形成一个斜面。

5.1.4　楼层定义

【楼层定义】菜单可定义构件的截面尺寸、输入各层平面的各种构件，这是各层平面布置的核心内容，如图 5 – 10 所示。这里的构件不仅包括普通意义上的构件——柱、梁、墙、斜杆支撑、次梁及层间梁等，还包括墙上洞口。

1. 构件布置时的参照定位

各种构件布置时的参照定位是不同的，柱布置在节点上，每节点上只能布置一根柱；梁、墙布置在网格上，两节点之间的一段网格上仅能布置一道墙，可以布置多道梁，但各梁标高不应重合。梁、墙长度即是两节点之间的距离。

洞口布置在已经布置了墙的网格上；可在一片墙上布置多个洞口，程序会在两洞口之间自动增加节点，如洞口跨越节点布置，则该洞口会被节点截成两个标准洞口。

斜杆支撑有两种布置方式，按节点布置和按网格布置。斜杆在本层布置时，其两端点的高度可以任意，既可越层布置，也可水平布置，用输入标高的方法来实现。

次梁布置不需要网格线，但次梁必须与房间的一边平行或垂直，相交次梁必须正交。

图 5 – 10　楼层定义菜单

2. 构件布置方式

构件布置有如下四种方式。

(1)直接布置:凡是被光标点中的网格或被光标套中的节点,均被插入选定构件。

(2)沿轴线布置:凡是被光标点中的轴线上的所有节点或网格,均被插入选定构件。

(3)窗口布置:用光标在图中截取一窗口,该窗口内的所有节点或网格,均被插入选定构件。

(4)围栏布置:用光标点取多点围成一个任意多边形,该多边形内的所有节点或网格,均被插入选定构件。

按键盘上的【Tab】键,构件布置在这四种方式中轮换,不论采用哪种构件布置方式,若该处已有构件,将被当前选定构件替换。

3. 构件定义与布置

各类构件布置前必须定义其形状类型、形状参数及材料等信息。构件定义可以集中进行,也可以在结构布置的同时定义构件。但应注意,柱、梁、墙构件均应定义结构尺寸,不考虑外表面抹灰层,以免改变结构刚度。抹灰层的荷载通过调整材料容重考虑。

1)柱布置

柱布置时弹出图 5 - 11 所示对话框,按图 5 - 12 定义柱截面,程序目前包含图 5 - 13 所示 25 种柱截面类型可供选择。

图 5 - 11　柱布置对话框

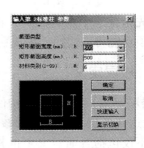

图 5 - 12　柱截面定义

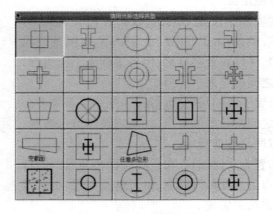

图 5 - 13　柱截面类型

图 5 - 14 是柱布置信息参数对话框,其中包含的参数有沿轴偏心、偏轴偏心、轴转角和柱底高。柱宽边方向与 X 轴的夹角称为转角,沿柱宽边方向相对于节点的偏心称为沿轴偏

心,右偏为正,沿柱截面高度方向的偏心称为偏轴偏心,上偏为正;柱沿轴线布置时,柱的方向自动取为轴线方向。

　　柱顶标高与楼层标高相同,柱底高指柱底相对于本结构标准层地面的高差,高于本层地面时为正,默认柱高等于层高。通过修改柱的下节点标高,可以生成与楼层底标高不同的柱,如图 5 – 15 所示。应注意输入正值时不能高于本层的柱顶标高。

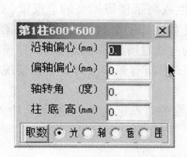

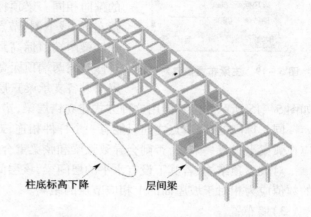

柱底标高下降　　层间梁

图 5 – 14　柱布置信息参数对话框　　　　**图 5 – 15　柱底标高下降与层间梁示意图**

　　2)主梁布置

　　主梁布置时弹出图 5 – 16 所示对话框,按图 5 – 17 定义主梁截面,程序目前包含图 5 – 18 所示 18 种主梁截面类型可供选择。

图 5 – 16　主梁布置对话框　　　　　　**图 5 – 17　主梁截面定义**

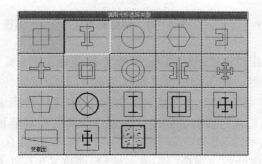

图 5 – 18　主梁截面类型

　　主梁必须布置在网格上,在两个节点之间的网格上同一标高处只能布置一根梁,两个节点之间的距离即为梁的长度。同一网格的不同标高处可布置多根主梁,如楼梯平台梁或雨篷梁。

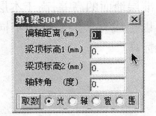

图 5－19 主梁布置信息对话框

主梁布置的参数有偏轴距离、梁顶标高(梁两端顶面相对于楼层的高差)和轴转角,如图 5－19 所示。

梁偏心一般输入绝对值,偏心方向与光标相对于轴线的偏向相同。梁顶标高以高于楼层标高为正,梁顶标高 1 指左侧(或下侧)节点处,梁顶标高 2 指右侧(或上侧)节点处。梁两端顶标高默认值为 0,即梁顶面与楼层同高。通过修改梁两端顶标高可以生成高于楼层标高的上反梁(如屋面设备支承梁)、层间梁(如楼梯间平台梁)及越层斜梁,如图 5－15 所示。但不能用这种方式建立错层梁,错层结构应通过增加标准层的方式建模。

同一标高处,两节点之间只能有一个杆件相连,对于两节点间有弧梁又有直梁的情况,应在弧梁上设置一节点,否则会导致弧梁和弦梁重合。

对坡屋顶结构,若其下设有水平的层间梁,该层间梁两端的节点标高是不相同的,输入的数值应为相对于坡屋面的上相应节点的距离。

3)墙布置

这里输入的墙必须是结构承重墙,且仅需定义其厚度,程序自动定义其高度与层高相同。围护墙、隔墙应换算成作用在梁(或墙)上的外荷载输入。墙布置时弹出图 5－20 所示对话框,按图 5－21 定义墙截面。

墙必须布置在网格上,一段网格只能布置一道墙,两个节点之间的距离即为墙的长度,默认墙高等于层高。

墙布置的参数有偏轴距离、墙标和墙底高,如图 5－22 所示。

图 5－20　墙布置对话框

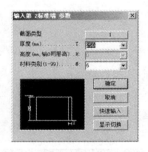

图 5－21　墙截面定义

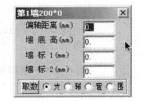

图 5－22　墙布置信息对话框

墙标指墙两端顶面相对于楼层的高差,墙标 1 指墙顶左侧(或下侧)节点处,墙标 2 指墙顶右侧(或上侧)节点处。墙两端顶标高默认值为 0,即墙顶面与楼层同高。通过修改墙两端顶标高,可以生成斜墙或山墙,如图 5－23 所示。墙底高指墙底面相对于楼层的高差。墙底高默认值为 0,即墙底面与楼层底同高。通过修改墙底高和墙顶标高,可以生成与楼层标高不同的错层墙。

柱、墙悬空时,其下层的相应部位一定要布置梁,或将其指定为与基础相连的构件,否则不能通过数据检查。这种情况在进行广义楼层组装时也容易出现。

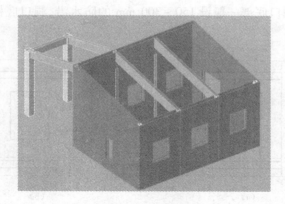

图 5 - 23　斜墙生成示意图

4) 洞口布置

这里的洞口是指承重墙上的门窗洞口,楼面洞口(板洞)应在【楼板生成】菜单中设置。洞口只能布置在有墙的网格上,不能独立存在。两个节点之间的墙上仅能布置一个洞口。对于两个节点之间存在多个洞口的情况,应在洞口之间增加节点。对跨越节点的洞口可先输入大洞口,再输入节点。

洞口布置时弹出图 5 - 24 所示对话框,按图 5 - 25 定义洞口截面。洞口形状必须为矩形,其他形状的洞口应简化为矩形,其布置参数包括定位距离和底部标高,如图 5 - 26 所示。

图 5 - 24　洞口布置对话框

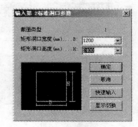

图 5 - 25　洞口截面定义

图 5 - 26　洞口布置信息对话框

洞口定位方式有左端定位方式、中点定位方式和右端定位方式。定位距离大于 0,则为左端定位;定位距离小于 0,则为右端定位;定位距离等于 0,则为中点定位(洞口在网格线上居中布置)。如洞口紧贴左(右)节点布置,则定位距离可输入 1(-1)。

为保证门窗洞口的建筑净高尺寸,建模时定义的标准层门洞口结构高度应等于洞口建筑高度 h_A 加楼面营造做法厚度 a,如图 5 - 27(a)所示。窗洞口高度等于建筑洞口高度。

洞口底部标高是指洞口底边相对于本结构标准层地面的距离。对于门洞口,洞口底标高输入 0;对于窗洞口,洞口底标高输入值为 d,如图 5 - 27(b)所示。

对首层结构标准层,门窗洞口底标高均应输入洞口底边相对于结构底部嵌固端的距离。

对设备检修门,洞口底部一般设 150 ~ 300 mm 的防水沿,洞口底标高输入值为 d,如图 5 - 27(b)所示。

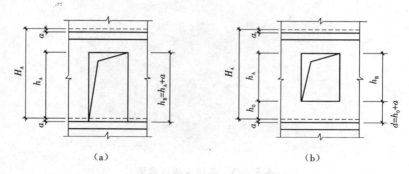

（a） （b）

图 5 - 27 洞口输入尺寸示意图

(a)标准层门洞口尺寸 (b)标准层窗洞口尺寸

H_A—建筑层高;h_A—洞口建筑高度;h_B—洞口结构高度;a——楼面营造做法厚度

5)斜杆布置

斜杆可采用按节点布置和按网格布置两种方式,可以布置水平斜杆和竖向斜杆。

斜杆布置的参数有偏心、标高和旋转角,如图 5 - 28 所示。斜杆布置示意图如图 5 - 29 所示。

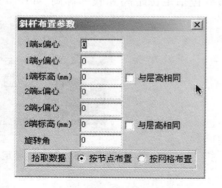

图 5 - 28 斜杆布置信息对话框

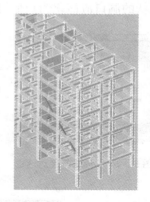

图 5 - 29 斜杆布置示意图

斜杆在本层布置时,其两端节点的高度用输入标高的方法实现,可以是层间斜杆。输入越层斜杆时,斜杆所属楼层按上部节点(2 端标高)所在楼层确定,因此建议将越层斜杆布置在上部楼层。

1 端标高为下部节点标高,默认值为 0,即与本标准层地面标高相同;2 端标高为上部节点标高,默认值为 0,即与本标准层楼面标高相同。

6)次梁布置

次梁与主梁采用同一套截面数据。次梁布置时,选取与其首尾两端相交的主梁或墙构件作参照定位,不需要在次梁下布置轴线,次梁的顶面标高随与其相连的主梁或墙构件变化。

按习惯,除与柱相连的梁外,其余楼面梁均可称之为次梁,即次梁是指首尾两端不与柱相连的梁。但在 PKPM 系列程序中,满足以下三个条件的梁方可按次梁输入:

（1）所布置的次梁应与所在房间的某边平行或垂直；

（2）非二级以上次梁，即作为次梁参照定位的首尾两端不能是次梁，必须是主梁或墙构件；

（3）次梁之间有相交关系时，必须相互垂直。

在多数情况下，楼面次梁能够满足上述规定者较少，一般需为次梁布置轴线，将次梁作为主梁输入。结构平面上的边梁、洞口边的封梁必须按主梁输入。

4. 本标准层信息

每个结构标准层的【本标准层信息】菜单如图 5 - 30 所示，主要是构件材料和层高信息。

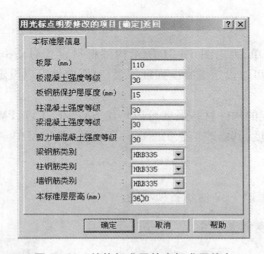

图 5 - 30 结构标准层的本标准层信息

1）板厚

板厚应根据实际情况输入，但不得小于表 2 - 2 规定的最小厚度。由于已假设楼板刚度无限大，板厚可用于计算板配筋。如果需要也可计算楼板自重。一般板厚取大多数楼面的楼板厚度，局部房间不同处可在【楼板生成/修改板厚】菜单中进行修改。

特别要注意的是，对房屋的顶层、结构转换层（包括底部框架 - 剪力墙结构的过渡层）、作为上部结构嵌固部位的地下室楼板、平面复杂或开洞过大的楼层，其板厚应满足相应规定，详见《高规》第 3.6.3 条、第 8.1.9 条、第 10.2.14 条、第 10.5.5 条、第 10.6.2 条和《抗震规范》第 6.1.14 条、第 7.5.7 条第 1 款。

2）板钢筋保护层厚度（mm）

板钢筋保护层厚度应按环境类别根据《混凝土规范》第 8.2.1 条确定。

3）板、梁、柱、剪力墙混凝土强度等级

板、梁、柱、剪力墙混凝土强度等级根据实际情况输入，但不低于按环境类别的要求。一般板与梁同级，柱与剪力墙同级，沿高度自下而上逐渐减小，一般改变 2～4 次。当混凝土结构层数较少或为砌体结构时，也可沿高度不变。

各种结构体系对构件的混凝土强度等级要求是不同的，详见《高规》第 3.2.2 条、第 10.4.4 条和《抗震规范》第 3.9.2 条、第 6.1.14 条、7.5.9 条等。为满足这些要求，建议输入的混凝土强度等级不低于 C30。

特殊构件如框支柱等可在【楼层定义/材料强度】菜单中进行修改。

4）梁、柱、墙钢筋类别

指梁、柱纵向、墙钢筋类别，按钢筋代号选择，共有 HPB300、HRB335、HRB400、HRB500、冷轧带肋 550 五种。一般选 HRB335（$f_y = 300$ MPa）或 HRB400（$f_y = 360$ MPa）。

5）本标准层层高（mm）

本标准层层高根据实际情况输入，但应注意首层层高的计算。此处输入的层高仅用来"定向观察"某一轴线立面时做立面高度的参考值，输入洞口时作为洞口高度的参考基准值。各层实际层高应在【楼层组装】菜单中输入。

一般情况下，对砌体结构及带剪力墙的结构，标准层层高应与【楼层组装】菜单中要输入的各层实际层高相同。

5. 材料强度

单击【材料强度】菜单，弹出图 5-31 所示构件材料设置对话框，可以设定所指定的材料强度，对混凝土构件，可以设定混凝土强度等级；对钢构件可以设定钢号；对型钢混凝土构件，两者均可修改。

PMCAD 建模时设定的构件材料强度可以传给 SATWE、TAT、PMSAP 等计算软件，在计算过程中修改的材料强度，其修改信息仍然保存在 PMCAD 模型中。

5.1.5　楼板生成

楼板生成菜单包含图 5-32 所示各项功能。

图 5-31　构件材料设置对话框　　　图 5-32　楼板生成菜单

1. 生成楼板

【生成楼板】命令可以在构件封闭的房间内自动生成本标准层结构布置后的现浇水平楼板，默认板面与楼层同高，且均为刚性板。板厚默认取在【本层信息】菜单中设置的板厚值，也可以通过【修改板厚】命令进行修改。生成楼板后，如果修改了【本层信息】中的板厚，没有进行过手工调整的房间的板厚将自动取为新板厚值。软件仅支持在层高处生成楼板，层间梁和斜梁处不能生成楼板。

布置预制板时,要先运行一次【生成楼板】命令,然后在生成好的楼板上进行布置。

2. 楼板错层

当个别房间如卫生间的楼层标高不同于该层楼层标高,即出现错层时,可在图 5 - 33 所示菜单中输入个别房间与该楼层标高的差值,然后用光标直接在屏幕上点取错层所在的房间。房间标高低于楼层标高时的错层值为正。

图 5 - 33　楼板错层

本命令仅对某些房间楼板作错层处理,不能对房间周围的梁作错层处理,也不能用于建立错层模型。楼板错层处理不影响结构整体计算,只影响该房间楼板支座钢筋的配筋形式。

3. 修改板厚

当个别房间由于跨度、荷载等因素,其板厚与【本层信息】中输入的板厚不同时,可在本命令中对指定房间厚度进行修正。

当某房间中的内容(结构布置、板配筋)不打算画出时,可将该房间板厚修改成 0。此时,该房间上的荷载仍传到房间四周的梁或墙上。

修改板厚只影响楼板配筋的计算,不影响结构整体计算。若先前输入的楼面恒载中已包括板自重,则应修改该房间楼面恒载。

4. 板洞布置

实际工程中,楼板上的洞口一般按以下方式处理:

(1)较小洞口,如管线穿越楼板的洞口等,一般忽略;

(2)中等大小洞口,如周边无梁的小管井、屋面上人孔等,可选择【板洞布置】设置;

(3)周边均有梁的较大洞口(形成房间),如周边有梁的大管井、楼梯间、共享空间、大型设备吊装孔等,可选择【全房间洞】输入;

(4)周边部分无梁的不规则洞口,可先按【全房间洞】输入,然后在相应梁上布置悬挑板。

板洞必须布置在有楼板的房间内,板洞的布置方式与一般构件类似,需要先定义洞口形状,洞口形状可以是矩形、圆形或任意多边形,如图 5 - 34 所示。

图 5 - 34　板洞定义

板洞布置时的参照物不是房间,而是房间周围的节点。洞口插入的基准点为:矩形洞口插入点为左下角角点,圆形洞口插入点为圆心,任意多边形插入点为画多边形后人工指定。

板洞的偏心是洞口的插入点与布置节点的相对距离,以右、上为正;板洞的转角是洞口图形相对于其布置节点水平向的夹角,逆时针为正。

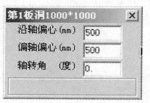

图 5 - 35 板洞布置信息对话框

洞口插入的原则是先定偏心,再定转角,如图 5 - 35 所示。

房间内布置洞口处,其板厚自动取 0,且洞口部分的荷载在荷载传导时程序自动扣除。

当某房间设置了全房间洞时,即该房间既无楼板,又无楼面恒活荷载,同时该房间楼板上布置的其他洞口也将不再显示。

5. 布悬挑板

在平面外围及大洞口周边的梁或墙上均可设置现浇悬挑板,悬挑板的形状可以是任意宽度的矩形板或自定义的多边形板,但一根轴线上,相邻两个节点间只能布置一块悬挑板。

悬挑板布置与构件相似,需先定义悬挑板形状和厚度,然后再进行布置。悬挑板形状可以是矩形和自定义多边形,如图 5 - 36 所示。悬挑板的宽度输入 0 时,取布置的网格宽度;悬挑板的厚度输入 0 时,取相邻板的厚度。

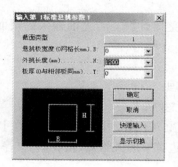
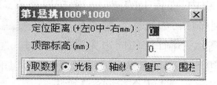

图 5 - 36 布悬挑板

悬挑板的布置依赖于网格线。一段网格只能布置一个悬挑板。定位距离是指悬挑板相对于网格线两端的定位距离,顶部标高指悬挑板顶部相对于楼面的高差。悬挑板的布置方向由程序自动确定,其布置网格线的一侧必须已经存在楼板,悬挑板挑出的方向自动定义为网格的另一侧。

悬挑板上的荷载可单独按一个房间输入。

6. 布预制板

【布预制板】是按房间输入的,在一个房间范围内不能同时布置预制板和现浇楼板。某房间如果输入预制板后,程序自动将该房间处的现浇楼板取消。

预制楼板输入方式分为自动布板方式和指定布板方式,如图 5 - 37 所示。每个房间中预制板可有两种宽度,在自动布板方式下程序以最小现浇带为目标对两种板的数量作优化选择。

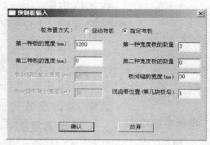

图 5 – 37　预制楼板输入方式

1）自动布板方式

输入预制板宽度（每间可有两种宽度）、板间缝的最大宽度与最小宽度限值、横放还是竖放。由程序自动选择板的数量、板缝，并将剩余部分做成现浇带放在最右或最上。

2）指定布板方式

由结构工程师指定本房间中楼板的宽度和数量、板缝宽度、现浇带所在位置。

楼板复制时，板跨不一致则自动增加一种楼板类型，所以复制时尽量在板跨一致时复制，否则将增加楼板类型，使类型有可能超界。

7. 层间复制

利用图 5 – 38 所示的【层间复制】菜单，可有选择性地将上一标准层已输入的预制板、洞口、悬挑板、各房间板厚、楼板错层等信息直接拷贝到本层，再对其局部修改，从而使各结构标准层的楼板信息输入过程大大简化。

8. 换标准层

完成一个结构标准层的设置后，新结构标准层应在已完成的结构标准层的基础上输入，以保证上、下楼层的坐标系自动对齐，实现上、下楼层的自动对接。因此，应将已完成的结构标准层的全部或一部分复制为新的标准层，在此基础上进行修改，如图 5 – 39 所示。

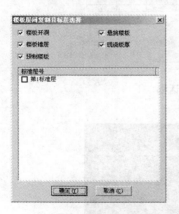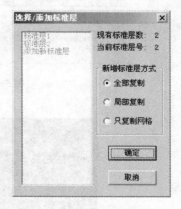

图 5 – 38　层间复制　　　　　　　　**图 5 – 39　添加新标准层**

5.1.6　楼梯布置

《抗震规范》指出模型计算应考虑楼梯构建的影响，因此 PMCAD 建立模型时使用【楼梯布置】命令，可在四边形的房间里输入二跑，或平行的三跑、四跑楼梯。程序可自动将楼梯

图 5 - 40　楼梯布置菜单

转化成折梁,在后续接力 SATWE 等的结构计算里就可以包含楼梯的影响。【楼梯布置】功能菜单如图 5 - 40 所示。

1. 楼梯布置

单击【楼梯布置】命令,光标处于拾取状态,可以用光标点取某一房间或按角点输入房间,然后弹出图 5 - 41 所示楼梯定义对话框,修改参数完成楼梯定义后,楼梯布置如图 5 - 42 所示。

2. 层间复制

【层间复制】对话框如图 5 - 43 所示。程序要求复制楼梯的各层层高相同,并且必须布置与上跑梯板相接的构件。

在退出【PMCAD/模型建立与荷载输入】时,程序弹出图 5 - 44 所示对话框,勾选"楼梯自动转换为梁(数据在 LT 目录下)",则程序在当前目录下生成以 LT 命名的文件夹,保存楼梯模型。程序自动将每一跑楼梯板和其上、下相连的平台板转化成三段宽扁折梁模拟,并在中间休息平台处增设 250 mm × 500 mm 的层间梁;二跑楼梯的第一跑下接下层的框架梁、上接中间平台梁,第二跑下接中间平台梁、上接本层的框架梁。

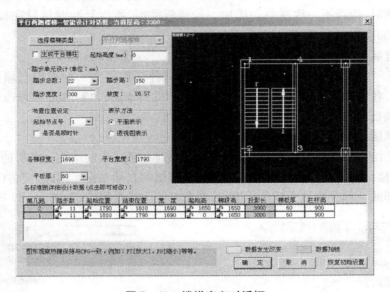

图 5 - 41　楼梯定义对话框

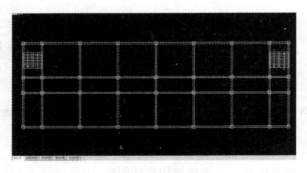

图 5 - 42　楼梯布置

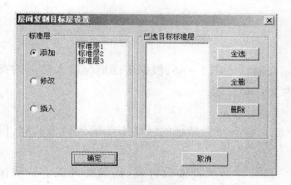
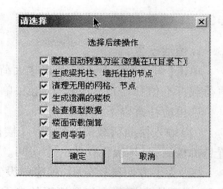

图 5 - 43　楼梯层间复制对话框　　　　　　图 5 - 44　楼梯转换对话框

如果要考虑楼梯参与整体分析,则需要将工程目录指向该 LT 目录重新进行计算。如果不勾选该项,则程序不生成 LT 文件夹,平面图中的楼梯只是一个显示,不参与结构整体分析,对后面的计算没有影响。

3. 注意事项

使用【楼梯布置】命令时需要注意以下方面。

(1)最好在进行完楼层组装后再进行楼梯布置,这样程序可以自动计算出踏步的高度和数量,便于建模。

(2)楼梯间宜将板厚设置为0,不宜开全房间洞。考虑到楼梯作用的计算模型是专门生成在 LT 目录下,当前工作子目录的模型计算时不会考虑楼梯,计算模型和没有楼梯的计算模型完全相同。以前对楼梯的做法是将其换算成楼面荷载布置到楼梯间,并将楼板的厚度设为0,这样做可以延续先前的计算方法。

(3)转换楼梯后的计算模型将楼梯间处原一个房间划分为三个房间,且原有房间的板厚、恒活荷载等信息丢失,如果对这部分生成楼板,则程序对这三个房间的板厚、恒活荷载取为本层统一的输入值,这时需要设计人员手工修改。

(4)为了解决底层楼梯的嵌固问题,程序在底层梁端增加了一个支撑。

(5)退出 PMCAD 时要勾选"楼梯自动转换为梁(数据在 LT 目录下)",这样才能在 LT 文件夹中生成模型数据。如果已经将目录指向了 LT,则在退出 PMCAD 时不要勾选该项。

5.2　荷载输入

【荷载输入】菜单如图 5 - 45 所示,主要功能是输入上部结构的各类荷载,包括楼面荷载、梁间荷载、柱间荷载、墙间荷载、节点荷载、次梁荷载、人防荷载、吊车荷载等。

荷载布置前,必须定义该荷载的类型、大小及相关参数,且输入的荷载值均应为标准值,荷载设计值和组合值由程序自动计算。

图 5 - 45　柱网布置

5.2.1 楼面荷载

1.恒活设置

单击【恒活设置】命令,弹出楼面荷载定义对话框图 5-46,根据楼面情况输入楼面均布恒荷载标准值和均布活荷载标准值,单位为 kN/m^2。

这里应注意以下几方面。

(1)输入楼面荷载前必须执行【楼板生成】,没有布置楼板的区域不能输入楼板荷载,设置悬挑板后,悬挑板也作为一个房间。

(2)为了方便比较分析,程序中设置了"自动计算现浇楼板自重"的选择开关。一般情况下,楼面均布恒载应包含楼板的自重,该项不勾选。勾选该项后,程序可以自动将楼层各房间的楼板厚度折算为该房间的均布面荷载,并把它叠加到该房间的楼面恒载中,但此时输入的楼面恒载中应不含楼板自重。

(3)楼面恒荷载和活荷载按标准层输入,不同标准层的楼面荷载应单击【楼层定义/换标准层】后输入。

(4)需要考虑楼面活荷载折减时,可勾选"考虑活荷载折减"并点取"设置折减系数",在图 5-47 中选取第二项至第五项之一。这里的折减系数是根据《荷载规范》第 5.1.2 条确定的。

图 5-46　楼面荷载定义对话框

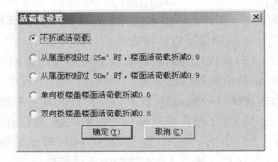

图 5-47　活荷载折减

如果考虑了活荷载折减,则对 PKPM 后续所有程序中的梁导算活荷载均进行折减,折减后的梁上活荷载可通过主菜单"平面荷载显示校核"程序校验。

这里的活荷载的折减只对楼面活荷载传递到主梁的荷载值进行折减,对导算至墙上的楼面活荷载不予折减。

此处的活荷载折减系数主要考虑到,支承构件从属面积较大时,活荷载满布的可能性不大,因而予以折减。与 SATWE 模块中"设计墙、柱和基础时活荷载折减"不是同一个折减。

2.楼面荷载修改

图 5-46 中定义的楼面荷载是大部分房间的荷载值,但由于各房间的板厚、建筑构造做法可能不同,使用功能也不一定相同,因而荷载不一定相同,此时可在"楼面恒荷""楼面活荷"内对相应房间的楼面恒载和活载进行调整。

3. 导荷方式

导荷方式用于修改程序自动设定的楼面荷载传导方向。楼面荷载导算有 5 - 48 所示三种方式。

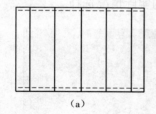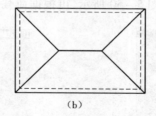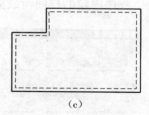

（a）　　　　　　　　　　　　　（b）　　　　　　　　　　　　　（c）

图 5 - 48　房间荷载的传导方式（虚线为受力边）

（a）对边传导方式　（b）梯形、三角形传导方式　（c）周边传导方式

1）对边传导方式

图 5 - 48（a）所示对边传导方式只将荷载向房间两对边传导。在矩形房间上铺预制板时，程序按板的布置方向自动采用这种导荷方式。钢 - 混凝土混合结构中采用压型钢板混凝土楼面时，或屋面结构采用有檩体系时，必须指定采用这种导荷方式。

2）梯形、三角形传导方式

图 5 - 48（b）所示梯形、三角形传导方式对现浇楼板且为矩形房间时，房间周边必须有四根梁或墙。此时无论是单向板还是双向板，均按梯形、三角形导算。

3）周边传导方式

周边传导方式将房间内的总荷载沿房间周长等分成均布荷载，对非矩形房间选用图 5 - 48（c）所示周边导荷方式。

对悬挑板，导荷方式不起作用。

4. 调屈服线

【调屈服线】命令主要针对梯形、三角形方式导算的房间。当需要对屈服线角度特殊设定时使用。程序缺省屈服线角度为 45°。通过调整屈服线角度，可以实现房间两边、三边受力等状态。

5.2.2　构件荷载

构件荷载指作用在构件上的外荷载，梁、墙、柱、支撑等构件的自重由程序自动考虑，不需另外输入。点取【梁间荷载】、【柱间荷载】、【墙间荷载】、【节点荷载】、【次梁荷载】，可以定义、输入、显示、查询、修改、拷贝构件荷载。

荷载依附于构件或节点，对已布置荷载的构件进行复制、移动、拼装（不包括镜像）等操作时，构件荷载不变。

1. 梁间荷载

此处要输入的梁荷载是指梁上放置的设备、填充墙等其他非楼面荷载传来的荷载。楼面荷载由程序自动导算至梁上。

程序内定的梁间荷载类型如图 5 - 49 所示，可根据荷载分布的实际情况选择。

2. 柱间荷载

对柱间荷载，柱 X 表示作用于平面上 X 方向的柱间荷载，柱 Y 表示作用于平面上 Y 方向的柱间荷载。柱间荷载输入时,选取【柱荷输入】命令,屏幕上即加亮显示所选柱,沿柱 X 会出现两道白线,可据此判断柱间荷载的 X、Y 方向,然后输入柱间荷载的荷载类型、荷载值、荷载等参数。

程序内定的柱间荷载类型如图 5 - 50 所示,可根据荷载分布的实际情况选择。

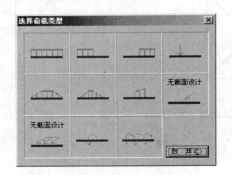

图 5 - 49　程序内定的梁间荷载类型

图 5 - 50　程序内定的柱间荷载类型

3. 墙间荷载

墙间荷载与梁上荷载类似,作用在该层墙的顶部。程序已自动考虑结构中的砌体承重墙、抗震墙(剪力墙)等的自重,因此这里输入的墙间荷载是指作用在这些承重墙上的填充墙荷载以及由其他构件传来的荷载,如楼梯间平台板传来的均布荷载以及平台梁传来的集中荷载等。墙间荷载形式与梁间荷载形式相同,可以共用同一套荷载数据。

4. 节点荷载

【节点荷载】命令用于输入平面节点上的某些附加荷载,节点荷载是按结构标准层整体坐标定义的,荷载作用点即平面上的节点,节点荷载中的竖向力以向下为正,弯矩、扭矩的定义遵循右手螺旋法则。该命令对话框如图 5 - 51 所示。

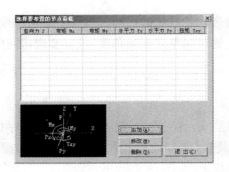
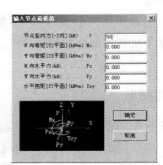

图 5 - 51　程序内定的节点荷载形式及输入数据

5.2.3　人防荷载

单击【人防荷载/荷载设置】,弹出图 5 - 52 所示人防荷载设置对话框。

根据《人民防空地下室设计规范》(GB 50038—2005)第 1.0.2 条的规定,人民防空地下室防常规武器抗力级别为 5 级和 6 级;防核武器抗力级别为 4 级、4B 级、5 级、6 级和 6B 级。地下室顶板的人防等效荷载应与楼面均布荷载分别输入,各部分房间人防等效荷载不同时可通过【荷载修改】调整。

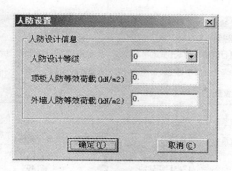

图 5 - 52　人防荷载设置对话框

地下室顶板和外墙的人防等效荷载按《人民防空地下室设计规范》(GB 50038—2005) 第 4.7 节常规武器和第 4.8 节核武器的规定取用。

人防等效荷载通常应布置在 0.00 以下的地下室楼层,否则程序将给予警告性提示。

5.2.4　吊车荷载

单击【吊车荷载】,在打开的二级菜单中,可以对吊车荷载进行定义、显示、查询、修改、删除等操作,具体操作步骤如下。

(1)单击【吊车布置】,弹出吊车资料输入对话框,如图 5 - 53(a)所示。

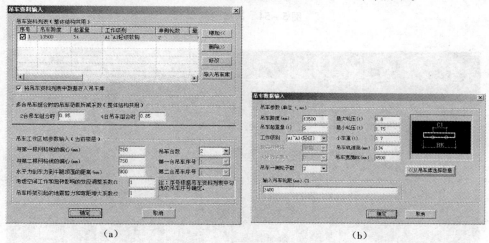

(a)　　　　　　　　　　　　　　　　　　　(b)

图 5 - 53　吊车资料输入

(a)吊车资料输入对话框　(b)吊车参数对话框

(2)单击对话框右上角"增加",弹出图 5 - 53(b)所示对话框,输入由生产厂家提供的吊车参数。若未确定生产厂家时,可单击"导入吊车库",选择相应的吊车参数,如图 5 - 54 所示。

(3)在图 5 - 53(a)所示首级菜单中输入吊车工作区域参数。

(4)布置吊车,根据屏幕提示完成吊车布置,如图 5 - 55 所示。

输入吊车荷载时应注意以下几方面。

(1)由于吊车荷载作用在牛腿上,因此牛腿顶面处应设置标准楼层,并且在吊车运行轨迹方向布置框架(吊车)梁。

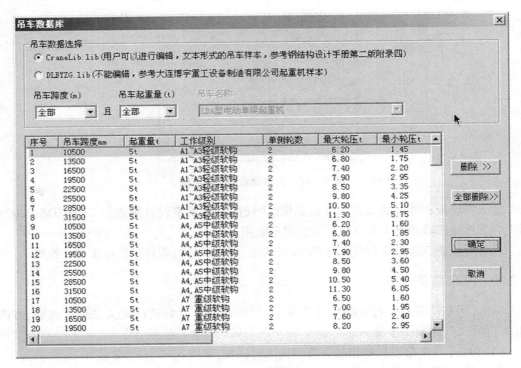

图 5-54　吊车数据库

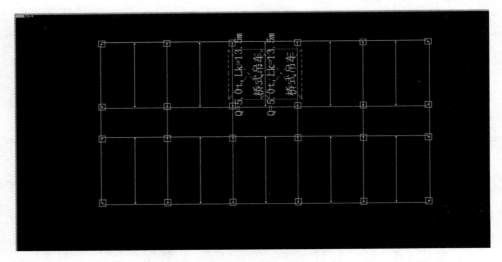

图 5-55　吊车布置

（2）布置吊车时,需要选择两条网格线作为吊车运行的轨迹,所选择的吊车运行范围必须为矩形,否则选择无效。

（3）通常在框架结构中,宜布置轻级、中级工作制吊车,对单层工业厂房中的重级工作制吊车,建议采用 PK 模块进行计算分析。

（4）在 PMCAD 建模时进行吊车设计,程序自动生成吊车荷载,可以考虑边跨、轴柱、柱距不等的复杂情况。

（5）抗震分析中,没有考虑吊车桥架和吊重,软件可以分析吊车柱,但不能分析混凝土吊车梁,吊车荷载也不能传给独立基础以外的其他基础。

5.2.5　荷载的显示校核

荷载布置及导算对结构分析的影响很大,由于程序允许在同一杆件上布置多个荷载,因此应对已输入的荷载进行核对,避免漏项、重复输入或其他错误输入。

建模过程中,遇到下列情况时,应对已输入的荷载进行核对。

（1）当对模型中的构件进行移动、复制、删除等修改时,构件上的荷载也随之联动。

（2）当不同的工程拼装在一起、或单层拼装、或层间复制时,构件上的荷载也同样被拼装和复制。

（3）当对节点信息进行修改操作（如删除节点、清理节点、形成节点、增加节点、移动节点等）时,由于与节点相连的杆件的荷载将作等效替换（合并或拆分）,故此时也应对已输入的荷载进行核对。

模型输入完成后,还应在 PMCAD 主菜单 ②平面荷载显示校核 中检查荷载的输入和导算情况,特别是计算结果出现异常时。

5.3　设 计 参 数

设计参数对话框如图 5-56 所示,其中包括结构分析所需要的建筑物的总信息、材料信息、地震信息、风荷载信息、钢筋信息。

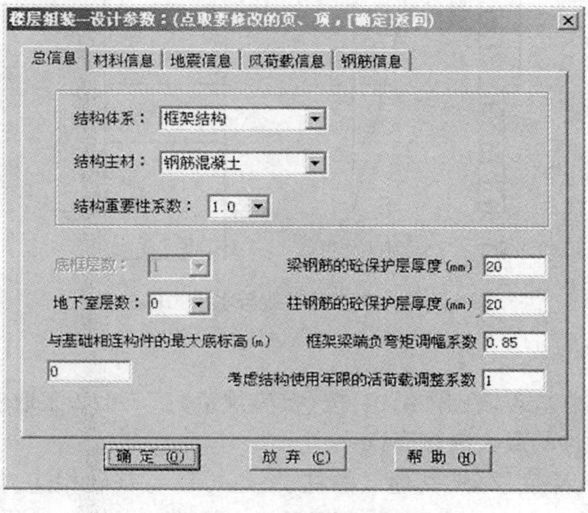

图 5-56　设计参数对话框

PMCAD 模块是 TAT（TAT-8）、SATWE（SAT-8）、JCCAD 等后续模块的基础,因此其数据的准确程度将直接影响后续模块数据、计算的准确度。在后续模块里应检查这些设计参数是否已准确转入。

5.3.1　总信息

1. 结构体系

此项按结构体系的实际状况确定。确定结构体系即确定与其对应的有关设计参数,进入后续模块尚需调整或补充。PMCAD 中定义的结构体系分七种:框架结构、框剪结构、框筒结构、筒中筒结构、剪力墙结构、短肢剪力墙结构、复杂高层结构。

应当注意的是,对带地下室的框架结构,尽管地下室外墙一般都是混凝土墙体,但不能将这类结构设定为框剪结构,仍应定义为框架结构,地下室外墙作为挡土墙计算。

2. 结构主材

此项包含三个选项,即钢筋混凝土、砌体、钢和混凝土。选定结构材料及特性即选定结构设计的相关规范。进入后续模块尚需补充数据。

3. 结构重要性系数

按《混凝土规范》第 3.3.2 条取值 1.1、1.0、0.9,一般建筑物取 1.0。

4. 地下室层数

此项必须按实际情况准确选取,该参数与后续模块计算(风荷载、地震作用效应)有关。有了这个参数,地下室以下部分就不考虑风荷载及水平地震作用,但上部竖向荷载作用效应仍向下传递,如图 5−57 所示。地下室侧墙和剪力墙底部加强区高度的计算也要用到这个参数。如果此处设置为 3,则层底标高最低的 3 层判断为地下室。

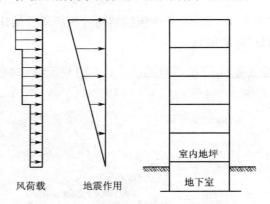

风荷载　　地震作用

图 5−57　地下室层数与水平力的关系

5. 底框层数

仅用于底部框架－抗震墙砌体结构,按《抗震规范》第 7.1.2 条取值。

6. 与基础相连构件的最大底标高(m)

该参数的含义是,除底层外,其他层的柱、墙也可以与基础相连,如建筑在坡地上的建筑,首层以上的柱或墙可以悬空布置,这些层的悬空柱或墙在楼层组装时自动取为固定端。

7. 梁、柱钢筋的混凝土保护层厚度(mm)

《混凝土规范》第 8.2.1 条规定:构件中受力的普通钢筋和预应力筋的混凝土保护层厚度不应小于钢筋的公称直径,设计使用年限为 50 年的混凝土结构,最外层钢筋的保护层厚度应符合表 8.2.1 的规定,设计使用年限为 100 年的混凝土结构,最外层钢筋的保护层厚度应不小于表 8.2.1 中数值的 1.4 倍。其条文说明指出混凝土保护层厚度为截面外边缘到构件最外层钢筋(箍筋、构造筋、分部筋)外缘的距离。

程序默认值为 20 mm。对于室内正常环境,当混凝土强度大于 C20 时,梁的保护层厚度不应小于 25 mm,柱的保护层厚度不应小于 30 mm。

8. 框架梁端负弯矩调幅系数

根据《高规》第 5.2.3 条规定,在竖向荷载作用下,可考虑框架梁端塑性变形内力重分布对梁端负弯矩乘以调幅系数进行调幅,装配整体式框架梁端负弯矩调幅系数可取 0.7 ~ 0.8;现浇框架梁端负弯矩调幅系数可取 0.8 ~ 0.9;程序默认值为 0.85。

9. 考虑结构使用年限的活荷载调整系数

根据《高规》第 5.6.1 条规定,设计使用年限为 50 年时取 1.0,设计使用年限为 100 年时取 1.1。程序默认值是 1.0。

5.3.2　材料信息

材料信息对话框如图 5-58 所示。

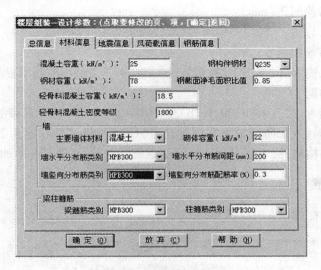

图 5-58　材料信息对话框

1. 混凝土容重

钢筋混凝土材料的容重为 25 kN/m³。一般情况下,梁、柱、墙等构件表面建筑装修层的重量通过将钢筋混凝土材料乘以增大系数来考虑。根据具体工程的装修情况,钢筋混凝土材料容重的增大系数一般可取 1.04 ~ 1.1,即结构整体计算时,输入的钢筋混凝土材料容重可取 26 ~ 27.5 kN/m³。

2. 钢材容重

钢材容重默认值为 78 kN/m³。根据具体工程的装修情况,考虑到钢结构构件可能有加劲肋、构件连接用节点板和拼接板,钢材容重的增大系数可取 1.04 ~ 1.18,钢材的容重可取 82 ~ 92 kN/m³。

3. 轻骨料混凝土容重

根据《荷载规范》附录 A 确定。

4. 砌体容重

根据《荷载规范》附录 A 确定。默认为烧结砖,取 22 kN/m³;为满足节能要求而贴保温层时,应适当加大,可取 23 kN/m³,其他材料应根据具体情况确定。

5. 钢构件钢材

根据《钢结构设计规范》第 3.4.1 条确定,按钢材代号填入,代号有 Q235、Q345、Q390、Q420 四种,仅用于 PMCAD 建模。

6. 钢截面净毛面积比值

主要考虑由于螺栓引起的截面削弱,可取默认值 0.85,仅用于 PMCAD 建模。

7. 墙

1)主要墙体材料

PMCAD 中默认墙体材料类型为混凝土;QITI 中可选择混凝土、烧结砖、蒸压砖及混凝土砌块。

2)墙主筋、水平分布筋、竖向分布筋类别

按钢筋代号填入,共有 HPB300、HRB335、HRB400、HRB500、冷轧带肋 550 五种。

3)墙水平分布筋间距(mm)

根据实际情况与输入、输出结果有关,默认间距为 150 mm。

4)墙竖向分布筋配筋率(%)

根据实际情况输入,但不小于《抗震规范》第 6.4.3 条最小配筋率要求,默认值为 0.3。

8. 梁柱箍筋类别

按钢筋代号填入,共有 HPB300、HRB335、HRB400、HRB500、冷轧带肋 550 五种。

应当注意,根据《人民防空地下室设计规范》GB 50038—2005 第 4.2.2 条规定,防空地下室钢筋混凝土结构构件,不得采用冷轧带肋钢筋、冷拉钢筋等经过冷加工处理的钢筋。

5.3.3　地震信息

地震信息对话框如图 5–59 所示。

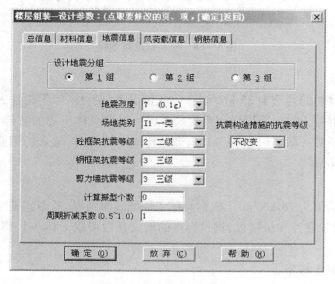

图 5–59　地震信息对话框

1. 设计地震分组、地震烈度

一般情况下由地质报告中给出,也可根据《抗震规范》附录 A 选择。这里,"地震烈度"指抗震设防烈度。

2. 场地类别

一般情况下由地质报告中给出,也可根据《抗震规范》第 4.1.6 条确定。

3. 框架、剪力墙抗震等级

此处抗震等级指结构或大多数构件的抗震等级,可根据《抗震规范》表 6.1.2、《高规》第 3.9.3 条、第 3.9.4 条确定,特殊构件的抗震等级在后续计算模块中调整。

4. 计算振型个数

PMCAD 建模中,不考虑扭转时可取层数,考虑扭转时一般取 3 的倍数,不应小于 9,但应小于层数的 3 倍。

5. 周期折减系数

结构的自振周期应按结构动力学计算确定,但由于实际结构往往是比较复杂的,计算简图都经过简化,结构计算时只考虑了主要承重结构(梁、柱、剪力墙等)的刚度,而刚度很大的砌体填充墙等非结构部件并不计入结构刚度,因此计算所得的周期要比实际周期长。如果按照周期计算值直接计算,则地震作用偏小,结构将偏于不安全。因此,周期计算值必须进行折减。

但应注意,《高规》第 4.3.16 条关于周期折减是强制性条文,但《高规》第 4.3.17 条关于折减系数的取值则不是强制性条文,这就要求在折减时慎重考虑,既不能太多,也不能太少,因为折减不仅影响结构内力,同时还影响结构的位移。

周期折减系数的大小取决于结构形式和砌体填充墙的多少。框架结构主体刚度较小,而砌体墙较多,刚度影响大,实测周期一般只是计算周期的 50% ~ 60%;相反,剪力墙结构具有很大的刚度,砌体填充墙很少,因而实际周期接近于计算周期。

当非承重墙体为填充砖墙时,框架结构可取 0.6 ~ 0.7,框架 - 剪力墙结构可取 0.7 ~ 0.8,框架 - 核心筒结构可取 0.8 ~ 0.9,剪力墙结构可取 0.8 ~ 1.0;对于其他结构体系或采用其他非承重墙体,如混凝土砌块墙时,可根据工程情况确定。

5.3.4　风荷载信息

风荷载信息对话框如图 5 - 60 所示。

1. 修正后的基本风压(kN/m^2)

基本风压 w_0 按《荷载规范》中给出的 50 年重现期风压值采用,且不小于 0.30 kN/m^2。修正后的基本风压主要指以下几种情况:

(1)对于特别重要或对风荷载比较敏感,《高规》第 4.2.2 条及条文说明指出,对大于 40 m 的框架结构和大于 60 m 的其他结构体系的高层建筑,其基本风压应按 100 年重现期风压值采用;

(2)山区建筑物,《荷载规范》第 8.2.2 条规定应考虑地形条件的修正;

(3)远海海面和海岛的建(构)筑物,《荷载规范》第 8.2.3 条规定考虑地形条件的修正。

2. 地面粗糙度类别

按《荷载规范》第 8.2.1 条分为 A、B、C、D 四类。

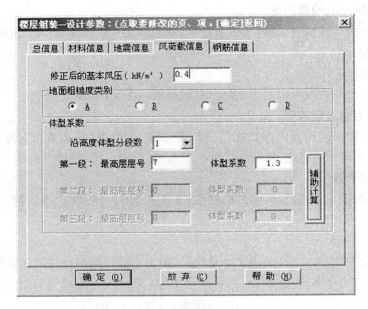

图 5-60 风荷载信息对话框

3. 体型系数及分段

体型系数应根据《荷载规范》第 8.3 节、《高规》第 4.2.3 条及附录 B 确定。

建筑立面沿高度有变化时，其体型系数也相应不同，程序限定体型系数分段最多为 3。

程序计算风荷载时自动扣除地下室高度，因此分段时只考虑上部结构。

应当注意的是，当抗震设防烈度较低且风荷载较大时，对结构反应起控制作用的可能是风荷载。因此，建议结构整体计算分析中，应准确输入风荷载。

5.4 楼层组装

楼层组装是将已输入完毕的各标准层按指定次序搭建为建筑整体几何模型的过程，如图 5-61 所示，实际上是进行结构竖向布置。根据结构的复杂程度，楼层组装可采用普通楼层组装和广义楼层组装两种方式。

普通楼层组装的各楼层必须按从低到高的次序逐个串联，可适用于大多数常规工程。

对比较复杂的建筑形式，如不对称的多塔结构、连体结构、楼层概念不明确的体育场馆、工业厂房等，则需要采用广义楼层组装方式。

5.4.1 普通楼层组装

普通楼层组装方法是：选择"标准层号"→输入"层高"→选择"复制层数"→单击"增加"，在选择右侧组装结果框中显示组装后的自然楼层结果，如图 5-61 所示。

（1）应勾选"自动计算底标高（m）"，以便由程序自动计算各自然层的底标高。

（2）除特殊情况外，应勾选"生成与基础相连的墙柱支座信息"，程序可以正确判断和设置常规工程与基础相连的墙柱支座信息。当结构支座情况十分复杂、软件设置不正确时，可以通过"设置支座"和"删除支座"命令修改。

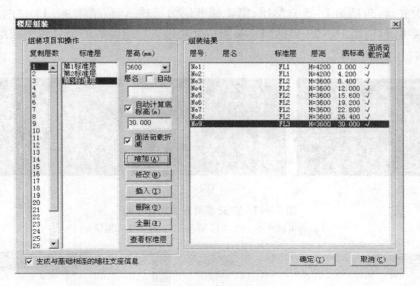

图 5 - 61 楼层组装对话框

（3）屋顶楼梯间、电梯间、水箱间等通常应参与建模和组装。

（4）一般情况下，地下室应与上部结构共同建模和组装。

（5）单击"整楼模型"，可观察和审核组装后的结构空间模型，如图 5 - 62 所示。

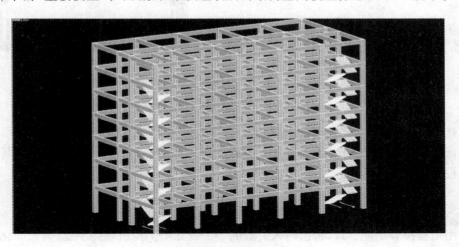

图 5 - 62 整楼模型

5.4.2 广义楼层组装

广义楼层组装时，为每个楼层指定相对于 ±0.000 的"层底标高"，则模型中每个楼层在空间的组装位置完全由"层底标高"确定，不再依赖于楼层组装顺序。这种组装方式允许每个楼层不局限于和唯一的上、下层相连，而可能上连多层或下接多层。

错层、多塔、连体结构建模时，各塔单独设置标准层，在楼层组装时输入各自然层的层高和层底标高，以控制楼层组装顺序。

例如对双塔结构，采用广义楼层方式的建模方法，建立图 5 - 63 所示三个标准层，第 1

标准层为大底盘,包括第 1~3 自然层;第 2 标准层为塔楼 A,包括第 4~14 自然层,第 3 标准层为塔楼 B,包括第 15~23 自然层。按照广义楼层方式组装后的结果和楼层组装表如图 5-64 所示。

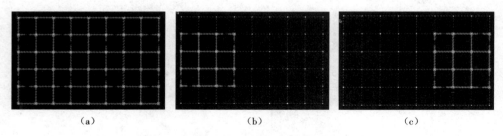

图 5-63 广义楼层方式的标准层
(a)第 1 标准层 (b)第 2 标准层 (c)第 3 标准层

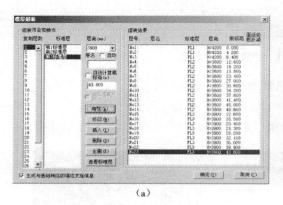
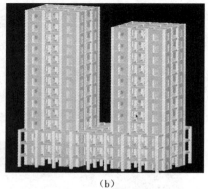

(a)   (b)

图 5-64 广义楼层方式组装
(a)楼层组装表 (b)楼层组装三维图

勾选"生成与基础相连的墙柱支座信息",则楼层组装时,程序自动将最低楼层中柱墙底标高低于总信息中输入的"与基础相连构件的最大底标高(m)",且其下部没有其他构件的节点设置为支座。

5.4.3 工程拼装

使用工程拼装功能,可以将已输入完成的一个或几个工程拼装到一起,大大简化模型输入工作,并可实现多人协同建模。

工程拼装有两种方式,如图 5-65 所示。

图 5-65 工程拼装的两种方式

1. 合并顶标高相同的楼层

拼装的原则是:楼层顶标高相同时,该两层拼接为一层,并可从任意位置的楼层开始拼装,拼接后的楼层形成一个新的标准层。多塔结构拼装时,可以对多塔的对应层合并,但各塔层高应相同。

图 5 - 66 所示工程 A 和 B,当选择两工程按此方式进行拼装时,由于工程 A 的第 3 ~ 10 层与工程 B 的第 1 ~ 8 层顶标高一一对应,因此可将两标准层合并为新的标准层 2,合并后新的工程模型如图 5 - 67(a)所示。但应注意,工程 B 组装成模型时,其首层底标高应设定与工程 A 的第 3 层底标高相同。

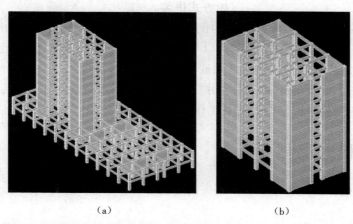

（a）　　　　　　　　　　　　（b）

图 5 - 66　需按"合并顶标高相同的楼层"进行工程拼装的工程 A、B

（a）工程 A 模型　　（b）工程 B 模型

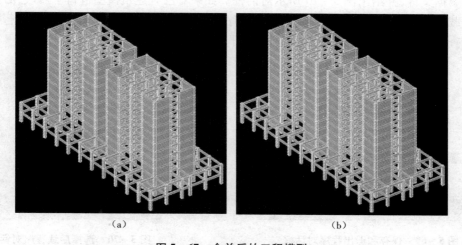

（a）　　　　　　　　　　　　（b）

图 5 - 67　合并后的工程模型

（a）按"合并顶标高相同的楼层"拼装　　（b）按"楼层表叠加"拼装

应当注意,如果工程 B 中有部分楼层在工程 A 中没有顶标高对应的楼层时,这些楼层会被拼装操作忽略,不能拼装到工程 A 中。

2. 楼层表叠加

楼层表叠加的拼装方式可以将工程 B 中的楼层布置原封不动地拼装到工程 A 中,即将工程 B 的各标准层模型追加到工程 A 中,并将楼层组装表也添加到工程 A 的楼层表末尾,层高及标高不受限制。

图 5 - 68　输入"合并的最高层号"

按楼层表叠加的操作过程如下。单击"楼层表叠加"后,弹出图 5 - 68 所示对话框,要求输入"合并的最高层号"。该参数的含义是:若输入了此参数(例如4),则对于工程 B 的 1 ~ 5 层以下的楼层直接按标准层拼装的方式拼装到工程 B 的 1 ~ 5 层上,生成新的标准层,而对于工程 B 的 6 层以上的楼层,则使用楼层表叠加方式拼装。

仍然以图 5 - 66 所示工程 A 和 B 为例,使用楼层表叠加方式拼装后的结果如图 5 - 67 (b)所示,其中工程 B 的层高作了调整,以与图 5 - 67(a)相区别。工程 B 组装成模型时,其首层底标高应设定仍与工程 A 的第 3 层底标高相同。

对多塔结构,大底盘部分可采用合并拼装的方式,其上各塔可采用楼层表叠加方式拼装,从而实现分块建模、统一拼装,提高工作效率的目的。

5.5　保存和退出程序

保存文件是确保上述各项工作不丢失的必要步骤。单击"退出"后,弹出图 5 - 69 所示对话框。

选择"不存盘退出",程序不保存已进行的操作并直接退出交互建模程序。

选择"存盘退出",程序保存已进行的操作,同时程序对模型整理归并,生成与后续菜单接口的数据文件,并给出图 5 - 70 所示对话框。如果对已有建筑模型进行了修改,必须重新导算荷载和结构自重计算。退出交互建模程序时,程序自动执行上述勾选项,并进行模型合理性检查。若模型数据正确无误,则自动返回 PMCAD 主界面。

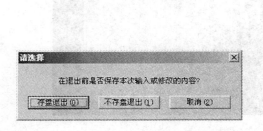

图 5 - 69　保存和退出程序对话框

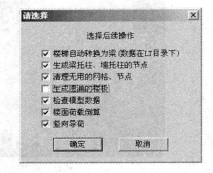

图 5 - 70　选择后续程序对话框

1. 生成梁托柱、墙托柱的节点

该选项用于梁托柱、墙托柱转换结构,使上层被托柱的下节点自动传递给下层的托梁或托墙,以便进行梁或墙的内力分析。当托梁或托墙的相应位置上未设置节点时,程序自动增加节点,以保证结构设计计算的正确进行。

2. 清理无用的网格、节点

模型平面上的某些网格、节点可能是由某些辅助线生成,或由其他层拷贝而来,这些网点可能不关联任何构件,也可能会把整根的梁或整片墙分割为几段,因而会增加计算工作量,而且不能保证"完整、两强"的设计概念,有时还会带来设计误差。因此,应选择此项,由程序自动清理各层无用的网格、节点。

3. 生成遗漏的楼板

如果某些层没有执行【生成楼板】,或某些层修改了梁、墙布置,但新生成的房间没有执行【生成楼板】,则应选择此项,遗漏楼板的厚度取决于各层信息中定义的楼板厚度。

4. 检查模型数据

勾选此项后,程序自动进行整楼模型的合理性检查,并在屏幕上提示错误或不合理之处,同时将检查结果写入文本文件"PMCHECK. TXT"中。模型的合理性检查的主要内容有:

(1)墙洞超出墙高;

(2)两节点之间的网格数量超过 1;

(3)未能由梁、墙正确封闭房间;

(4)柱、墙悬空(柱、墙下方无构件支承且未定义成支座);

(5)梁悬空(梁系没有竖向构件支承);

(6)楼层悬空(广义楼层组装时,因为底标高输入有误而造成该层悬空);

(7) ±0.00 以上楼层输入了人防荷载。

设计人员可根据提示内容,核对并修改模型。

5. 楼面荷载导算

勾选此项,程序进行楼面上恒、活荷载的导算,完成楼板自重计算以及从楼面到次梁、次梁到主梁的荷载传递过程,生成作用于梁墙的恒、活荷载。

6. 竖向导荷

勾选此项,程序进行梁、柱自重计算,并将各层恒载(包括结构自重)、活载自上而下进行传导计算,生成一个个基础模块可接口的 PM 恒、活荷载(PM3J _ 2JC. PM)。

存盘退出后,主要产生下列文件(假定输入的工程名称为 EX - 1):

(1)axisrect. axr——"正交轴网"功能中设置的轴网信息,可重复利用;

(2)EX - 1——图形设置和轴线图文件;

(3)EX - 1. b——EX - 1 的备份文件;

(4)EX - 1. jws——模型文件,包括建模中输入的所有内容、楼面恒活导算到梁和墙上的结果、后续各模块部分存盘数据等;

(5)EX - 1. bws——EX - 1. jws 的备份文件;

(6)DATW. pm——各层恒活(含自重)荷载逐层传至底层柱、墙底部的荷载记录;

(7)layadjdata. pm——建模存盘退出时生成的文件,记录模型中网点、杆件关系的预处理结果,供后续各模块调用;

(8)2jc. pm——荷载竖向导算至基础的结果;

(9)pm3j _ perflr. pm——各层层底荷载值;

(10)pm3j _ gjwei. txt——构件自重文本文件;

(11)pmcheck. txt——数据检查文本文件。

5.6　平面荷载显示校核

本程序主要用于交互输入和自动导算的荷载是否准确,同时可进行荷载归档,但不能对已输入的荷载和导算结果进行修改。其主界面如图 5 – 71 所示。

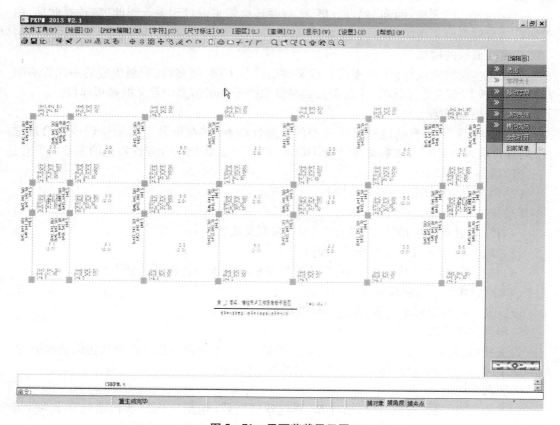

图 5 – 71　平面荷载显示图

　　进入【平面荷载显示校核】主界面时,其初始状态是首层梁、墙柱节点输入和经过导算后的荷载图。

　　按荷载作用位置可分为主梁、次梁、墙、柱、节点和楼面荷载;按荷载工况可分为恒载、活载及其他工况;按荷载来源可分为交互输入的、楼板导算的和主梁、次梁、墙、柱、楼面等构件的自重;按荷载形式可分为集中荷载和分布荷载,包括均布荷载、三角形分布荷载、梯形分布荷载等。

　　程序提供了多种荷载检查方法:文本方式和图形方式、按层检查和全楼检查、按横向检查和竖向检查、按荷载类型和种类检查。

　　单击图 5 – 71 右侧的相关开关命令,可显示并校核实际输入的荷载(如楼面恒、活荷载等)以及荷载的导算情况。

　　单击【荷载选择】命令,可分类查看荷载。

5.6.1　荷载选择

　　【荷载选择】菜单可以设置荷载位置和荷载类型以及显示方式,如图 5 – 72 所示。其中,楼面导算荷载是指由程序自动计算的、自楼板传到墙或梁上,再由次梁传给主梁的荷载,交互输入荷载是指在建模过程中通过【荷载输入】输入的荷载。

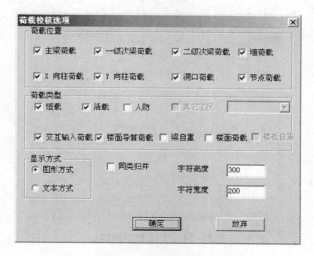

图 5-72　荷载选择对话框

5.6.2　荷载归档

　　点取【荷载归档】后,弹出图 5-73 所示界面,由设计人员选择要归档的楼层和图名,由程序自动生成全楼各层的或所选楼层的各种荷载图并保存。

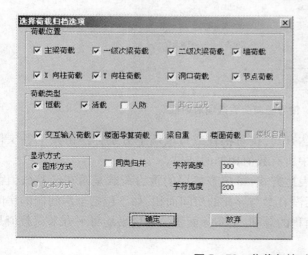
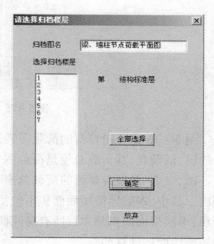

图 5-73　荷载归档对话框

5.6.3　查荷载图

　　【查荷载图】菜单用于查看已归档的荷载图。在图 5-74 所示的对话框中选择图名和荷载类型。

5.6.4　竖向导荷

　　【竖向导荷】菜单用于计算作用于任意层柱或墙上的由其上各层传来的恒、活荷载,输出某层的总面积、单位面积荷载及某层以上的总荷载。输出的荷载可根据输入的恒、活荷载组合分项系数输出相应的恒载、活载以及指定组合情况的恒、活荷载总值。

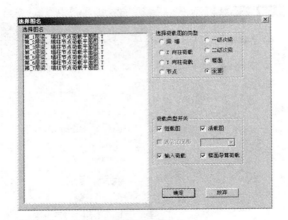

图5－74　查荷载图对话框

单击【竖向导荷】,弹出传导竖向导荷选项对话框,如图5－75所示,程序推荐"活荷折减"在 SATWE 中进行。如果勾选则可以根据《荷载规范》的要求考虑活荷载折减。

图5－75　传导竖向荷载选项对话框

图5－76是竖向导荷的荷载图表达方式,按每根柱或每段墙上分别标注由其上各层传来的恒、活荷载,其荷载总值是荷载图中所有数值相加的结果。

图5－77是竖向导荷的荷载总值表达方式,可核查各层的重力荷载是否在经验数值范围内。其中,本层导荷楼面面积不包括没有参与导荷的房间面积,如不包括全房间洞的房间面积;本层楼面面积是本层所有房间面积的总和,是实际面积。本层平均每平方米荷载值是按照导荷面积计算的。

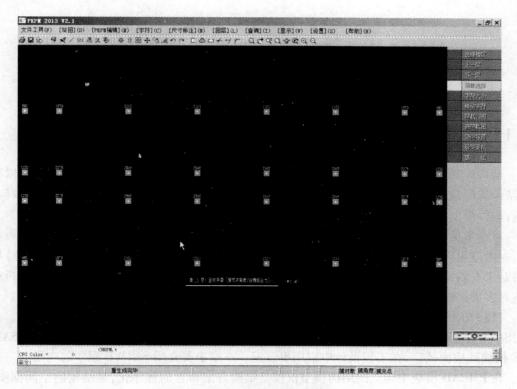

图 5 - 76　竖向导荷的荷载图表达方式

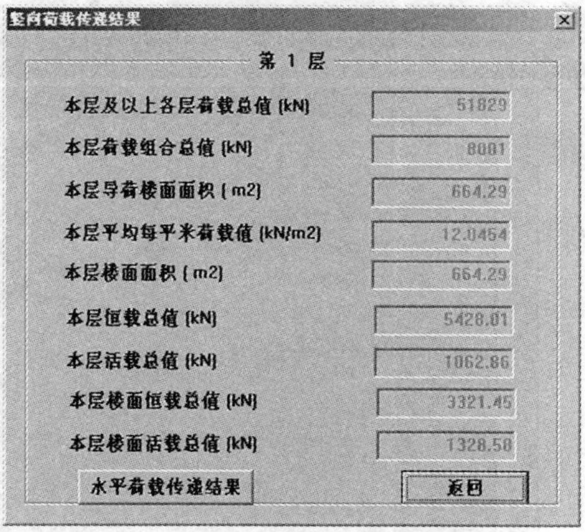

图 5 - 77　竖向导荷的荷载总值表达方式

第6章 多、高层结构计算分析

6.1 概述

结构计算是在结构方案设计的基础上,对结构施加各类荷载(作用)并进行计算,以确定结构的荷载(作用)效应——内力与变形,然后根据各构件控制截面的荷载(作用)效应,进行构件强度、刚度和变形验算,计算钢筋混凝土构件配筋等。

对于常见的梁、柱、支撑构件,一般选用杆系模型,即杆单元模型;对于剪力墙、楼板构件,一般选用壳元模型;对于板柱结构,整体分析时,楼板可模拟成宽扁梁(即柱上板带)模型;对于有斜屋面的结构,不能按强制刚性楼板假定来分析,宜采用考虑弹性楼板的分析模型;对多塔结构和复杂错层结构,也宜采用考虑弹性楼板的分析模型。

目前 PKPM 系列程序中,可进行空间计算的程序模块包括 TAT、SATWE 和 PMSAP。其中,SATWE 模块是各类混凝土结构和钢结构计算分析的核心程序。与 TAT 模块相比,SAT-WE 模块适应面较广,在工程设计中应用更普遍。本章主要介绍 SATWE 程序的应用。

在 PMCAD 模块中建立的结构模型仅仅是结构方案布置的程序化,是结构的空间框图,还必须在 SATWE 模块中输入相关计算参数进行结构方案的模型化处理,才能形成真正的结构计算分析模型。SATWE 模块的程序主界面如图 6 – 1 所示。

图 6 – 1　SATWE 模块的程序主界面

SATWE 模块的主要工作流程:

（1）执行主菜单 1，从 PMCAD 建立的建筑模型中自动提取所需的几何信息和荷载信息，并补充必要的分析参数，形成 SATWE 数据文件；

（2）执行主菜单 2 和 3，进行结构内力分析和配筋计算；

（3）在主菜单 4 中，用图形格式和文本格式输出分析结果，由设计人员确认其正确性和合理性；

（4）对特定结构，运行主菜单 5 和 6 中的个别项进行进一步分析。

主菜单 ①接 PM 生成 SATWE 数据 的主要功能是在 PMCAD 生成的原始数据文件（工程名 . * 和 * . PM）的基础上，补充结构分析所需的一些参数，并对一些特殊结构（如多塔、错层结构）、特殊构件（如角柱、非连梁、弹性楼板等）作出相应设定，最后将上述所有信息自动转换为结构有限元分析和设计所需的数据格式，供结构计算时调用。

上述功能由图 6 - 2(a)所示的各菜单项完成，其中第 1 项"分析与设计参数补充定义"和第 8 项"生成 SATWE 数据文件及数据检查"必须执行，其余各项依具体工程的情况而定。图 6 - 2(b)所示的各菜单项可用于几何数据和荷载数据的校核。

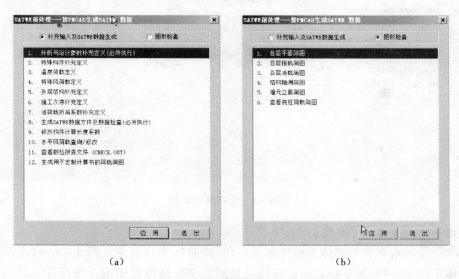

图 6 - 2 SATWE 主菜单 1 主界面
(a)补充输入及 SATWE 数据生成 (b)图形检查

6.2 分析与设计参数补充定义

使用 SATWE 进行多、高层结构分析时需要补充定义的参数共 11 项，分别为总信息、风荷载信息、地震信息、活荷信息、调整信息、设计信息、配筋信息、荷载组合、地下室信息、砌体结构和广东规程。对于一个工程，在第一次启动 SATWE 主菜单时，程序自动将需补充定义的分析与设计参数赋值（取多数工程中常用值作为其默认值），并将其写到工程目录下名为 SAT_DEF.PM 文件中，以后再启动 SATWE 时，程序自动读取 SAT_DEF.SAT 中的信息，在每次修改这些参数后，程序都自动存盘，以保证这些参数在以后使用中的正确性。对于 PMCAD 和 SATWE 共有的参数，程序是自动联动的，任一处修改，则两处同时改变。

主要参数说明如下（PMCAD 中已说明的参数这里不再赘述）。

6.2.1　总信息

总信息对话框如图 6-3 所示,各参数的含义及取值原则如下。

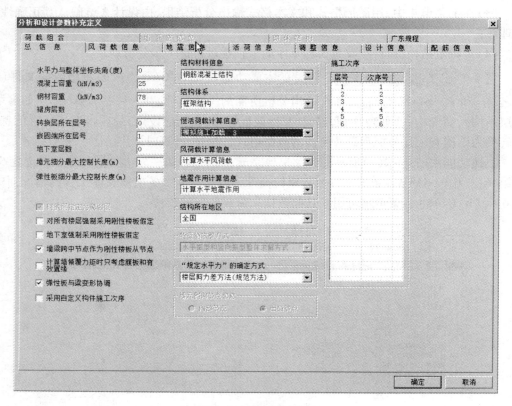

图 6-3　总信息对话框

1. 水平力与整体坐标夹角(度)

此参数是指水平力与整体坐标之间的夹角,逆时针方向为正。图 6-4(a)所示建筑结构的整体坐标建立后,风荷载和地震作用总是沿着坐标轴方向作用。当设计人员认为在所设定的坐标系下风荷载和地震力不能使结构处于最不利的受力状态时,可以让结构沿顺时针方向旋转一个角度,对于图示结构,如定义水平力的夹角为30°,则结构将会如图 6-4(b)所示布置,但风荷载和地震力并不随之而变,仍然沿着水平的 X 向和 Y 向作用,而竖向荷载不受影响。改变结构平面布置转角后,必须重新执行【生成 SATWE 数据文件和数据检查】菜单,以自动生成新的模型几何数据和风荷载信息。

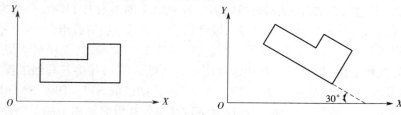

图 6-4　结构平面示意
(a)旋转前　(b)旋转后

比较计算分析表明,定义水平力的夹角为一大于零的角度后,如果在结构整体计算中选择总刚分析方法,则结构本身的周期、振型等固有特性,即周期值和各周期振型的平动系数和扭转系数不会改变,但平动系数在两个方向上的分量会有所改变。

由于侧刚模型是为减少结构的自由度而采取的一种简化计算方法,结构旋转一定角度后,结构简化模型的侧向刚度将随之改变,结构的周期和振型都会发生变化。因此,建议在结构整体计算时,在各种情况下均应采用总刚模型,不应采用侧刚模型。

根据《抗震规范》第5.1.1条和《高规》第4.3.2条规定,一般情况下应至少在建筑结构的两个主轴方向分别计算水平地震作用,各方向的水平地震作用应由该方向抗侧力构件承担;有斜交抗侧力构件的结构,当相交角度大于15°时,应分别计算各抗侧力构件方向的水平地震作用。

抗震设计时,对同一场地上的同一幢建筑结构而言,由于结构在不同方向上的侧向刚度有差异,地震沿不同的方向作用,结构地震反应的大小一般也不相同。因此,必然存在某个角度使得结构地震反应最大,这个角度称为最不利地震作用方向角,并可以在SATWE软件计算结果文件WZQ.OUT中查到。如果这个角度与主轴夹角大于±15°,应将该角度输入并重新进行结构整体计算,以考虑最不利地震作用方向的影响。

由于此参数将同时影响地震作用和风荷载的方向,因此程序建议需改变风荷载作用方向时才采用该参数。如果结构新的主轴方向与整体坐标系方向不一致,可将主轴方向角度在【地震信息/斜交抗侧力构件方向的附加地震数】填入,以考虑沿结构主轴方向的地震作用。如不改变风荷载方向,只需考虑其他角度的地震作用时,则无须改变"水平力与整体坐标夹角",只增加附加地震作用方向即可。

2. 裙房层数

《高规》第3.9.6条规定:抗震设计时,与主楼连为整体的裙房的抗震等级,除应按裙房本身确定外,相关范围不应低于主楼的抗震等级;主楼结构在裙房顶板上、下各一层应适当加强抗震构造措施。裙房与主楼分离时,应按裙房本身确定抗震等级。

《高规》第10.6.3条第3款规定:塔楼中与裙房相连的外围柱、剪力墙,从固定端至裙房屋面上一层的高度范围内,柱纵向钢筋的最小配筋率宜适当提高,剪力墙宜按本规程第7.2.15条的规定设置约束边缘构件,柱箍筋宜在裙楼屋面上、下层的范围内全高加密;当塔楼结构相对于底盘结构偏心收进时,应加强地盘周边竖向构件的配筋构造措施。

《抗震规范》第6.1.10条的条文说明指出,有裙房时加强部位的高度也可以延伸至裙房以上一层。

这个参数可作为带裙房的塔楼结构剪力墙底部加强区高度的判断依据。SATWE在确定剪力墙底部加强部位高度时,总是将裙房以上一层作为加强区高度,因此对于带裙房的高层结构,裙房层数应从结构最底层起算(含地下室),例如地下室2层、地上裙房4层时,裙房层数应输入6。

3. 转换层所在层号

《高规》第10.2节明确规定了两种带转换层结构,即底部带托墙转换层的剪力墙结构(部分框支剪力墙结构)和底部带托柱转换层的筒体结构。

SATWE通过"转换层所在层号"和"结构体系"两项参数来区分不同类型的带转换层结构。设计人员一旦输入转换层所在层号,程序即判断该结构为带转换层结构。如果设计人员同时选择【结构体系/部分框支剪力墙结构】,程序将自动执行《高规》第10.2节针对部分框支剪力墙结构的涉及规定,详见第 10.2.6 条、第 10.2.16 条、第 10.2.17 条、第 10.2.18 条、第 10.2.19 条。

转换层所在层号应从结构最底层起算,例如地下室 3 层、转换层位于地上 2 层时,转换层所在层号应输入 5。程序不能自动识别转换层,需要人工指定。对于高位转换的判断,转换层位置应以地下室顶板起算转换层层号,即用"转换层所在层号 – 地下室层数"来进行判断,大于或等于 3 时为高位转换。

4. 地下室层数

这里的地下室层数是指与上部结构同时进行内力分析的地下室部分。设置该参数,可屏蔽地下室部分的风荷载,并提供地下室外围回填土约束作用数据。如果存在地下室,应输入地下室楼层数。该参数为 0 时,"地下室信息"页为灰色,不允许输入地下室信息。

5. 嵌固端所在层号

《抗震规范》第 6.1.3 条第 3 款规定:当地下室作为上部结构嵌固部位时,地下一层的抗震等级应与上部结构相同,地下一层以下抗震构造措施的抗震等级可逐层降低一级,但不应低于 4 级。

《抗震规范》第 6.1.10 条第 4 款规定:当结构计算嵌固端位于地下一层的底板或以下时,底部加强部位尚宜向下延伸到计算嵌固端。

《抗震规范》第 6.1.14 条提出了地下室顶板作为上部结构的嵌固部位时的相关计算要求。

《高规》第 3.5.2 条第 2 款规定:结构底部嵌固层的侧向刚度比不宜小于 1.5。

《高规》第 5.3.7 条规定:高层建筑结构整体计算中,当地下室顶板作为上部结构嵌固部位时,地下一层与首层侧向刚度比不宜小于 2。

程序所指的嵌固端指上部结构的计算嵌固端,当地下室顶板作为嵌固部位时,那么嵌固端所在层为地上一层,即输入"地下室层数 + 1";如果在基础顶面嵌固时,嵌固端所在层号为 1。程序缺省的嵌固端所在层号为"地下室层数 + 1",如果修改了地下室层数,应注意确认嵌固端所在层号是否需进行相应的修改。

判断嵌固端位置应由用户自行完成,SATWE 主要实现以下功能:

(1)确定剪力墙底部加强部位时,将起算层号取为"嵌固端所在层号 – 1",即缺省将加强部位延伸到嵌固端下一层;

(2)根据《抗震规范》第 6.1.14 条和《高规》第 12.2.1 条的规定,自动将嵌固端下一层的柱纵向钢筋相对上层对应位置柱纵筋增大 10%,梁端弯矩设计值放大 1.3 倍;

(3)当嵌固层为模型底层时,刚度比限值取 1.5;

(4)涉及"底层"的内力调整,除底层外,程序将同时针对嵌固层进行调整。

6. 墙元、弹性板细分最大控制长度(m)

为了保证程序有限元网格划分质量,要求细分尺寸控制在 1 m 以内,因此程序隐含值为 $D_{max}=1.0$。如果用 V2.1 版读入旧版数据,应注意将该尺寸修改为 1 m 或更小,否则会影响计算结果的准确性。V2.1 版将楼板的网格划分尺寸与墙网格划分尺寸分开控制,当模型规模较大时可适当降低弹性板控制长度,在 1.0 ~ 2.0 m 之间取值,以提高计算效率而适当降低计算规模,同时分析结果变化不大。

7. 转换层指定为薄弱层

SATWE 中转换层缺省不作为薄弱层,需要人工指定。如需将转换层指定为薄弱层,可勾选此项,则程序自动将转换层号添加到薄弱层号中。勾选此项与在【调整信息/指定薄弱层号】中直接填写转换层层号的效果是一样的。

8. 对所有楼层强制采用刚性楼板假定

刚性楼板假定是指楼板平面内无限刚、平面外刚度为零的假定。

《高规》第5.1.5条规定:进行高层建筑内力与位移计算时,可假定楼板在其自身平面内为无限刚性。《抗震规范》第3.4.3条及第3.4.4条条文说明指出,对于扭转不规则,按刚性楼板计算,当最大层间位移与其平均值的比值为1.2时,相当于一端为1.0,另一端为1.45;当比值为1.5时,相当于一端为1.0,另一端为3。因此在验算位移比时,要求在刚性楼板假定的条件下进行,一般都应该选择"对所有楼层强制采用刚性楼板假定"。

在计算周期比、层间刚度比这些整体控制指标时,一般都宜采用"全楼强制刚性楼板假定",以忽略局部振动造成的影响。如高层建筑楼层开洞口较复杂,或为错层结构时,若不采用全楼强制刚性楼板假定,则程序给出结果中往往会产生局部的较大变形和局部振动,这并非结构整体性能的反映。因此,应选择全楼强制刚性楼板假定来计算结构的位移比和周期比,这样可以约束局部的较大变形、过滤局部振动产生的周期。

全楼强制刚性楼板假定不区分刚性板、弹性板,或独立的弹性节点,只要位于该层楼面标高处的所有节点,在计算时都将强制从属同一刚性板。这一假定仅在计算位移比和周期比时建议选择,在进行结构内力分析和构件配筋计算时则不应选择"强制刚性楼板",因此需要进行两次计算。

(1)对于复杂结构(如坡屋顶、体育馆看台、工业厂房)或柱、墙不在同一标高,或没有楼板(如钢网架屋面)等情况,如果采用强制刚性楼板假定,结构分析会严重失真,对这类结构应查看位移的详细输出文本文件WDISP.OUT,或观察结构的动态变形图,考察结构的扭转效应。

(2)对于错层结构或带夹层的结构,总是伴有大量的越层柱,如果采用强制刚性楼板假定,则所有的越层柱将受到楼层约束,造成计算结果严重失真。

9. 地下室强制采用刚性楼板假定

对于个别地下室楼板开洞较多的结构,采用地下室强制刚性楼板假定会造成一定偏差,因此V2.1版允许用户在内力计算时不再对地下室采用强制刚性楼板假定,而采用弹性板。

需要指出,当勾选"对所有楼层强制采用刚性楼板假定"时,地下室也包含在内。因此,本参数的目的是针对只在地下室强制而地上不强制的情况,地下室计算模型的变化使得地下室土约束方式也发生了一定的变化,软件原有土约束施加约束方式是加载到刚性板上,V2.1版改为在总约束值不变的前提下,根据节点上的质量进行加权分配,因此会引起地下室内部分构件内力发生变化。

用户直接指定地下室楼板的弹性板模型,而其协调性控制功能由新参数"弹性板与梁变形协调"实现。

10. 墙梁跨中节点作为刚性楼板从节点

勾选此项时,剪力墙洞口上方墙梁的上部跨中节点将作为刚性楼板的从节点,与V1.3版程序处理方式相同;不勾选此项时,这部分节点将作为弹性节点参与计算,如图6-5中圈示节点。是否勾选此项,其本质是确定连梁跨中节点与楼板之间的变形协调,将直接影响结构整体的分析和设计结果,尤其是墙梁的内力及设计结果。

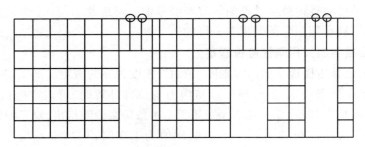

图 6 - 5　墙梁跨中节点作为刚性楼板从节点

11. 计算墙倾覆力矩时只考虑腹板和有效翼缘

此参数目的在于将剪力墙的设计概念与有限元分析的结果相结合,对在水平侧向力作用下的剪力墙的面外作用进行折减,并确定结构中剪力墙所承担的倾覆力矩。在确定折减系数时,同时考虑了腹板长度、翼缘长度、墙肢总高度和翼缘厚度等因素。勾选此项后,软件中每一种方法得到的墙所承担的倾覆力矩均进行折减。因此,对于框剪结构或者框筒结构中框架承担的倾覆力矩比例会增加,但短肢墙承担的作用一般会变小。

12. 弹性板与梁变形协调

SATWE 可以按照全协调的模式进行有限元分析计算,但对梁板之间按照非协调模式处理是一个设计习惯问题。这种简化处理方式对大多数结构影响较小,而且可以提高计算效率。但对于个别情况,如板柱体系、斜屋面或者温度荷载等情况的计算,采用非协调模式会造成较大偏差,因此应采用协调的力学模型。

13. 采用自定义构件施工次序

当勾选此项后,SATWE 执行构件级的模拟施工计算(此时"恒活荷载计算信息"处可任意选择)。设置参数完成后,用户还应在【施工次序补充定义】菜单中查看并修改全楼各层构件的施工次序并生成数据。执行"结构内力配筋计算"后,程序将自动按用户指定的施工次序逐个施工步施加恒载计算内力。

在图形和文本输出结果中,可以查看按用户自定义的施工次序模拟计算得到的恒载下结构最终内力。

14. 结构材料信息

程序提供钢筋混凝土结构、钢 - 混凝土混合结构、有填充墙钢结构、无填充墙钢结构,砌体结构五个选项,按含义选取,并按相应规范计算地震作用和风荷载。

需要注意的是,型钢混凝土和钢管混凝土结构属于钢筋混凝土结构,不是钢结构。如果材料选择砌体,则结构体系仅允许选择配筋砌块砌体结构。

15. 结构体系

结构体系分为框架结构、框剪结构、框筒结构、筒中筒结构、剪力墙结构、板柱剪力墙结构、异形柱框架结构、异形柱框剪结构、配筋砌块砌体结构、砌体结构、底框结构、部分框支剪力墙结构、单层钢结构厂房、多层钢结构厂房、钢框架结构、巨型框架 - 核心筒(仅限广东地区)16 个选项。按含义选取,用于对应规范中相应的调整系数。

例如选择"板柱剪力墙结构",则根据《抗震规范》第 6.6.3 条和《高规》第 8.1.10 条的规定,由剪力墙承担 100% 地震剪力,由板柱框架承担 20% 地震剪力。

16. 恒活荷载计算信息

《高规》第 5.1.9 条规定:高层建筑结构在进行重力荷载作用效应分析时,柱、墙、斜撑等构件的轴向变形宜采用适当的模型考虑施工工程的影响。

此项为竖向力控制参数,包括不计算恒活荷载、一次性加载、模拟施工加载 1、模拟施工加载 2、模拟施工加载 3 五个选项。

1)不计算恒活荷载

不计算竖向力,主要用于对水平荷载作用效应的观察和分析对比等。对于实际工程,总是需要考虑恒活荷载的,因此不允许选择"不计算恒活荷载"项。

2)一次性加载

这种计算方法实际上是假定结构已经施工完成,然后将荷载一次性地加到结构上。由于竖向荷载是一次性地加到结构上,从而造成结构竖向位移偏大。这对于框架 – 核心筒类结构,由于框架和核心筒的刚度相差较大,使核心筒承受较大的竖向荷载,导致二者之间产生较大的竖向位移差。这种位移差常会使结构中间支柱出现较大沉降,从而使上部楼层与之相连的框架梁端负弯矩很小或不出现负弯矩,造成配筋困难。所以,目前工程在多数情况下,已很少采用一次性加载方式来进行结构整体计算。一次性加载的计算方法仅适合用于低层结构或有上传荷载的结构,如吊柱以及采用悬挑脚手架施工的长悬臂结构等。

3)模拟施工加载 1

这种计算方法也是假定结构已经施工完成,然后再将竖向荷载分层加到结构上。此法可应用于各种类型的下传荷载的结构,目的是去掉下部荷载对上部结构产生的影响。这个计算模型模拟了在钢筋混凝土结构施工过程中,逐层加载、逐层找平的过程。但这是在"基础嵌固约束"假定前提下的计算结果,未能考虑基础的不均匀沉降对结构构件内力的影响。若结构地基无不均匀沉降,上述分析结果更能较准确地反映结构的实际受力状态;但若结构地基有不均匀沉降,上述分析结果会存在一定的误差,尤其对于框剪结构,外围框架柱受力偏小,而剪力墙核心筒受力偏大,并给基础设计带来一定的困难。

4)模拟施工加载 2

在"模拟施工加载 1"计算模型的基础上,将竖向构件(柱、墙)的刚度增大 10 倍的情况下进行结构的内力分析,以削弱竖向荷载按刚度的重分配,在一定程度上考虑了基础的不均匀沉降,使传给基础的荷载更均匀合理,可以避免墙的轴力远远大于柱的轴力的不合理情况。对于框剪结构而言,外围框架柱受力有所增大,剪力墙核心筒受力略有减小。

"模拟施工加载 2"在理论上并不严密,只能说是一种经验上的处理方法,但这种经验上的处理,会使地基有不均匀沉降时的结构分析结构更合理,能更好地反映这类结构的实际受力状态。设计人员在软件应用中,可根据工程的实际情况选择使用。

5)模拟施工加载 3

这种加载方法的主要特点是能够比较真实地模拟结构竖向荷载的加载过程,即分层计算各层刚度后,再分层施加竖向荷载。分层刚度原则是指分析过程中只考虑已施工完毕的结构的刚度,比如第 1 层加载时,只考虑第 1 层的刚度;第 2 层加载时,只考虑第 1 层及第 2 层的刚度,不计加载层以上各层的刚度。这种计算模型更接近于实际施工过程。

上述各种方法中,"模拟施工加载 1"和"模拟施工加载 2"所得到的计算结果,局部可能会有较大差异。

因此,在进行结构整体计算时,建议首选"模拟施工加载 3"进行计算;也可在进行上部结构计算时采用"模拟施工方法 1"的计算结果,在基础计算时采用"模拟施工方法 2"的计算结果。这样得出的基础结果比较合理。

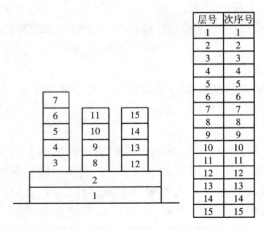

层号	次序号
1	1
2	2
3	3
4	4
5	5
6	6
7	7
8	8
9	9
10	10
11	11
12	12
13	13
14	14
15	15

图 6-6　广义楼层施工次序示意图

17. 施工次序

默认的施工次序是每个自然层一次施工,全楼按由低到高的次序进行施工。以下两种情况需调整施工次序。

(1)采用广义楼层概念建立模型时,有可能打破楼层号由低到高的排列次序,为了正确进行模拟施工计算,需要设计人员指定施工次序。

(2)某些传力复杂的结构,如带转换层结构、上部悬挑结构、越层柱结构、越层支撑结构、大底盘多塔楼结构等,都可能出现若干楼层需要同时施工和同时拆模的情况,为符合工程的实际情况,需要设定这些楼层为同一施工次序号。

如图 6-6 所示的三塔大底盘模型,各塔楼层号打破了从低到高的排列次序,出现若干楼层同时施工的情况,因此除大底盘外,塔楼的第 3、8、12 层同时施工,因此施工次序由设计人员输入。

18. 风荷载计算信息

此项是风荷载计算的控制参数,程序提供四种选择:不计算、计算水平风荷载、计算特殊风荷载以及计算水平和特殊风荷载。

这里的"水平风荷载"是指按照《荷载规范》规定的风荷载计算公式(7.1.1-1)在"生成 SATWE 数据和数据检查"时自动计算的水平风荷载。对于平、立面变化复杂,或对风荷载有特殊要求的结构或某些部位,如空旷结构、体育场馆、工业厂房、轻钢屋面、有大悬挑结构的广告牌、候车站等,普通风荷载的计算不能满足分析要求,可采用 SATWE 前处理第四项菜单【特殊风荷载定义】生成。

是否计算风荷载,可根据《抗震规范》第 5.4.1 条或《高规》第 5.6.4 条的规定确定。

但应注意,当抗震设防烈度较低且风荷载较大时,对结构反应起控制作用的可能是风荷载。因此,建议结构整体计算分析中,应准确输入风荷载并选择计算风荷载。

19. 地震作用计算信息

《抗震规范》第 3.1.2 条规定:抗震设防烈度为 6 度时,除本规范有具体规定外,对乙、丙、丁类的建筑可不进行地震作用计算。

《抗震规范》第 5.1.6 条规定:6 度时的建筑(不规则建筑及建造于Ⅳ类场地上较高的高层建筑除外)以及生土房和木结构房屋等,应符合有关的抗震措施要求,但应允许不进行截面抗震验算。6 度时不规则、建造于Ⅳ类场地上较高的高层建筑,7 度和 7 度以上的建筑结构(生土房和木结构房屋等除外),应进行多遇地震作用下的截面抗震验算。

《抗震规范》第 5.1.1 条规定:8 度和 9 度时的大跨度和长悬臂结构及 9 度时的高层建筑,应计算竖向地震作用。

《抗震规范》第 5.3.4 条规定:大跨度空间结构的竖向地震作用,尚可按竖向振型反应谱方法计算。

《高规》第 4.3.2 条规定:高层建筑中的大跨度、长悬臂结构,7 度(0.15g)、8 度抗震设计时应计入竖向地震作用;9 度抗震设计时应计算竖向地震作用。

《高规》第 4.3.14 条规定:跨度大于 24 m 的楼盖结构、跨度大于 12 m 的转换结构和连体结构、悬挑长度大于 5 m 的悬挑结构,结构竖向地震作用效应标准值宜采用时程分析方法或振型分解反应谱法计算。

《高规》第 10.5.2 条规定:7 度(0.15g)和 8 度抗震设计时,连体结构的连接体应考虑竖向地震的影响。

《高规》第 10.5.3 条规定:6 度和 7 度(0.1g)抗震设计时,连体结构的连接体宜考虑竖向地震的影响。

程序中此选项有不计算地震作用、计算水平地震作用、计算水平和规范简化方法竖向地震以及计算水平和反应谱方法竖向地震四个选项可供选择。

是否计算地震作用,是否计算竖向地震作用以及按何种方法计算竖向地震作用,应参照上述规范条文确定。

20. 特征值求解方式

仅在选择"计算水平和反应谱方法竖向地震"时才允许选择"特征值求解方式"。程序提供两种求解方式:水平振型和竖向振型整体求解、水平振型和竖向振型独立求解。

当采用"整体求解"时,在【地震信息】栏中输入的振型数为水平与竖向振型数的总和,且【地震信息/竖向地震参与振型数】选项为灰,不能修改。当采用"独立求解"时,在【地震信息】栏中需分别输入水平与竖向的振型个数。需要注意,计算用振型数一定要足够多,以使得水平和竖向地震的有效质量系数都满足 90%。一般宜选"整体求解"。

"整体求解"的动力自由度包括 Z 向分量,而"独立求解"不包括;前者做一次特征值求解,而后者做两次;前者可以更好地体现三个方向振动的耦联,但竖向地震作用的有效质量系数在个别情况下较难达到 90%;而后者则刚好相反,不能体现耦联关系,但可以得到更多的有效竖向振型。

当选择"整体求解"时,与水平地震力振型相同,给出每个振型的竖向地震力;而选择"独立求解"时,还给出竖向振型的各个周期值。计算后程序给出每个楼层、各塔的竖向总地震力,且在最后给出按《高规》第 4.3.15 条进行的调整信息。

21. "规定水平力"的确定方式

《抗震规范》第 3.4.3 条和《高规》第 3.4.5 条规定:在规定水平力下楼层的最大弹性水平位移(或层间位移),大于该楼层两端弹性水平位移(或层间位移)平均值的 1.2 倍。

《抗震规范》第 6.1.3 条和《高规》第 8.1.3 条规定:设置少量抗震墙的框架结构,在规定的水平力作用下,底部框架所承担的地震倾覆力矩大于结构总地震倾覆力矩的 50% 时……

以上《抗震规范》和《高规》条文均明确要求位移比和倾覆力矩的计算要在规定水平力作用下进行计算。规定水平力的确定方式依据《抗震规范》第 3.4.3 - 2 条和《高规》第 3.4.5 条的规定,采用楼层地震剪力差的绝对值作为楼层的规定水平力,即选项"楼层剪力差方法(规范方法)",一般情况下建议选择此项方法。"节点地震作用 CQC 组合方法"是程序提供的另一种方法,其结果仅供参考。

22. 墙元侧向节点信息

这是墙元刚度矩阵凝聚计算的一个控制参数,程序强制为"出口",即只把墙元因细分而在其内部增加的节点凝聚掉,四边上的节点均作为出口节点,以提高墙元的变形协调性。

6.2.2 风荷载信息

如果在总信息参数中选择了不计算风荷载,可不考虑图 6 – 7 所示对话框中参数的取值。这些参数的大部分已在 PMCAD 主菜单 1 中定义,此处应检查各项数据是否准确。

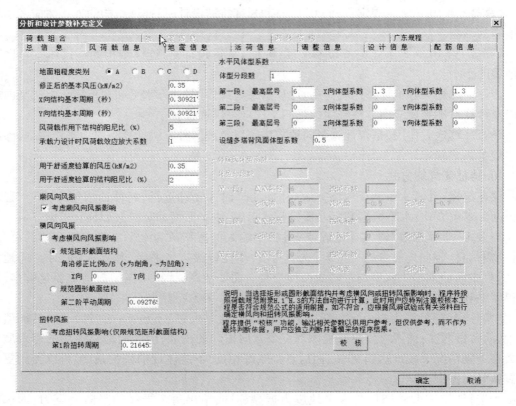

图 6 – 7 风荷载信息对话框

1. 结构基本周期

结构基本周期的默认值由《高规》附录 C 公式(C.0.2)的经验公式确定。对多层建筑,不考虑风振系数影响,可取小于 0.25 的数;对高层建筑,特别是对风荷载比较敏感的高层建筑,要考虑风振系数影响,宜先取程序默认值,然后将程序计算的精确值(见文本文件 WZQ. OUT)反填回来,再计算,这样可以使风荷载的计算更准确。

2. 风荷载作用下的阻尼比

新建工程第一次进入 SATWE 时,会根据"总信息/结构材料信息"自动对结构的阻尼比赋予初值,混凝土结构及砌体结构取 0.05,有填充墙的钢结构取 0.02,无填充墙的钢结构取 0.01。

3. 承载力设计时风荷载效应放大系数

《高规》第 4.2.2 条规定:对风荷载比较敏感的高层建筑,承载力设计时应按基本风压的 1.1 倍采用。该条条文说明指出,对于正常使用极限状态设计(如位移计算),一般仍可采用基本风压值或由设计人员根据实际情况确定。可以看出按照上述规定,部分高层建筑可能在风荷载承载力设计和正常使用极限状态设计时需要采用两个不同的风压值。

勾选此项,设计时只需按照正常使用极限状态确定风压值,程序在进行风荷载承载力设计时,自动对风荷载作用下的构件内力进行放大,而不改变结构位移。

4. 水平风体型分段数、各段体型系数

在"总信息/风荷载计算信息"下拉框中,选择"计算水平风荷载"或者"计算水平和特殊风荷载"时,可在此处指定水平风荷载计算时所需的体型系数。

当结构立面变化较大时,不同区段内的体型系数可能不一样,程序限定体型系数最多可分三段取值。程序允许用户分 X、Y 方向分别指定体型系数。由于程序计算风荷载时自动扣除地下室高度,因此分段时只需考虑上部结构,不用将地下室单独分段。

计算水平风荷载时,程序不区分迎风面和背风面,直接按照最大外轮廓计算风荷载的总值,此处应填入迎风面体型系数与背风面体型系数绝对值之和。

5. 设缝多塔背风面体型系数

在计算带变形缝的结构时,如果设计人员将该结构以变形缝为界定义成多塔后,程序在计算各塔的风荷载时,对设缝处仍将作为迎风面,这样会造成计算的风荷载偏大。

为扣除设缝处遮挡面的风荷载,可以指定各塔的遮挡面,此时程序在计算风荷载时,将采用此处输入的"背风面体型系数"对遮挡面的风荷载进行扣减。如果将此参数填为 0,则相当于不考虑挡风面的影响。遮挡面的指定在【多塔结构补充定义】中进行。

6. 特殊风体型系数

在"总信息/风荷载计算信息"下拉框中,选择"计算特殊风荷载"或者"计算水平和特殊风荷载"时,"特殊风体型系数"变亮,允许修改,否则为灰,不可修改。

【特殊风荷载定义】菜单中使用【自动生成】菜单自动生成全楼特殊风荷载时,需要用到此处定义的信息。

"特殊风荷载"的计算公式与"水平风荷载"相同,区别在于程序自动区分迎风面、背风面和侧风面,分别计算其风荷载,是更为精细的计算方式。应在此处分别填写各区段迎风面、背风面和侧风面的体型系数。

"挡风系数"表示有效受风面积占全部外轮廓的比例。当楼层外侧轮廓并非全部为受风面,存在部分镂空的情况时,应填入该参数。这样程序在计算风荷载时将按有效受风面积生成风荷载。

7. 用于舒适度验算的风压、结构阻尼比

《高规》第 3.7.6 条规定:房屋高度不小于 150 m 的高层混凝土建筑结构应满足风振舒适度要求。SATWE 根据《高层民用建筑钢结构技术规程》JGJ 99—98 的式(5.5.1–4)和式(5.5.1–5)进行风振舒适度验算。但是舒适度验算时用到的基本风压和阻尼比与风荷载计算所采用的有所不同,舒适度用 10 年一遇的风压值,阻尼比宜取用 0.01~0.02,程序缺省值为 0.02。舒适度验算结果在 WMASS.OUT 输出。

8. 顺风向风振

《荷载规范》第 8.4.1 条规定:对于高度大于 30 m 且高宽比大于 1.5 的房屋以及基本自振周期 T_1 大于 0.25 s 的各种高耸结构,应考虑风压脉动对结构产生顺风向风振的影响。当计算中需考虑顺风向风振时,应勾选该菜单,程序自动按照规范要求进行计算。

9. 横风向风振与扭转风振

《荷载规范》第 8.5.1 条规定:对于横风向风振作用效应明显的高层建筑以及细长圆形截面构筑物,宜考虑横风向风振的影响。《荷载规范》第 8.5.4 条规定:对于扭转风振作用效应明显的高层建筑及高耸结构,宜考虑扭转风振的影响。

考虑风振的方式可以通过风洞试验或者按照《荷载规范》附录 H.1、H.2 和 H.3 确定。当采用风洞试验数据时,软件提供文件接口 WINDHOLE.PM,用户可根据格式进行填写。当采用软件所提供的规范附录方法时,除了需要正确填写周期等相关参数外,必须根据规范条文确保其适用范围,否则计算结果可能无效。

6.2.3 地震信息

《抗震规范》第 1.0.2 条规定:抗震设防烈度为 6 度及以上地区,必须进行抗震设计。对于满足《抗震规范》第 3.1.4 条规定的建筑,虽可不进行地震作用计算,但仍应采取抗震构造措施。因此即使在总信息参数中选择了不计算地震作用,图 6-8 所示对话框中的地震烈度、框架及剪力墙抗震等级仍应按实际情况填写,其他参数可不必考虑。

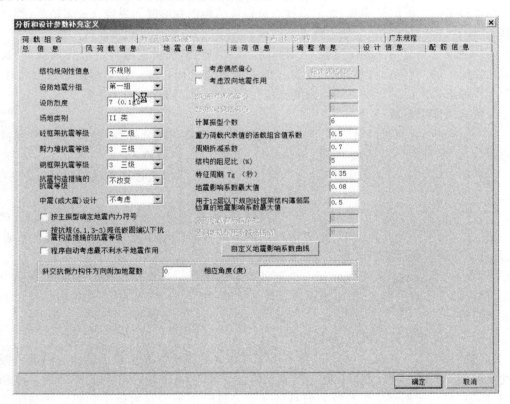

图 6-8 地震信息对话框

1. 结构规则性信息

此项根据结构的规则程度确定,该参数在程序内部不起作用。

2. 设防地震分组

此项依据抗震规范指定设计地震分组。

3. 设防烈度

此项依据抗震规范指定设防烈度。

4. 场地类别

此项依据抗震规范,提供 I_0、I_1、II、III、IV 共五类场地类别。

5. 混凝土框架、剪力墙、钢框架抗震等级

程序内定抗震等级分为六档,分别记为 0、1、2、3、4、5,其中 0～4 分别对应特一级、一级、二级、三级、四级,5 表示不考虑抗震构造要求。这里指定的抗震等级是全楼适用的,通过此处指定的抗震等级,SATWE 自动对全楼所有构件的抗震等级赋初值。依据《抗震规范》《高规》等相关条文,某些部位或构件的抗震等级可能还需要在此基础上进行单独调整,SATWE 将自动对这部分构件的抗震等级进行调整。对于少数未能涵盖的特殊情况,用户可通过前面处理第二项菜单【特殊构件补充定义】进行单构件的补充指定,以满足工程需求。

钢筋混凝土房屋应根据烈度、结构类型和房屋高度的不同,分别按《抗震规范》第 6.1.2 条、第 6.1.3 条、第 8.1.3 条或《高规》第 3.9 节确定工程的抗震等级,但需注意以下几点。

(1)按《高规》表 3.9.3 和表 3.9.4 确定的抗震等级是针对丙类建筑的,如果是甲、乙、丁类建筑则需按规范要求对抗震等级进行调整。

(2)接近或等于分界高度时,应结合房屋不规则程度及场地、地基条件慎重确定抗震等级。

(3)框架－剪力墙结构中框架的抗震等级。《高规》第 8.1.3 条及《抗震规范》第 6.1.3 条第 1 款规定:设置少量抗震墙的结构,在规定的水平力作用下,底层框架部分所承担的地震倾覆力矩大于结构总倾覆力矩的 50% 时,其框架部分的抗震等级应按框架结构采用,抗震墙的等级与其框架的抗震等级相同。因此,框架－剪力墙结构中框架的抗震等级应先按《高规》表 3.9.3 和表 3.9.4 或《抗震规范》表 6.1.2 确定,然后在文本文件 WMASS. OUT 中,查看是否满足上述要求并进行调整。程序按《抗震规范》第 6.1.3 条的条文说明给出的方法计算框架部分承担的倾覆力矩。

(4)底部框架－抗震墙结构的抗震等级。《抗震规范》第 7.1.9 条规定:底部框架－抗震墙结构的底部框架的抗震等级,设防烈度为 6、7、8 度时应分别按三、二、一级采用;抗震墙的抗震等级,设防烈度为 6、7、8 度时应分别按三、三、二级采用。

(5)异形柱结构的抗震等级。异形柱结构的抗震等级,应根据《混凝土异形柱结构技术规程》JGJ 149—2006 第 3.3.1～3.3.3 条的规定确定。

6. 抗震构造措施的抗震等级

《抗震规范》第 3.3.3 条和《高规》第 3.9.2 条规定:建筑场地为 Ⅲ、Ⅳ 类时,对设计基本地震加速度为 0.15g 和 0.30g 的地区,宜分别按抗震设防烈度 8 度(0.20g)和 9 度(0.40g)时各抗震设防类别建筑的要求采取抗震构造措施。因此程序提供此选项,应单独输入。

在某些情况下,结构的抗震构造措施等级可能与抗震等级不同。用户应根据工程的设防类别查找相应的规范,以确定抗震构造措施等级。当抗震构造措施的抗震等级与抗震措施的抗震等级不一致时,在配筋文件中会输出此项信息。另外,在【特殊构件补充定义】中还可以分别指定单根构件的抗震等级和抗震构造措施等级。

7. 中震(或大震)设计

《高规》第 3.11 节综合提出了五类性能水准结构的设计要求,结构性能设计只有在具体提出性能设计要点时,才能对其进行有针对性的分析和验算,不同的工程,其性能设计要点可能各不相同。因此,设计人员应综合多次计算的结果,自行判断后才能得到性能设计的最终结果。

"中震(或大震)设计"针对结构抗震性能设计提供的选项,程序提供了按中震(或大震)弹性设计、按中震(或大震)不屈服设计两种方法。

无论选择弹性设计还是不屈服设计,均应在"地震影响系数最大值"中填入中震或大震的地震影响系数最大值,程序将自动执行如下规则。

1)中震(或大震)弹性设计

与抗震等级有关的增大系数均取为1。

2)中震(或大震)不屈服设计

(1)荷载分项系数均取为1。

(2)与抗震等级有关的增大系数均取为1。

(3)抗震调整系数 γ_{RE} 取为1。

(4)钢筋和混凝土材料强度采用标准值。

8. 考虑偶然偏心

因偶然因素引起结构质量分布的变化,会导致结构固有振动特性的改变,使结构在地震作用下的反应也有所变化。因此,在结构抗震设计中,应考虑偶然偏心可能引起的最不利地震作用。《高规》第4.3.3条规定:计算单向地震作用时应考虑偶然偏心的影响,附加偏心可取与地震作用方向垂直的建筑物边长的5%。《高规》第4.3.5条规定:在"考虑偶然偏心影响"的规定水平地震力作用下验算楼层位移比。《抗震规范》第5.2.3条规定:规则结构不进行扭转耦联计算时,平行于地震作用方向的两个边榀,其地震作用效应乘以增大系数。

程序按《高规》执行,主要是因为考虑耦联对任何结构都适用,而且依靠程序自行确定边榀框架也较困难。

抗震设计时对规则多层及高层建筑结构,根据《抗震规范》第5.2.3条规定及其条文说明,可选择"不规则 + 考虑偶然偏心"来进行考虑扭转耦联计算,估计水平地震作用的扭转影响。

抗震设计时对不规则结构必须选此项,主要用来判断结构平面的规则性。应特别注意,此时必须对所有楼层强制采用"刚性假定",执行这一选项后,所计算的地震力、杆件内力均不能用,仅仅用来判断楼层的最大水平位移与层间位移比值。因此,对于不规则结构、带弹性板的结构应计算两遍,一是强制楼板"刚性假定"控制位移,二是按真实情况计算地震力、杆件内力。

考虑偶然偏心时,程序允许修改 X 和 Y 向的相对偶然偏心值,默认值为0.05,即程序增加计算4个地震工况,即质心沿 Y 向偏移 $\pm 5\%$ 的 X 向地震和沿 X 向偏移 $\pm 5\%$ 的 Y 向地震,如图6-9所示。如果点取图6-8所示"指定偶然偏心"按钮,即可分层分塔填写相对偶然偏心值。数据记录在 SATINPUTECC.PM 文件中,程序优先读取该文件信息,如图6-10所示。如该文件不存在,则取全楼统一参数。

9. 考虑双向地震作用

《抗震规范》第5.1.1条第3款及《高规》第4.3.2条第2款均规定:质量与刚度分布明显不对称、不均匀的结构,应计算双向水平地震作用下的扭转影响。

考虑双向地震作用时,程序自动对 X、Y 方向的地震作用效应不考虑偶然偏心。

由于结构平、立面布置的多样性、复杂性,大量计算分析表明,计算双向水平地震作用并考虑扭转耦联影响与计算单向水平地震作用并考虑与偶然偏心影响相比,前者并不总是最不利的。

因此,抗震设计时,对不规则多层及高层建筑结构,同时选择"不规则""考虑偶然偏心"和"考虑双向地震作用",由程序分别进行"不规则 + 考虑偶然偏心"和"不规则 + 考虑双向

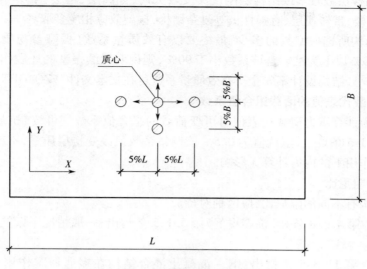

图 6 – 9　偶然偏心的方式

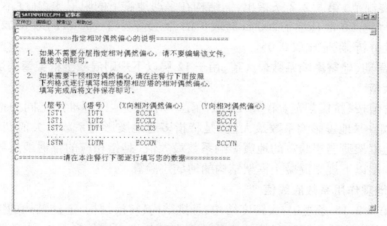

图 6 – 10　指定相对偶然偏心的数据文件

地震作用"的计算,并取不利结果。

　　显然,根据《抗震规范》第 5.2.3 条第 2 款及《高规》第 4.3.10 条第 3 款的规定,考虑双向水平地震作用,意味着对 X 和 Y 方向地震作用予以放大,构件配筋也会相应增大。

10. 计算振型个数

　　《抗震规范》第 5.2.2 条条文说明指出:振型个数一般可以取振型参与质量达到总质量的 90% 所需的振型数。

　　通常振型数取值应不小于 3,且为 3 的倍数。

　　(1)振型个数不能超过结构固有的振型总数,因一个楼层最多只有三个有效动力自由度,所以一个楼层也就最多可选 3 个振型。如果所选振型个数多于结构固有的振型总数(每个刚性楼板取 3 个、每个弹性节点取 2 个),则会造成地震力计算异常。

　　(2)对于进行耦联计算的结构,所选振型数可取 9～15 个,多塔结构的每个塔楼的振型数不宜小于 9 个,且应是 3 的倍数。详见《高规》第 4.3.10 条及第 5.1.13 条。

（3）当结构楼层数较多或结构层刚度突变较大时，如高层、越层、错层、多塔、楼面开大洞、顶部有小塔楼、带转换层、有弹性板等复杂结构，振型数应相应多取。

（4）一个结构所选振型数的多少，最终要以有效质量系数（振型参与质量与总质量之比）是否达到 90% 以上为准。若该系数小于 90%，则说明后续振型的地震作用效应被忽略了，地震作用偏小，结构设计不安全。有效质量系数可在文本文件 WZQ. OUT 里查看。

11. 重力荷载代表值的活载组合值系数

该参数即为计算重力荷载代表值时可变荷载的组合值系数。可按《抗规》第 5.1.3 条或《高规》第 4.3.6 条取值，默认值为 0.5。该调整系数只改变楼层质量，不改变荷载总值，即对竖向荷载作用下的内力计算无影响。

12. 结构的阻尼比

不同的结构有不同的阻尼比，应区别对待。

（1）《高规》第 4.3.8 条和《抗震规范》第 5.1.5 条指出，一般情况下钢筋混凝土结构的阻尼比取 0.05。

（2）《高规》第 11.3.5 条指出，钢 - 混凝土混合结构在多遇地震作用下的阻尼比取 0.04。

（3）《抗震规范》第 8.2.2 条指出，钢结构在多遇地震下的阻尼比，高度不大于 50 m 时取 0.04，高度大于 50 m 且小于 200 m 时取 0.03，高度不小于 200 m 时取 0.02；对于罕遇地震下的弹塑性分析，阻尼比取 0.05。

13. 特征周期、地震影响系数最大值、用于 12 层以下规则混凝土框架薄弱层验算的地震影响系数最大值

程序隐含值按《抗震规范》第 5.1.4 条确定。对有些地区标准用不同的地震计算参数时，可具体确定。"地震影响系数最大值"是特指多遇地震影响系数最大值；"用于 12 层以下规则混凝土框架薄弱层验算的地震影响系数最大值"是指相应的罕遇地震影响系数最大值，仅用于 12 层以下规则混凝土框架结构的薄弱层验算。

14. 竖向地震作用系数底线值

《高规》第 4.3.15 条规定：大跨度结构、悬挑结构、转换结构、连体结构的连接体的竖向地震作用标准值不宜小于结构或构件承受的重力荷载代表值与表 4.3.15 所规定的竖向地震作用系数的乘积。

此参数用于确定竖向地震作用的最小值。当振型分解反应谱方法计算的竖向地震作用小于该值时，程序将自动取该参数确定的竖向地震作用系数底线值。需要注意的是，当用该底线值调控时，相应的有效质量系数应该达到 90% 以上。

15. 自定义地震影响系数曲线

单击该选项，弹出图 6 - 11 所示的对话框，设计人员可根据工程情况输入地震影响系数曲线参数。

16. 按主振型确定地震内力符号

按照《抗震规范》公式(5.2.3 - 5)确定地震作用效应时，公式本身并不含符号，因此地震作用效应的符号需要单独指定。SATWE 的传统规则为：在确定某一内力分量时，取各振型下该分量绝对值最大的符号作为 CQC 计算以后的内力符号；而当选用该参数时，程序根据主振型下地震效应的符号确定考虑扭转耦联后的效应符号，其优点是确保地震效应符号的一致性，但由于牵扯到主振型的选取，因此在多塔结构中的应用有待进一步研究。

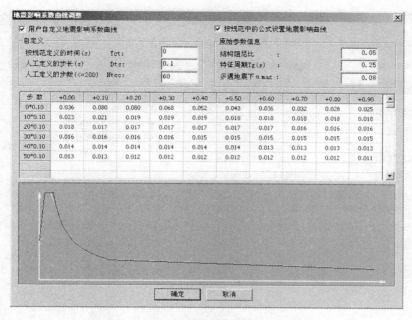

图 6 – 11　自定义地震影响系数曲线对话框

17. 按抗规(6.1.3 – 3)降低嵌固端以下抗震构造措施的抗震等级

《抗震规范》第 6.1.3 – 3 条规定:当地下室顶板作为上部结构的嵌固部位时,地下一层的抗震等级应与上部结构相同,地下一层以下抗震构造措施的抗震等级可逐层降低一级,但不应低于四级。

当勾选此项之后,程序将自动按照规范规定执行,用户将无须在【特殊构件补充定义】中单独指定相应楼层构件的抗震构造措施的抗震等级。

18. 程序自动考虑最不利水平地震作用

当勾选此项之后,程序将自动完成最不利水平地震作用方向的地震效应计算,一次完成计算,无须手动回填。

19. 斜交抗侧力构件方向附加地震数及相应角度

《抗震规范》第 5.1.1 条第 2 款及《高规》第 4.3.2 条第 1 款规定:有斜交抗侧力构件的结构,当相交角度大于 15°时,应分别计算各抗侧力构件方向的水平地震作用。

该选项主要针对"非正交的、平面不规则"的结构,这里填写的是除了两个正交的,还要补充计算的方向角数。就是除 0°、90°这两个角度外需要计算的其他角度,个数要与"斜交抗侧力构件方向附加地震数"相同,且不得大于 90°和小于 0°。这样程序计算的就是填入的角度再加上 0°和 90°这些方向的地震力。最多可附加 5 组地震。

相应角度是与 X 轴正方向的夹角,逆时针为正,各角度之间以逗号或空格隔开。在文本文件 WZQ. OUT 中,给出了结构主震方向,若该方向角大于 15°且小于 75°,可以将该角度作为附加地震的相应角度输入并重新计算,或者勾选"程序自动考虑最不利地震作用"由程序自动计算。

6.2.4　活荷信息

活荷信息对话框如图 6 – 12 所示,取值原则如下。

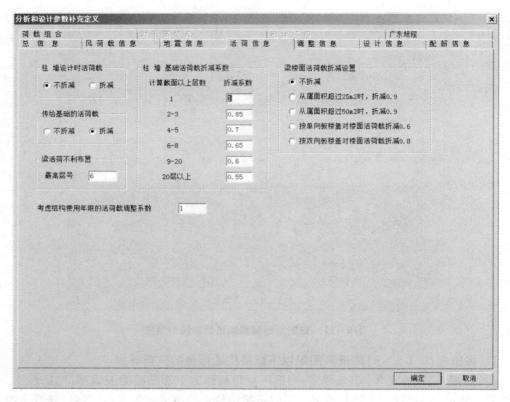

图 6 – 12   活荷信息对话框

1. 柱、墙、基础设计时活荷载是否折减

这里的活荷载折减系数主要考虑设计柱、墙等竖向支承构件时及荷载传给基础时,各层楼面活荷载满布的可能性不大,因而予以折减。此处执行《荷载规范》第 5.1.2 条第 2 款,折减系数的默认值取自《荷载规范》表 5.1.2,也可根据实际情况修改。

该项折减,与 PMCAD 建模中"荷载折减"是叠加的,即在 PMCAD 建模中折减了,在 SATWE 中要在以前折减的基础上再折减,所以需要设计人员在选用这项时特别慎重,以免使荷载减小过多,造成结构不安全。

对于带裙房的高层建筑,裙房不宜按主楼的层数取用活荷载折减系数。同理,顶部带小塔楼的结构、错层结构、多塔结构等,都存在同一楼层柱墙活荷载折减系数不同的情况,应按实际情况灵活处理。

2. 柱、墙、基础活荷载折减系数

此处分 6 档给出了"计算截面以上层数"和相应的折减系数,这些参数是根据《荷载规范》给出的隐含值,可以修改。

对于"计算截面以上层数",假定结构共 25 层,对于第 2 层的柱(墙),其上共有 23 层,其折减系数应为对应"20 层以上"的折减系数 0.55,该层柱(墙)承担的活荷载为其上 23 层活荷载总和的 0.55 倍;对于第 17 层的柱(墙),其上共有 8 层,该层柱(墙)承担的活荷载即为其上 8 层活荷载总和的 0.65 倍。

3. 梁楼面活荷载折减设置

用户可以根据实际情况选择不折减或者相应的折减方式。

4. 梁活荷不利布置的最高层号

活荷载在时间及空间分布上是随机的,因此结构设计中应通过活荷不利布置分析,找出受力构件的最不利内力,这样分析的结果更符合《荷载规范》的要求。

输入层号 N,表示从 $1 \sim N$ 各层考虑梁活荷载不利布置;$N + 1$ 层以上各层都不考虑梁活荷载不利布置;$N = 0$ 表示全楼各层都不考虑梁活荷载不利布置。

在考虑梁活荷不利布置计算中,程序是按房间进行加载计算的。对柱(墙)等竖向构件,程序未考虑活荷不利布置作用,仅考虑整个结构活荷载一次性满布作用。

要考虑梁活荷不利布置,则建模时应将恒、活荷载分开输入。

柱、墙及基础活荷载折减只传到底层最大组合内力中,并没有传给 JCCAD。在 JCCAD 中读取的仍然是荷载标准值,如果需要考虑基础活荷载折减系数,则应到 JCCAD 软件的“荷载参数”中输入。

5. 考虑结构使用年限的活荷载调整系数

根据《高规》第 5.6.1 条规定,设计使用年限为 50 年时此系数取 1.0,设计年限为 100 年时此系数取 1.1。填写这个系数后,在荷载效应组合时活载组合系数将乘上该调整系数。但需注意,此系数只对非地震组合有效。地震组合中的活载不考虑此系数。

6.2.5　调整信息

调整信息对话框如图 6 - 13 所示,取值原则如下。

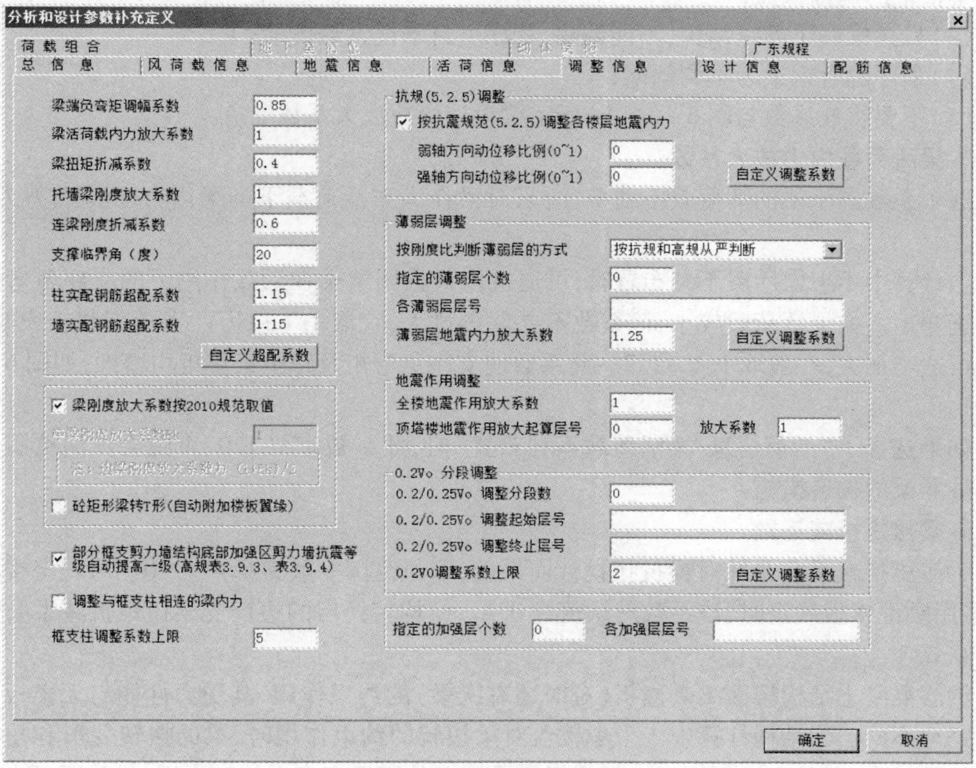

图 6 - 13　调整信息对话框

1. 梁端负弯矩调整系数

《高规》第5.2.3条规定:在竖向荷载作用下,钢筋混凝土框架梁设计允许考虑混凝土的塑性变形内力重分布,适当减小支座负弯矩,相应增大跨中正弯矩。框架梁在竖向荷载作用下,梁端负弯矩调整系数是考虑梁的塑性内力重分布。通过调幅使梁端负弯矩减小,并由程序自动按平衡条件计算跨中正弯矩(该弯矩不一定是控制内力),如图6−14(a)所示。梁端负弯矩调整系数一般在0.80~1.0范围内取值。

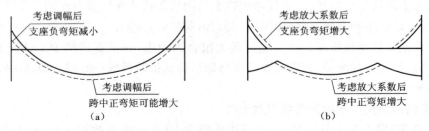

图6−14 梁弯矩调幅与梁弯矩放大

(a)梁弯矩调幅 (b)梁弯矩放大

需要注意:

(1)此项调整只针对竖向荷载,对地震作用和风荷载不起作用;

(2)此处指定的是全楼的混凝土梁的调幅系数,用户也可以在【特殊构件补充定义】中修改单根梁的调幅系数;

(3)悬挑梁属于静定结构,不能调幅,程序可自动搜索悬挑梁;

(4)程序隐含钢梁为不调幅梁;

(5)不要将该系数与图6−14(b)所示梁设计弯矩放大系数混淆。

2. 梁活荷载内力放大系数

这个系数源于梁的活荷载不利布置,只对梁在满布活荷载下的梁内力(弯矩、剪力)进行放大。

当计算中不考虑活载不利布置时,可通过该系数调整梁在活载作用下的支座负弯矩及跨中正弯矩。如果活荷载较小,该系数不要取得过大,宜取1.1以下。当活荷载较大时,该系数可适当加大,一般取1.1~1.2。此系数使支座负弯矩及跨中正弯矩均增大,如图6−14(b)所示。

如果选择了"活荷信息/梁活荷载不利布置"时,此系数宜取1.0,否则会抵消抗震设计时强柱弱梁的构造措施。

3. 梁扭矩折减系数

梁扭矩折减系数是针对梁抗扭设计而设的,取值范围一般为0.4~1.0。对现浇楼板结构,采用刚性楼板假定时,该系数默认值为0.4。结构转换层的边框支梁扭矩折减系数不宜小于0.6。

钢筋混凝土结构楼面梁受楼板(有时还有次梁)的约束作用,其受力性能与无楼板的独立梁完全不同。当结构计算中未考虑楼盖对梁扭转的约束作用时,梁的扭转变形和扭矩计算值往往过大,因此应进行折减。但楼板对梁平面外究竟有多大约束作用,目前还不十分清楚,所以程序给出的范围较大(0.4~1.0),即执行《高规》第5.2.4条。

程序没有自动搜索判断梁周围楼盖的功能,梁扭矩是否折减及折减系数取值需设计人员根据具体情况而定,对于弧梁、不与刚性楼板相连的梁,梁扭矩应不折减或少折减。

4. 托墙梁刚度放大系数

托墙梁是指转换梁与剪力墙直接相接、共同工作的部分。在框支剪力墙转换结构中会出现转换大梁上托剪力墙的情况,当软件以梁单元模拟转换大梁,以壳元模式的墙单元模拟剪力墙时,墙与梁之间协调工作关系在计算模型中不能得到充分体现。实际情况是剪力墙的下边缘与转换大梁的上表面变形协调,而计算模型情况是剪力墙的下边缘与转换大梁的中性轴变形协调,因此转换大梁的上表面在荷载作用下会与剪力墙脱离,失去本应存在的变形协调性。与实际情况相比,计算模型的刚度偏柔,这就是软件提供托墙梁刚度放大系数的原因。

根据经验,托墙梁刚度放大系数一般取 100 左右。当考虑托墙梁刚度放大时,转换层附近构件的超筋情况可以缓解。但为了使设计保持一定的宽裕度,也可以少放大。总之,由于调整系数较大,为避免出现异常,托墙梁刚度放大系数由设计人员酌情输入。

框支转换结构通常应选择调整框支梁的内力,并根据工程实际情况输入梁刚度放大系数。初始值为 1。如转换梁上托开洞剪力墙,对洞口下的梁段,程序不作为托墙梁,不放大刚度。

5. 连梁刚度折减系数

连梁主要是指那些与剪力墙一端或两端平行连接的梁,由于连梁两端往往变位差很大,剪力就会很大,所以很可能出现超筋。这就要求连梁在进入塑性状态后,允许其卸载给剪力墙,而剪力墙的承载力往往较大,因此这样的内力重分布是可以的,但必须保证竖向荷载下的承载力和正常使用极限状态下的性能。

《高规》第 5.2.1 条规定:高层建筑结构地震作用效应计算时,可对剪力墙连梁刚度折减,折减系数不宜小于 0.5。

《抗震规范》第 6.2.13 条第 2 款规定:抗震墙地震内力计算时,连梁的刚度可折减,折减系数不宜小于 0.5。其条文说明指出:计算剪力墙结构的地震内力时,连梁刚度可折减,折减系数通常取 0.5 ~ 1.0。设防烈度 6、7 度时不宜小于 0.7,8、9 度时不宜小于 0.5,非抗震设防和风荷载效应起控制作用时,连梁刚度不宜折减。

6. 柱、墙实配钢筋超配系数

根据《抗震规范》规定,对于 9 度设防烈度的各类框架和一级抗震等级的框架结构,框架梁和连梁端部剪力、框架柱端部弯矩和剪力调整应按实配钢筋和材料强度标准值来计算实际承载力。但在出施工图前,实配钢筋和材料强度的具体数值是未知的,因此得不到实际承载力,只能根据经验输入超配系数,该系数即是按规范考虑材料、配筋因素的一个附加放大系数,初始值取 1.15。

7. 中梁刚度放大系数(B_k)

程序中内定梁惯性矩按矩形截面计算,对现浇式或装配整体式框架结构,楼板与梁形成 T 形截面共同工作,楼板对梁刚度的贡献用放大梁刚度的方法实现。对现浇式或装配整体式框架结构,梁刚度对结构整体侧移刚度影响较大,就必须考虑楼板对梁刚度的贡献,否则将导致结构整体侧移刚度偏小,地震剪力偏小,一般可取 $B_k = 1.5 ~ 2$;对预制装配式结构的楼面梁取 $B_k = 1.0$;对框架 – 剪力墙结构、剪力墙结构等其他带剪力墙的结构,结构整体侧移刚度主要取决于剪力墙,该系数影响不大,可取 $B_k = 1.0 ~ 1.5$。

程序自动搜索中梁和边梁,两侧均与刚性楼板相连的中梁的刚度放大系数为 B_k,一侧与刚性楼板相连的边梁的刚度放大系数为 $(1 + B_k)/2$，其他情况的梁刚度不放大。

在采用"刚性楼板假定"的前提下，由于没有考虑楼板的面外刚度，因此必须通过"梁刚度放大系数"来提高梁面外弯曲刚度，以弥补面外刚度的不足。

对采用"弹性楼板假定"的板柱结构，因为真实地考虑了楼板的面外刚度，故对板柱结构的等代梁取 $B_k = 1.0$。

该系数对连梁不起作用。

8. 梁刚度系数按 2010 规范取值

考虑楼板作为翼缘对梁刚度的贡献时，对于每根梁，由于截面尺寸和楼板厚度的差异，其刚度放大系数可能各不相同，SATWE 提供了按《混凝土规范》取值的选项。勾选此项后，程序将根据《混凝土规范》表 5.2.4，自动计算每根梁的楼板有效翼缘宽度，按照 T 形截面与梁截面的刚度比例，确定每根梁的刚度系数。

刚度系数计算结果可在【特殊构件补充定义】中查看，也可以在此基础上修改。

如果不勾选此项，则对全楼指定唯一的上述刚度系数。

9. 混凝土矩形梁转 T 形(自动附加楼板翼缘)

《混凝土规范》第 5.2.4 条规定：对现浇楼盖和装配整体式楼盖，宜考虑楼板作为翼缘对梁刚度和承载力的影响。

程序新增此项参数，以提供承载力设计时考虑楼板作为梁翼缘的功能。

当勾选此项参数时，程序自动将所有混凝土矩形截面梁转换成 T 形截面，在刚度计算和承载力设计时均采用新的 T 形截面，此时梁刚度放大系数程序将自动置为 1，翼缘宽度的确定采用《混凝土规范》表 5.2.4 的方法。

10. 部分框支剪力墙结构底部加强区剪力墙抗震等级自动提高一级

根据《高规》表 3.9.3 和表 3.9.4，部分框支剪力墙结构底部加强区和非底部加强区的剪力墙抗震等级可能不同。

对于"部分框支剪力墙结构"，如果在"地震信息/剪力墙抗震等级"中填入部分框支剪力墙结构中一般部位剪力墙的抗震等级，并在此勾选了"部分框支剪力墙结构底部加强区剪力墙抗震等级自动提高一级"，则程序将自动对底部加强区的剪力墙抗震等级提高一级。

11. 调整与框支柱相连的梁内力

《高规》第 10.2.17 条规定：框支柱剪力调整后，应相应调整框支柱的弯矩及柱端框架梁的剪力和弯矩，但框支梁的剪力和弯矩、框支柱轴力不调整。

因框支柱的内力调整幅度较大，如果相应调整框架梁的内力，则有可能使框架梁设计不下来，因此为了避免异常情况，程序给出控制开关，由设计人员决定是否对与框支柱相连的梁内力进行相应调整。

12. 框支柱调整系数上限

《抗震规范》对部分框支剪力墙结构除了明确规定框支层的楼层侧向刚度不应小于相邻非框支层楼层侧向刚度的 50% 外，还首次明确要求框支框架的底层框架部分承担的地震倾覆力矩不应大于结构总地震倾覆力矩的 50%。其目的是要使部分框支剪力墙结构在转换层以下具有足够的落地剪力墙量，即部分框支剪力墙结构在转换层及转换层以下的部分也应具有框架 – 剪力墙结构的属性。所以，部分框支剪力墙结构的框支柱的最小地震剪力也应进行调整。

框支柱的地震剪力调整不建议设上限，当调整系数超过 5 较多时，宜调整结构的布置。

13. 按抗震规范(5.2.5)调整各楼层地震内力、自定义调整系数

《抗震规范》第 5.2.5 条规定:结构任一楼层在水平地震作用下的剪重比不应小于最小地震剪力系数 λ。其条文说明指出:在剪重比调整时,应根据结构的基本周期采用相应的调整,即加速度段调整、速度段调整和位移段调整。

按照《抗震规范》的说明,在相应方向上,当动位移比例因子为 0 时,为加速度段调整;当动位移比例因子为 1.0 时,为位移段调整;当动位移比例因子为 0.5 时,为速度段调整。简单来说就是,小于 T_g 时输入 0,大于或等于 T_g、小于或等于 $5T_g$ 时输入 0.5,大于 $5T_g$、小于 6 s 时输入 1。

弱轴方向即结构的第一平动周期方向,强轴方向即结构的第二平动周期方向。当平动方向与 X,Y 轴有夹角时,程序自动换算 X,Y 方向的周期,并根据设计人员所填系数计算调整系数。由于两个方向的周期可能会出现相差较大的情况,因此提供两个方向的参数可以对 X,Y 两个方向进行不同的调整。对经验丰富的设计人员也可不拘泥于上述的 0、0.5、1.0 三种规范指定调整方式,自行定义动位移比例,甚至采用"自定义调整系数"方式对全楼直接指定剪重比的调整系数。

对于多塔结构,当各塔周期差异较大时,可能无法根据两个基本周期确定整个结构的调整系数,此时应该按单塔计算或者自行指定调整系数。

合理的结构设计应自然满足楼层最小地震剪力系数值的要求、结构侧向位移限值、结构整体稳定要求。不满足时,建议:

(1)应首先优化结构设计方案,调整结构布置,增加结构侧向刚度,使上述三项满足要求;

(2)当结构方案合理,结构侧向位移限值与结构整体稳定要求均满足时,再选择该项由程序自动调整地震作用,以完全满足规范对剪重比的要求。

各层地震剪力系数的原始计算结果在文本文件 WZQ.OUT 中输出,调整后的计算结果在文本文件 WWNL∗.OUT 中输出。

如果程序计算得到的各层地震剪力系数与最小地震剪力系数相比大很多,说明底部剪力过大,其一般是由梁、柱截面尺寸过大(框架结构)或剪力墙数量过多(框架 - 剪力墙结构、剪力墙结构)所致,也应进行结构方案调整,以降低地震作用下的内力、节约材料。

14. 弱、强轴方向动位移比例

程序所说的弱轴是对应结构长周期方向,强轴对应结构短周期方向。

《抗震规范》第 5.2.5 条条文说明中明确了三种调整方式:加速度段、速度段和位移段。当动位移比例为 0 时,程序采取加速度段方式进行调整;动位移比例为 1 时,采用位移段方式进行调整;动位移比例为 0.5 时,采用速度段方式进行调整。

15. 薄弱层调整

1)按刚度比判断薄弱层的方式

程序提供"按抗规和高规从严判断""仅按抗规判断""仅按高规判断"和"不自动判断"四个选项供用户选择,程序默认为"按抗规和高规从严判断"。

2)指定薄弱层个数及相应的各薄弱层层号

《抗震规范》第 3.4.4 条第 2 款指出:平面规则而竖向不规则的结构,其薄弱层的地震剪力应乘以不小于 1.15 的增大系数。

《高规》第 3.5.8 条规定:对侧向刚度变化、承载力变化和竖向抗侧力构件不连续的楼层,其薄弱层对应于地震作用标准值的地震剪力应乘以 1.25 的增大系数。

SATWE 自动按楼层刚度比判断薄弱层并对薄弱层进行地震内力放大,但对于竖向抗侧力构件不连续、或承载力变化不满足要求的楼层,不能自动判断为薄弱层,需要用户在此指定。填入薄弱层楼层号后,程序对薄弱层构件的地震作用内力按"薄弱层地震内力放大系数"进行放大。

在初次计算时,可先不指定薄弱层,根据计算结果进行判断后,再指定薄弱层,并重新计算。输入多个薄弱层时,各层层号以逗号或空格隔开。

3)薄弱层地震内力放大系数、自定义调整系数

SATWE 对薄弱层地震剪力调整的做法是直接放大薄弱层构件的地震作用内力,这个放大系数由设计人员指定,缺省值是 1.25。

16. 地震作用调整

1)全楼地震作用放大系数

抗震设计时,一般情况下可以不必考虑全楼地震力放大系数。但对于 B 级高度的高层建筑结构、钢 - 混凝土混合结构和《高规》第 10 章规定的复杂高层建筑结构以及特别不规则的建筑结构应考虑全楼地震力放大系数。根据《抗震规范》和《高规》的规定,结构计算时应采用弹性时程分析法进行多遇地震作用下的补充计算。当弹性时程分析计算出的楼层剪力不大于振型分解反应谱法的计算结果时,通常认为时程分析的结果对该结构的抗震设计不起控制作用,可以直接按振型分解反应谱法的计算结果进行结构设计。当弹性时程分析计算出的全部楼层剪力或部分楼层剪力大于振型分解反应谱法的计算结果时,可根据地震剪力差异情况填入一个适当的地震力放大系数,使振型分解反应谱法计算得的这些楼层的层剪力不小于时程分析计算结果的包络值或平均值。通过这样的地震力放大调整后,结构工程师就可以根据振型分解反应谱法的计算结果来进行结构设计。

全楼地震力放大系数的经验值一般可取 1.0 ~ 1.5。

2)顶塔楼地震作用放大起算层号及放大系数

突出屋面的楼、电梯间等小塔楼,由于刚度突变,在地震时易发生鞭梢效应而破坏。根据《抗震规范》第 5.2.4 条规定,当采用底部剪力法进行抗震设计计算时,对突出屋面的楼、电梯间等小塔楼宜乘以增大系数 3 对结构内力进行放大,此内力增大部分不往下传,但与屋顶小塔楼相连的构件应考虑这种放大的影响。当采用振型分解反应谱法进行结构整体计算时,突出屋面的楼、电梯间等小塔楼,可按层建模分层输入,可不考虑增大系数。建议结构工程师在进行结构整体计算时,宜将屋顶小塔楼分层建模输入,用振型分解反应谱法进行抗震设计计算,不乘以内力增大系数。当屋面上有多个小塔楼时,可定义多塔计算。

SATWE 采用振型分解反应谱法计算结构地震作用,因此只要取足够的计算振型数,从规范字面上理解可不用放大塔楼地震作用,但是审图人往往要求做一定放大,因此放大系数建议取 1.5。该参数对其他楼层及结构的位移比、周期等没有影响,只是将顶层构件的地震内力标准值放大,再进行内里组合和配筋。

17. $0.2V_0$ 分段调整

1)$0.2V_0/0.25V_0$ 调整分段数、调整起始层号及终止层号

抗震设计时,框架 - 剪力墙结构在规定的水平地震力作用下,框架部分计算所得的地震剪力一般都较小。按照多道防线的抗震设计概念,剪力墙是第一道防线,框架为第二道防线。剪力墙在设防烈度地震或罕遇地震作用下会先于框架破坏。由于塑性内力重分布,框

架部分按侧向刚度分配的地震剪力会比多遇地震作用下的要大得多,为保证作为第二道防线的框架具有一定的抗震能力,有必要对框架承担的地震剪力予以适当调整。

根据《高规》第 8.1.3 条、第 8.1.4 条及第 9.1.11 条的规定,$0.2V_0$ 调整只针对框剪结构和框架 – 核心筒中的框架梁、柱的弯矩和剪力,不调整轴力。

当框架柱的数量沿竖向有规律变化时,可在变化处分段并分段调整框架承担的地震剪力。如果框架 – 剪力墙结构的框架部分有条件分段,在填写分段数的同时,应填写每段的起始层号和终止层号,并以空格或逗号隔开。如果框架部分无条件分段,则分段数应填 1。如果不进行 $0.2V_0$ 调整,应将分段数填为 0。

框架剪力的调整必须在满足规范规定的楼层"最小地震剪力系数(剪重比)"的前提下进行。调整起始层号,当有地下室时宜从地下一层顶板开始调整。调整终止层号,应设在剪力墙到达的层号;当有塔楼时,宜算到不包括塔楼在内的顶层为止,或者填写图 6 – 15 所示 SATINPUT02V. PM 文件实现人工指定各层的调整系数。

根据《高规》第 8.1.4 条规定,分段调整时每段的层数不应少于 3 层,底部加强部位的楼层应在同一段内。对于转换层框支柱,《高规》第 10.2.17 条规定了地震剪力的调整方法,SATWE 只需在特殊构件中选定框支柱,程序会自动进行框支柱的地震剪力调整,不需再进行 $0.2V_0$ 调整。

图 6 – 15 中,ISTN 表示层号,IDTN 表示塔号,COEF_XN、COEF_YN 分别表示该层 X、Y 向的 $0.2V_0$ 调整系数。

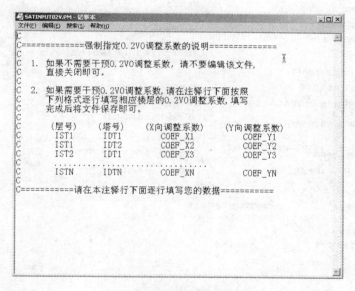

图 6 – 15 $0.2V_0$ 调整系数

2)$0.2V_0$ 调整系数上限

SATWE 隐含 $0.2V_0$ 调整上限值为 2。抗震设计时,为保证框架作为结构第二道防线的抗震能力,不建议对 $0.2V_0$ 调整设上限值。如果将 $0.2V_0$ 调整的起始层号填为负值,则框架承担的地震剪力调整不受软件隐含的上限值 2 的控制。应当说明的是,尽管不主张对 $0.2V_0$ 调整设上限值,但 $0.2V_0$ 的调整系数也不能过大,一般以控制调整系数不超过 3 ~ 4 为宜。当计算结果显示,调整系数超过 3 ~ 4 时,宜调整框架 – 剪力墙结构中剪力墙的数量和布置。必要时也可调整框架柱的截面面积,有条件时也可调整框架柱的数量。就框架 – 剪力墙结构的布置而言,剪力墙数量不宜过多,以使结构的弹性层间位移角满足规范要求或稍严于规范要求为宜。剪力墙过多会使结构自重加大,增加工程量(包括增加地基基础的工程量),抗震设计时,还会由于结构自重增加而加大地震作用,增加结构的材料用量。剪力墙也不宜过少,剪力墙过少,不仅使结构的侧向刚度满足不了规范的要求,而且抗震设计时还会使剪力墙不能形成框架 – 剪力墙结构中的第一道防线,不利于结构的抗震。

18. 指定的加强层个数及相应的各加强层层号

用户在此处指定加强层个数及相应的各加强层层号,各层号之间以逗号和空格分隔。程序自动实现如下功能:

(1)加强层及相邻层柱、墙抗震等级自动提高一级;

(2)加强层及相邻层框架柱轴压比限值减小 0.05;

(3)加强层及相邻层剪力墙设置约束边缘构件。

6.2.6 设计信息

设计信息对话框如图 6 – 16 所示,取值原则如下。

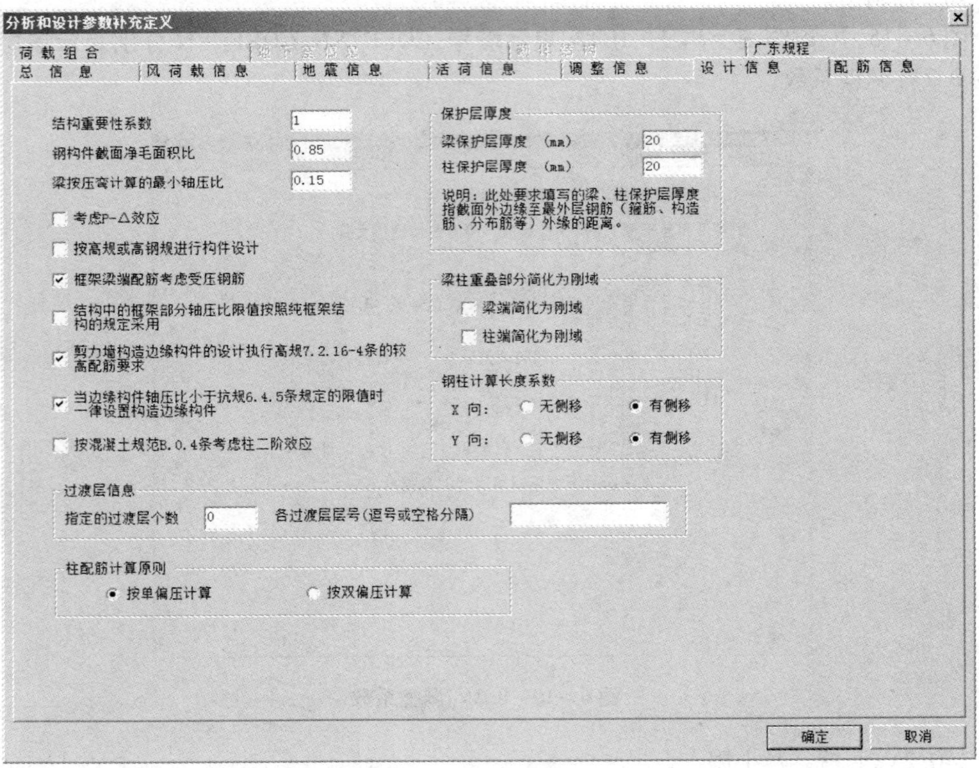

图 6 – 16 设计信息对话框

1. 考虑 P – Δ 效应

重力二阶效应一般称为 P – Δ 效应,在建筑结构分析中指的是竖向荷载作用下结构的侧移效应。当结构发生水平位移时,竖向荷载就会出现垂直于变形后的竖向轴线分量,这个分量将增大水平位移量,同时也会增大相应的内力,这在本质上是一种几何非线性效应。

《抗震规范》第3.6.3条规定:当结构在地震作用下的重力附加弯矩大于初始弯矩的10%时,应计入重力二阶效应的影响。

《抗震规范》第8.2.3条规定:钢结构应当考虑重力二阶效应。

《高规》第5.4.2条规定:高层建筑结构不满足本规程第5.4.1条的规定时,结构弹性计算时应考虑重力二阶效应对水平力作用下结构内力和位移的不利影响。

设计人员可根据需要选择考虑或不考虑 $P-\Delta$ 效应,程序的初始值为不考虑。对于不满足《高规》第5.4.1条的高层混凝土结构和高层钢结构才需要考虑 $P-\Delta$ 效应,高宽比接近限值或超限的钢筋混凝土结构应特别注意。

使用时建议先不勾选,经试算后根据 SATWE 输出文件 WMASS. OUT 中给出的结论来确定,如果显示"可以不考虑重力二阶效应",则可不选择此项。

2. 按高规或高钢规进行构件设计

若勾选此项,程序按《高规》进行荷载组合计算,按《高层民用建筑钢结构技术规程》(JGJ 99—98)进行构件设计计算;否则,按多层结构进行荷载组合计算,按《钢结构设计规范》GB 50017—2003(后面均简称《钢规》)进行构件设计计算。

3. 框架梁端配筋考虑受压钢筋

《混凝土规范》第11.3.1条规定:考虑地震作用组合的框架梁,计入纵向受压钢筋的梁端混凝土受压区高度应符合:

(1)一级抗震等级,$\xi \leqslant 0.25$;

(2)二、三级抗震等级,$\xi \leqslant 0.35$。

当计算中不满足以上要求时,会给出超筋提示,此时应加大截面尺寸或提高混凝土的强度等级。

《混凝土规范》第11.3.6条规定:框架梁端截面和顶部纵向受力钢筋截面面积的比值,除按计算确定外,一级抗震等级不应小于0.5,二、三级抗震等级不应小于0.3。

SATWE 对框架梁端截面按正、负包络弯矩分别配筋,在计算梁上部配筋时并不知道可以作为受压钢筋的梁下部配筋,在进行受压区高度 ξ 验算时,考虑应满足《混凝土规范》第11.3.6条的要求,程序自动取梁上部计算配筋的50%或30%作为受压钢筋计算。计算梁的下部钢筋也是如此。

根据《混凝土规范》第5.4.3条要求,在非地震作用下,调幅框架梁的梁端受压区高度 $\xi \leqslant 0.35h_0$。如果勾选此项,程序会对非地震作用下该项进行校核,如不满足要求,程序会自动增加受压钢筋以满足受压区高度要求。

《高规》第6.3.3条指出:梁端支座抗震设计时,如果受压钢筋配筋率不小于受拉钢筋的一半时,梁端最大配筋率可以放宽2.75%。如果勾选此项,SATWE 将梁端最大配筋率放宽到2.75%。

4. 结构中的框架部分轴压比限值按照纯框架结构的规定采用

《高规》第8.1.3条规定:框架 - 剪力墙结构中框架部分承受的地震倾覆力矩大于结构总地震倾覆力矩的50%时,框架部分的轴压比应按纯框架结构的规定执行。

勾选此项后,程序一律按纯框架结构的要求控制轴压比,而其他设计内容遵循规范要求按框架 - 剪力墙结构进行。

5. 剪力墙构造边缘构件的设计执行高规7.2.16 - 4条的较高配筋要求

《高规》第7.2.16条第4款规定:抗震设计时,对连体结构、错层结构及 B 级高度高层建筑结构中的剪力墙(筒体),其构造边缘构件最小配筋要求应按规定相应提高。

勾选此项时,SATWE 不论结构类型是否符合该条,一律按该条要求确定构造边缘构件最小配筋。

6. 当边缘构件轴压比小于抗规 6.4.5 条规定的限值时一律设置构造边缘构件

《抗震规范》第 6.4.5 条规定:底层墙肢底截面的轴压比大于表 6.4.5 - 1 规定的一、二、三级抗震墙以及部分框支抗震墙结构的抗震墙,应在底部加强部位及相邻的上一层设置约束边缘构件,在以上的其他部位可设置构造边缘构件。

勾选此项时,对于约束边缘构件楼层的墙肢,程序自动判断其底层墙肢底截面的轴压比,以确定采用约束边缘构件或构造边缘构件。如不勾选此项,则对于约束边缘构件楼层的墙肢一律设置约束边缘构件。

7. 按混凝土规范 B.0.4 条考虑柱二阶效应

《混凝土规范》第 6.2.4 条条文说明指出,对排架结构柱,应按 B.0.4 条考虑其二阶效应。

勾选此项后,SATWE 一律按照 B.0.4 的方法考虑柱二阶效应,此时的长度系数仍按底层 1.0、上层 1.25 采用,如有需要可自行修改长度系数。如不勾选此项,则一律按照第 6.2.4 条的方法考虑柱二阶效应。对于非排架结构,如果认为按照第 6.2.4 条的配筋结果过小,也可以参考勾选此项后按 B.0.4 的方法计算结果。

8. 梁柱重叠部分简化为刚域

《高规》第 5.3.4 条规定:在结构整体计算中,宜考虑框架或壁式框架梁、柱节点区的刚域影响。

勾选此项,程序将梁、柱重叠部分简化为刚域进行计算,即将梁、柱重叠部分作为柱宽度进行计算;否则将梁、柱重叠部分作为梁的一部分计算。

正常情况下,梁的长度为柱形心间的距离,当柱截面较大、梁端入柱范围较大时,应考虑梁端负弯矩区的弯矩变化,可通过考虑刚域简化处理。

异形柱结构中,当异形柱柱肢较长时,由于梁长度的变化造成结构刚度变化较大,因此应勾选此项。

需要注意的是,如果考虑了"梁端负弯矩调幅",则不宜再考虑此选项;如果考虑此选项,则在后续【梁平法施工图】中不宜考虑"支座宽度对裂缝的影响"。

9. 钢柱计算长度系数

此参数仅对钢结构有效,对混凝土结构不起作用。根据《钢规》第 5.3.3 条规定,对于无支撑纯框架,应勾选有侧移;对于有支撑框架,应根据是强支撑还是弱支撑来选择有侧移还是无侧移。通常钢结构宜勾选有侧移,如果不考虑地震作用和风荷载时也选择无侧移。

选择有侧移,程序按《钢规》附录 D.2 的公式计算钢柱的长度系数;选择无侧移,按《钢规》附录 D.1 的公式计算钢柱的长度系数。

钢柱的"有侧移"和"无侧移",也可以近似按照以下原则考虑:

(1)当楼层最大柱间位移小于 1/1 000 时,可以按无侧移设计;

(2)当楼层最大柱间位移大于 1/1 000 但小于 1/300 时,柱长度系数可以按 1.0 设计;

(3)当楼层最大柱间位移大于 1/300 时,应按有侧移设计。

10. 指定的过渡层个数及相应的各过渡层层号

《高规》第 7.2.14 条第 3 款规定:B 级高度高层建筑的剪力墙,宜在约束边缘构件层与构造边缘构件层之间设置 1~2 层过渡层,过渡层边缘构件的箍筋配置要求可低于约束边缘构件,但应高于构造边缘构件的要求。

SATWE 不能判断过渡层,应由设计人员输入,程序对过渡层执行以下原则:

(1)指定过渡层的边缘构件仍设为构造边缘构件;

(2)过渡层剪力墙边缘构件的箍筋配置按约束边缘构件确定一个体积配箍率,再按构造边缘构件为 0.1,取二者的平均值。

11. 柱配筋计算原则

《混凝土规范》第 7.3 节指出,构件按单偏压计算,计算 X 向的配筋时不考虑 Y 向钢筋的作用,计算结果具有唯一性。

《混凝土规范》附录 F 指出,构件按双偏压计算,计算 X 向的配筋时考虑了 Y 向钢筋的作用,则计算结果不唯一。

《高规》第 6.2.4 条规定:抗震设计时,框架角柱应按双向偏心受力构件进行正截面承载力设计。

一般建议使用单偏压计算,使用双偏压校核。双向地震与双偏压无对应关系。如果在【特殊构件补充定义/特殊柱】中指定了角柱,则程序自动对其按双偏压计算。对于异形柱,程序自动按双偏压进行配筋计算。

6.2.7 配筋信息

配筋信息对话框如图 6-17 所示。钢筋强度信息在 PMCAD 中定义,其中梁、柱、墙主筋级别按标准层分别指定;箍筋级别全楼统一定义。在 SATWE 中仅可查看箍筋强度设计值。

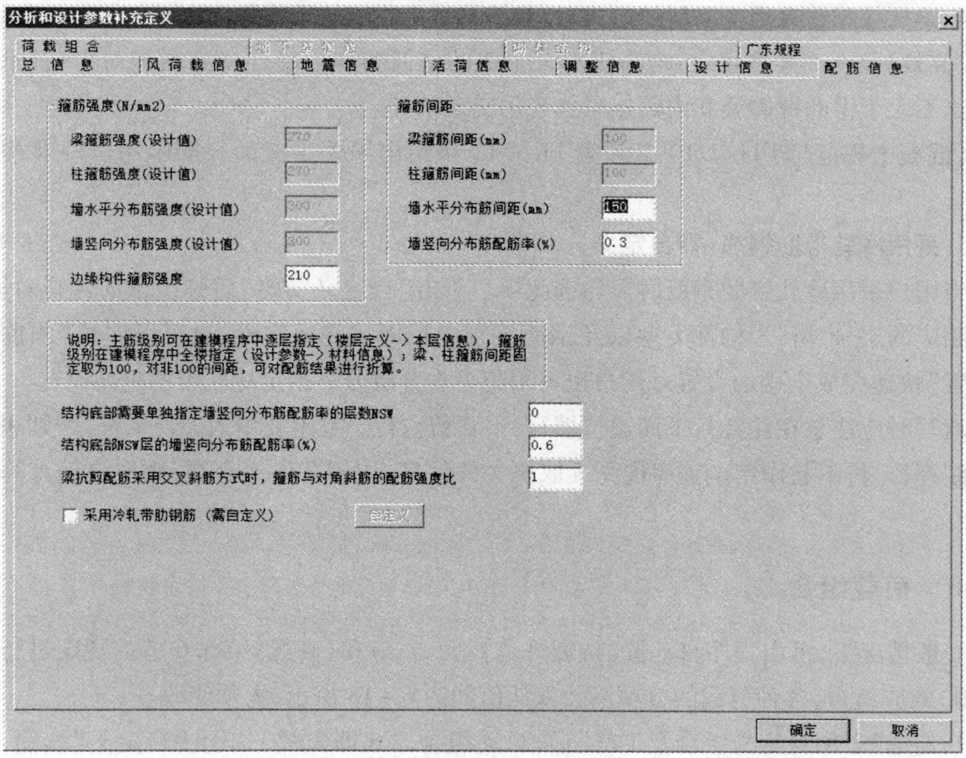

图 6-17 配筋信息对话框

1. 墙水平分布筋间距(mm)

《混凝土规范》第 9.4.4 条和第 11.7.15 条规定:剪力墙水平和竖向分部筋的间距不宜

大于 300 mm。

程序默认值为 200 mm，一般输入 100 mm、150 mm、200 mm 三种。

2. 墙竖向分布筋配筋率(%)

《混凝土规范》第 11.7.14 条和《高规》第 3.10.5 条、第 7.2.17 条、第 10.2.19 条规定：墙竖向分布筋配筋率对于特一级一般部位取 0.35%，底部加强部位取 0.4%，一、二、三级取 0.25%，四级取 0.2%，非抗震要求取 0.2%；部分框支剪力墙结构的剪力墙底部加强部位抗震设计时取 0.3%，非抗震设计时取 0.25%。

设置的墙竖向分布筋的配筋率，除用于墙端所需钢筋截面面积计算外，还传到【剪力墙结构计算机辅助设计程序 JLQ】中作为选择竖向分布筋的依据。

竖向分部筋的大小会影响端头暗柱的纵向配筋。

3. 结构底部需要单独指定墙竖向分布筋配筋率的层数 NSW 和结构底部 NSW 层的墙竖向分布筋配筋率

这两项可定义结构底部某几层墙的竖向钢筋配筋率，也可定义加强区和非加强区不同的配筋率。

此项功能主要用于提高框筒结构中剪力墙核心筒底部加强部位的竖向分布筋的配筋率，从而提高钢筋混凝土框筒结构底部加强部位的延性。

4. 梁抗剪配筋采用交叉斜筋方式时，箍筋与对角斜筋的配筋强度比

《高规》第 9.3.8 条规定：跨高比不大于 2 的框筒梁和内筒连梁宜增配对角斜向钢筋。跨高比不大于 1 的框筒梁和内筒连梁宜采用交叉暗撑。

《混凝土规范》第 11.7.10 条和第 11.7.11 条给出了关于交叉斜筋限制条件及构造要求。

5. 采用冷轧带肋钢筋(需自定义)

当用户采用冷轧带肋钢筋时需勾选此项。单击"自定义"按钮后弹出钢筋选择对话框，选择相应的层号、塔号、构件类型以及钢筋级别之后即可完成定义，也可以勾选"当前塔全楼设置"快速完成全楼的设置。用户也可用记事本分层分塔指定冷轧带肋钢筋设置。

填写时应注意在注释行下面逐行填写，不要留空行。且不要填入"C"字符，否则表示该行为注释行，将不起作用。程序优先读取该文件信息，如该文件不存在，则取自动计算的系数。

6.2.8　荷载组合

一般情况下，可由程序自动按《抗震规范》第 5.4 节和《高规》第 5.6 节的规定进行荷载(作用)效应组合，各种荷载的分项系数默认值如图 6-18 所示，无须修改。

当勾选"采用自定义组合及工况"后，自动组合方式即失效。单击"自定义"按钮，弹出如图 6-19 所示的自定义荷载组合对话框，其中的分项系数默认值与自动组合时一致；程序自动搜索已定义的特殊荷载(温度、吊车、人防、特殊风等)，并包含在默认组合中，未进行定义的特殊荷载将不考虑。

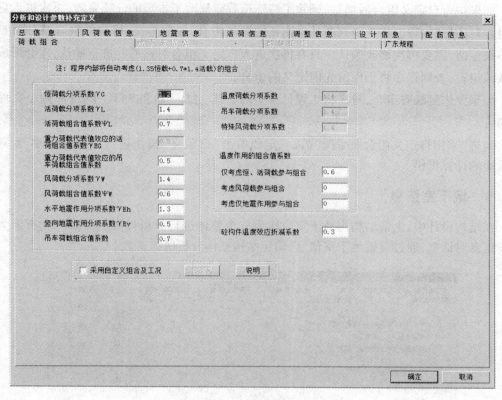

图 6 – 18　荷载组合对话框

组合号	恒载	活载	X向风载	Y向风载	X向地震	Y向地震	吊车荷载
1	1.350	0.980	0.000	0.000	0.000	0.000	0.000
2	1.200	1.400	0.000	0.000	0.000	0.000	0.000
3	1.000	1.400	0.000	0.000	0.000	0.000	0.000
4	1.200	0.000	1.400	0.000	0.000	0.000	0.000
5	1.200	0.000	-1.400	0.000	0.000	0.000	0.000
6	1.200	0.000	0.000	1.400	0.000	0.000	0.000
7	1.200	0.000	0.000	-1.400	0.000	0.000	0.000
8	1.200	1.400	0.840	0.000	0.000	0.000	0.000
9	1.200	1.400	-0.840	0.000	0.000	0.000	0.000
10	1.200	1.400	0.000	0.840	0.000	0.000	0.000
11	1.200	1.400	0.000	-0.840	0.000	0.000	0.000
12	1.200	0.980	1.400	0.000	0.000	0.000	0.000
13	1.200	0.980	-1.400	0.000	0.000	0.000	0.000
14	1.200	0.980	0.000	1.400	0.000	0.000	0.000
15	1.200	0.980	0.000	-1.400	0.000	0.000	0.000
16	1.000	0.000	1.400	0.000	0.000	0.000	0.000
17	1.000	0.000	-1.400	0.000	0.000	0.000	0.000
18	1.000	0.000	0.000	1.400	0.000	0.000	0.000
19	1.000	0.000	0.000	-1.400	0.000	0.000	0.000
20	1.000	1.400	0.840	0.000	0.000	0.000	0.000
21	1.000	1.400	-0.840	0.000	0.000	0.000	0.000
22	1.000	1.400	0.000	0.840	0.000	0.000	0.000
23	1.000	1.400	0.000	-0.840	0.000	0.000	0.000
24	1.000	0.980	1.400	0.000	0.000	0.000	0.000
25	1.000	0.980	-1.400	0.000	0.000	0.000	0.000
26	1.000	0.980	0.000	1.400	0.000	0.000	0.000

图 6 – 19　自定义组合工况信息菜单

如果执行自定义组合后增加、删除了特殊荷载或修改了本页的分项系数,再次进入自定义组合对话框时,程序将重新判断并采用新的默认组合,此前定义、修改的组合及分项系数将不被保留,需要再次修改确认。只有再次进入自定义组合对话框并进行确认,才会形成新的默认组合,否则程序将仍保留先前定义的组合。

如果要恢复缺省组合,只需将工程目录中的 SAT _ LD. PM 和 SAT _ LF. PM 两个文件删除即可。

勾选"采用自定义组合及工况"后,一定要单击"自定义"按钮进行审核和修改,否则会使后面的计算出错。

6.2.9　地下室信息

在结构设计中,上部结构与地下室应作为一个整体进行分析计算。图 6 - 20 所示为地下室信息对话框,通过设置地下室信息,确定结构整体分析所需参数。

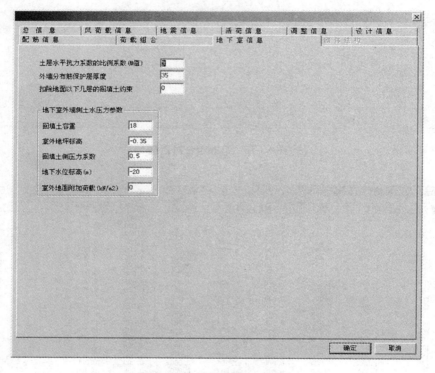

图 6 - 20　地下室信息对话框

1. 土层水平抗力系数的比例系数(M 值)

此参数的单位为 MN/m^4,其计算方法是土力学中水平力计算常用的 M 法,M 值的大小随土的类别和土的状态而改变,一般可按《建筑桩基技术规范》JGJ 94—2008 表 5. 7. 5 的灌注桩顶来取值,取值范围一般在 2. 5 ~ 100。

由于 M 值考虑了土的性质,通过 M 值、地下室深度和侧向迎土面积,可以得到地下室侧向约束的附加刚度,该附加刚度与地下室层刚度无关,而与土的性质有关,所以侧向约束更加合理。用 M 值求出的地下室侧向刚度约束呈三角形分布,在地下室顶层处为 0,并随深度增加而增加。

在 SATWE 中，通过给出的 M 值，程序自动乘以地下室高度，再乘以 1 000，可得到土的水平抗力系数 $k(k = 1\ 000 \times M \times H, \mathrm{kN/m^3})$。再根据地下室的迎土面积，得到土层对地下室的约束刚度，然后进行结构计算。若填入一个负值 $M(M \leqslant m, m$ 为地下室总层数)，则相当于在 M 层地下室的顶板嵌固。

当判断地下室的顶板能否作为上部结构的嵌固端时，可通过查看刚度比的计算结果确定，但要注意应严格采用"剪切刚度"计算层刚度，而且不要计入地下室基础回填土的约束刚度。

2. 外墙分布筋保护层厚度

《混凝土规范》第 8.2.2 条第 4 款规定：对地下室墙体采取可靠的建筑防水做法或防护措施时，与土层接触一侧钢筋的保护层厚度可适当减少，但不应小于 25 mm。

《耐久性规范》第 3.5.4 条规定：当保护层设计厚度超过 30 mm 时，可将厚度取为 30 mm 计算裂缝最大宽度。

此参数根据《混凝土规范》表 8.2.1 选择，其中环境类别见表 3.5.2，用于地下室外围墙平面外配筋计算。外墙计算时没有考虑裂缝问题，即外墙中的边框柱也不参与水土压力计算。

3. 扣除地面以下几层的回填土约束

此参数的主要作用是让设计人员指定从第几层地下室考虑基础回填土对结构的约束作用。例如某工程有 3 层地下室，"土层水平抗力系数的比例系数"填 16，若设计人员将此项参数填为 1，则程序只考虑地下三层和地下二层回填土对结构有约束作用，而地下一层则不考虑回填土对结构的约束作用。

4. 地下室外墙侧土水压力参数

1）回填土容重

此参数用来计算回填土对地下室侧壁的水平压力，建议一般取 18 $\mathrm{kN/m^3}$。

2）室外地坪标高

当设计人员指定地下室时，此参数是指以地下室顶板标高为参照，高为正、低为负。当没有指定地下室时，则以柱（或墙）脚标高为准。单建式地下室的室外地坪标高一般均为正值。建议一般按实际情况填写。

3）回填土侧压力系数

此参数用来计算回填土对地下室外墙的水平压力。由于地下车库外墙在净高范围内的土压力由于墙顶部的位移可认为等于 0，因此应按静止土压力计算，静止土压力的系数可近似按 $K_0 = 1 - \sin \varphi$（土的内摩擦角，$\varphi = 30$ °）计算。建议一般取默认值 0.5。当地下室采用护坡桩时，该值可乘以折减系数 0.66 后取 0.33。

4）地下水位标高（m）

此参数标高系统的确定基准与"室外地坪标高"相同，但应满足 ≤0。建议一般按实际情况填写。

5）室外地面附加荷载（$\mathrm{kN/m^2}$）

此参数用来计算地面附加荷载对地下室外墙的水平压力，建议一般取 5 $\mathrm{kN/m^2}$。

以上五个参数都是用于计算地下室外墙侧土、水压力的，程序按单向板简化方法计算外墙侧土、水、水压力作用，用均布荷载代替三角形荷载计算。

6.3　特殊构件补充定义

图 6－21　特殊构件补充定义菜单

这是一项补充输入菜单。对于一个工程,经 PMCAD 的第 1、2 和 3 项菜单后,若需补充定义角柱、铰接柱、不调幅梁、连梁或铰接梁和弹性楼板单元等信息,可执行图 6－21 所示【特殊构件补充定义】菜单,补充输入的信息将被存放在下列文件中。

(1)SAT_ADD.PM 和 SAT_ZFLAG.PM:特殊梁、柱、支撑、弹性楼板和吊车荷载信息。

(2)SAT_ZHL.PM:组合梁。

(3)SAT_BDD.PM:抗震等级。

(4)SAT_CLQD.PM:材料强度。

(5)RIGID_S.PM:刚性梁。

(6)SAT_ADD_COEF.PM:梁刚度放大/扭矩折减/调幅系数。

(7)SAT_ADD_COLFS.PM:柱地震剪力调整系数。

以后再启动 SATWE 前处理文件时,程序自动读入上述文件中的有关信息。若想取消已经对一个工程作出的补充定义,可简单地将上述文件删除。

这些文件中的信息与 PMCAD 的第 1、2、3 项菜单密切相关,若经 PM 主菜单 1 对一个工程的某一标准层的柱、梁布置作过增减修改,则应相应地修改该标准层的补充定义信息,而其他标准层的特殊构件信息无须重新定义,程序会自动保留下来。

在 PMCAD 的第 1、2、3 项菜单中修改过结构布置或在"特殊构件定义"中修改过构件属性,应再执行【生成 SATWE 数据文件及数据检查】菜单。

6.3.1　特殊构件的颜色

为区分普通构件和特殊构件,程序对不同属性的构件标注不同的颜色或标注不同的字符串,见表 6－1。

表 6－1　特殊构件的属性颜色与标注

梁	普通梁	不调幅梁	连梁	刚性梁	转换梁	门式钢梁/耗能梁	组合梁	梁端铰支/滑动
	暗青色	亮青色	黄色	红色	白色	左 1/3 变灰/变绿	字符 ZHL	端部红点/白点
柱	普通柱	框支柱	角柱	上端铰接柱	下端铰接柱	两端铰接柱	门式刚柱	
	暗黄色	字符 KZZ	字符 JZ	亮白色	暗白色	亮青色	字符 MSGZ	
支撑	普通支撑	端部铰接撑	人形撑或 V 形撑		十字撑或单斜撑			
	紫色	亮紫色+端部红点	上部 1/2 变为亮青		上部 1/2 变为红色			
墙	普通混凝土墙		砌体墙		人防墙(混凝土)			
	绿色		亮紫色		红色			

弹性板	弹性板 6 或全房间洞	弹性板 3	弹性膜
	紫色圆环加板厚	白黄色圆环加板厚	黄色圆环加板厚

表 6-1 中的构件,普通梁、普通柱、普通支撑、普通混凝土墙及砌体墙的颜色由程序自动生成,其他的特殊构件需结构工程师定义。

6.3.2　特殊梁

特殊梁包括不调幅梁、连梁、转换梁、铰接梁、滑动支座梁、门式钢梁、耗能梁和组合梁等,并可以调整梁的材料强度、抗震等级、刚度系数、扭矩折减系数、调幅系数和扭矩折减系数等。

不调幅梁是指在配筋计算时不对支座负弯矩调幅的梁。程序对两端都有墙或柱支座的梁,在配筋计算时,对其支座弯矩及跨中弯矩进行调幅计算;对两端都没有支座或仅有一端有支座的梁(包括次梁、悬臂梁等)隐含定义为不调幅梁。用户可逐层确认和修改。钢梁不允许调幅。

连梁可以通过剪力墙开洞或设定的跨高比限值,由程序自动识别为连梁;也可以在此用连梁定义命令将框架梁设定为连梁。

程序不能自动搜索转换梁等特殊梁,必须由设计人员指定。

值得注意的是,程序可以根据规范的有关规定,对某些特殊结构的特殊构件自动提高抗震等级,但人工设定优先于程序设定,所以设计人员单独定义构件抗震等级后,程序不再自动提高这些构件的抗震等级。PKPM 软件参数设定的优先级别为:

(1)人工设定优先于程序设定;

(2)程序设定优先于初始设定;

(3)后边设定优先于前边设定。

6.3.3　特殊柱

特殊柱可以设定五类特殊柱,包括(上端、下端和两端)铰接柱、角柱、框支柱、门式钢柱和水平转换柱,还可以有选择的修改柱的抗震等级、材料强度、剪力系数。角柱、转换柱与普通柱相比较,抗震设计时内力调整系数和构造要求有较大不同,因此需用户正确指定。

6.3.4　弹性楼板

弹性楼板是以房间为单元进行定义的,一个房间为一个弹性楼板单元,定义时只需用光标在某个房间内单击一下,则在该房间的形心处出现一个内带数字的白色小圆环,圆环内的数字为板厚(cm),表示该房间已被定义为弹性楼板,在内力分析时将考虑该房间楼板的弹性变形影响;修改时,仅需在该房间内再单击一下,则白色小圆环消失,说明该房的楼板已不是弹性楼板单元,在内力分析时将把它和与之相连的楼板一起,按"楼板无限刚假定"处理。在平面简图上,小圆环内为 0 表示该房间无楼板或板厚为零,洞口面积大于房间面积一半时,则认为该房间没有楼板。

弹性楼板单元分为弹性楼板 6、弹性楼板 3 和弹性膜。

1. 弹性楼板 6

程序采用壳单元真实地计算楼板平面内和平面外的刚度,主要用于板柱结构和板柱－剪力墙结构。

采用该假定时,部分竖向楼面荷载将通过楼板的面外刚度直接传递给竖向构件,从而导致梁的弯矩减小,相应的配筋也比刚性楼板假定减少。因而对于一般结构,建议不要轻易采用该假定。

对板柱结构和板柱－剪力墙结构,采用弹性楼板 6 假定既可以较真实地模拟楼板的刚度和变形,又不存在梁配筋安全储备减小的问题。

2. 弹性楼板 3

假定楼板平面内无限刚,程序仅真实地计算楼板平面外刚度。

弹性楼板 3 假定主要是针对厚板转换层结构的转换厚板提出的。因为这类结构面内刚度都很大,其面外刚度是这类结构传力的关键。通过厚板的面外刚度,改变传力路径,将厚板以上部分结构承受的荷载安全地传递下去。当板柱结构的板的面外刚度足够大时,也可采用弹性楼板 3 来计算。

3. 弹性膜

程序真实地计算楼板平面内刚度,忽略楼板平面外刚度(取为 0)。采用平面应力膜单元计算,主要适用于楼板开大洞,板平面内的刚度受到削弱的情况,如工业厂房结构、体育场馆结构、楼板局部开大洞结构及平面弱连接结构等。

6.4　特殊荷载设置

6.4.1　温度荷载定义

本菜单通过指定结构节点的温度差来定义结构温度荷载,温度荷载记录在文件 SATWE _TEP. PM 中。定义温度荷载的步骤如下。

1. 指定自然层号(注意不是结构标准层)

除第 0 层外,各层平面均为楼面。第 0 层对应首层地面。

若在 PMCAD 菜单 1 中对某一标准层的平面布置进行修改,必须修改该标准层对应各层的温度荷载。所有平面布置未被改动的构件,程序会自动保留其温度荷载。但当结构层数发生变化时,应对各层温度荷载重新进行定义,否则可能造成计算错误。

2. 指定温度差

温度差指结构某部位的当前温度与该部位处于自然状态(无温度应力)时的温度值的差值,升温为正,降温为负,单位是℃。

3. 捕捉节点

用鼠标捕捉相应节点,被捕捉到的节点将被赋予当前温差,未捕捉到的节点温差为零,若某节点被重复捕捉,则以最后一次捕捉时的温差值为准。

如结构统一升高或降低一个温度值,可以点取此项,将结构所有节点赋予当前温差。

6.4.2　特殊风荷载定义

特殊风荷载记录在文件 SPWIND. PM 中。特殊风荷载由空旷结构引起,尤其是对大跨度结构产生竖向正负风压。程序对特殊风荷载考虑节点和梁上荷载,每组特殊风荷载作为一独立的荷载工况,并与恒、活、地震组合配筋、验算。特殊风荷载的步骤如下。

1. 选择组号

用户可定义五组特殊风荷载。

2. 指定自然层号(注意不是结构标准层)

若在 PMCAD 菜单 1 中对某一标准层的平面布置进行修改,必须修改该标准层对应各层的特殊风荷载。所有平面布置未被改动的构件,程序会自动保留其荷载。但当结构层数发生变化时,应对各层荷载重新进行定义,否则可能造成计算错误。

3. 定义梁或节点

输入梁或节点风力,并用光标选择构件,节点水平力正向同整体坐标,竖向力及梁上均布力向下为正。若某构件被重复选择,则以最后一次选择时的荷载值为准。

6.4.3　多塔结构补充定义

这是一项补充输入菜单,通过这项菜单,可补充定义结构的多塔信息。

对于一个非多塔结构,可跳过此项菜单,直接执行【生成 SATWE 数据文件】菜单,程序隐含规定该工程为非多塔结构。

对于多塔结构,一旦执行过本项菜单,补充输入和多塔信息将被存放在硬盘当前目录名为 SAT_TOW.PM 的文件中,以后再启动 SATWE 的前处理文件时,程序会自动读入以前定义的多塔信息。若想取消已经对一个工程作出的补充定义,可简单地将 SAT_TOW.PM 文件删掉。SAT_TOW.PM 文件中的信息与 PMCAD 的第 1 项菜单密切相关,若经 PMCAD 的第 1 项菜单对一个工程的某一标准层布置作过修改,则应相应地修改(或复核一下)补充定义的多塔信息,其他标准层的多塔信息不变。

在 PMCAD 的第 1、2、3 项菜单中修改过结构布置或在“多塔定义”中修改过各塔信息,应再执行【生成 SATWE 数据文件】和【数据检查】菜单。

考虑多塔结构的复杂性,SATWE 软件要求用户通过围区的方式来定义多塔。对于一个高层结构,可以分段多次定义。对于普通单塔结构,可不执行【多塔结构补充定义】菜单。对于带施工缝的单塔结构,不要定义多塔信息,程序会自动搜索楼板信息,各块楼板相互独立。若将这类结构定义成多塔结构,程序会把施工缝部分认为是独立的迎风面,从而使风荷载计算值偏大一些。对于多塔结构,若不定义多塔信息,程序会按单塔结构进行分析,风荷载计算结果有偏差,可能偏大,也可能偏小,因工程具体情况而变。

进行多塔定义时,任意一个节点必须且只能属于一个塔,且不能存在空塔,即

(1)任意一个节点必须位于某一围区内;

(2)每个节点只能位于一个围区内;

(3)每个围区内至少应有一个节点。

可点取【多塔检查】菜单,对上述三种情况进行检查。

6.4.4　施工次序补充定义

《高规》第 5.1.9 条规定:复杂高层建筑结构及房屋高度大于 150 m 的其他高层建筑结构,应考虑施工过程的影响。V2.1 版 SATWE 支持构件级施工次序的定义,从而满足部分复杂工程的需要。当勾选“总信息/采用自定义施工次序”之后,可使用该菜单进行构件施

工次序补充定义。

6.4.5　活荷载折减系数补充定义

SATWE 除可以在"总信息/活荷信息"中设置活荷载折减外,还可以在该菜单里定义构件级的活荷载折减,从而使定义更加方便灵活。

6.5　生成 SATWE 数据文件及数据检查

本项菜单是 SATWE 前处理的核心,其功能是综合上述各菜单输入的补充信息和 PM-CAD 第 1、2、3 项菜单生成的数据文件,将其转换为空间组合结构有限元分析所需的数据文件格式。至此,结构计算模型才算完全形成。不执行本项菜单,则 SATWE 主菜单 2 ②结构分析与配筋计算 无法正常执行。

点取本菜单时,弹出如图 6 – 22 所示对话框。

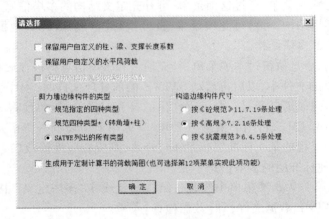

图 6 – 22　生成 SATWE 数据和数据检查对话框

新建工程必须在执行本菜单后,才能生成缺省的长度系数和风荷载数据,继而才允许在第 8、9 项菜单中进行查看和修改。此后若参数和模型有调整,需要再次生成数据时,如果希望保留先前自定义的长度系数和风荷载数据,可以选择"保留",否则程序将重新计算长度系数和风荷载数据,用自动计算的结构覆盖用户数据。

边缘构件也是在第一次计算完成后程序自动生成的,设计人员可以在 SATWE 后处理中修改边缘构件数据,并在下一次计算前选择是否保留先前修改的数据。选择由程序自动生成边缘构件数据时,设计人员指定边缘构件的类型。

需要注意的是,如果在 PMCAD 中对结构的几何布置或楼层数等进行了修改,那么在此处不能勾选,必须重新生成长度系数、水平风荷载、边缘构件等信息,否则会造成计算错误。只有在结构、构件的几何布置没有变化,不会改变构件编号、对位关系的时候,才可以继续使用先前的长度系数等数据。

单击"确定"按钮后,程序将生成 SATWE 数据文件,并进行数据检查。生成的 SATWE 数据文件主要包括几何数据文件 STRU.SAT、竖向荷载数据文件 LOAD.SAT 和风荷载数据文件 WIND.SAT。数据检查功能包括两个方面:一是通过物理概念分析检查上述三个数据文件的正确性,为用户输出数检报告 CHECK. OUT;二是对上述三个数据文件进行有关信息处理并转换数据格式,生成二进制数据文件 DATA. SAT,供内力计算、配筋计算和后处理调用。

　　在数检过程中,如发现几何数据文件或荷载数据文件有错,会在数检报告中输出有关错误信息,用户可点取【查看数检报告】菜单查阅数检报告中的有关信息。

6.6　结构内力与配筋计算

　　本菜单是 SATWE 程序的计算内核,多、高层结构分析的主要计算工作都在这里完成。其主要计算控制参数如图 6 - 23 所示,这些控制参数的取值在“算”和“不算”之间切换,勾选的含义是计算。

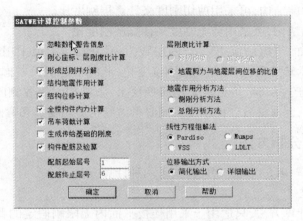

图 6 - 23　结构内力、配筋计算控制参数

6.6.1　层刚度比计算

　　程序给出了以下三种计算层刚度比的方法。

1. 按剪切刚度计算

　　即《高规》附录 E.0.1 建议的方法,主要用于底部大空间为一层的转换层结构刚度比和地下室嵌固部位的刚度比计算。

　　第 i 层侧向刚度为

$$K_i = G_i \left(2.5 \left(\frac{h_{ci}}{h_i} \right)^2 A_{ci} + A_{wi} \right) / h_i \qquad (6-1)$$

式中　G_i——第 i 层混凝土剪切模量;

　　　A_{wi}——第 i 层全部剪力墙在计算方向的有效截面面积(不含翼缘面积);

　　　A_{ci}——第 i 层全部柱的截面面积;

　　　h_{ci}——第 i 层柱沿计算方向的截面高度;

　　　h_i——第 i 层的层高。

　　这种方法计算简单,但不能考虑有支撑的情况,也不能考虑剪力墙洞口高度的变化。

2. 按剪弯刚度计算

　　即《高规》附录 E.0.2 建议的方法,主要用于底部大空间层数大于一层的转换层结构刚度比计算。剪弯刚度的定义是使层刚心产生单位位移所需要的水平力。

3. 按地震剪力与地震层间位移的比值计算

即《抗震规范》第 3.4.3 条条文说明中建议的方法,层刚度定义为地震剪力与地震层间位移之比。第 i 层侧向刚度为

$$K_i = V_i / \Delta u_i \qquad (6-2)$$

式中　V_i——第 i 层剪力;

　　　　Δu_i——第 i 层层间位移。

这种方法概念直观,计算简单。

上述三种计算方法可能给出差别较大的刚度比,如果仅有一个标准层的简单框架结构,按方法 1、2 计算各层的刚度都相同,按方法 3 计算各层的刚度不相同。所以设计中应根据工程的实际情况作出正确选择,可按下列原则选取。

(1)对没有支撑的结构,可采用剪切刚度来计算层刚度比。

(2)对有支撑的结构,可采用剪弯刚度来计算层刚度比。

(3)对带转换层的结构,当底层大空间层数为一层时,可近似采用转换层上、下结构的等效剪切刚度比表示转换层上、下结构的刚度变化,此时可近似只考虑剪切变形的影响;当底层大空间层数大于一层时,可近似采用转换层上、下结构的等效侧向刚度比表示转换层上、下层的刚度变化,此时等效侧向刚度应同时考虑结构剪切变形和弯曲变形的影响。

6.6.2　地震作用分析方法

在"振型分解法"中,SATWE 软件提供了两种计算方法。

1. 侧刚分析方法

这是一种简化计算方法,只适用于采用楼板平面内无限刚假定的普通建筑和采用楼板分块平面内无限刚假定的多塔建筑。对于这类建筑,每层的每块刚性楼板只有两个独立的平动自由度和一个独立的转动自由度,"侧刚"依据这些独立的平动和转动自由度形成浓缩刚度阵。侧刚计算方法的优点是分析效率高,由于浓缩以后的侧刚自由度很少,所以计算速度很快。但侧刚计算方法的应用范围是有限的,当定义有弹性楼板或有不与楼板相连的构件时(如错层结构、空旷的工业厂房、体育馆等),侧刚计算方法是近似的,会有一定的误差,若弹性楼板范围不大或不与楼板相连的构件不多,其误差不会很大,精度能够满足工程要求;若定义有较大范围的弹性楼板或有较多不与楼板相连的构件,侧刚计算方法不适用,而应该采用下面介绍的总刚分析方法。

2. 总刚分析方法

总刚分析方法是直接采用结构的总刚和与之相应的质量矩阵进行地震反应分析。这种方法精度高、适用范围广,可以准确分析出结构每层每根构件的空间反应,通过分析计算结果,可发现结构的刚度突变部位、连接薄弱的构件以及数据输入有误的部位等。其不足之处是计算量大,比侧刚分析方法计算量大数倍。

对于没有定义弹性楼板且没有不与楼板相连构件的工程,侧刚分析方法和总刚分析方法的结果是一致的。

6.6.3　线性方程组解法

程序提供了四种线性方程组解法,供设计人员选择使用及对比分析。

1. PARDISO 大型稀疏向量求解器

这种方法采用大型稀疏矩阵快速求解方法,为并行求解器,当内存充足时,CPU 核心数越多,求解效率越高。这种方法只能采用总刚模型进行计算。

2. MUMPS 大型稀疏向量求解器

这种方法采用大型稀疏矩阵快速求解方法,为并行求解器,当内存充足时,CPU 核心数越多,求解效率越高。这种方法只能采用总刚模型进行计算。

对比 PARDISO 和 MUMPS 求解方法,PARDISO 内存需求较 MUMPS 稍大,在 32 位下,由于内存容量存在限制,PARDISO 虽相较于 MUMPS 求解更快,但求解规模略小。一般情况下,PARDISO 求解器均能正确计算,若提示错误,建议更换为 MUMPS 求解器。若由于结构规模太大仍然无法求解,则建议使用 64 位程序并增大机器内存以获取更高计算效率。

3. VSS 稀疏向量求解器

这种方法采用稀疏矩阵快速求解方法,计算速度快,但适应能力和稳定性稍差。这种方法只能采用总刚模型进行计算。

4. LDLT 三角分解

这种方法采用非零元素下三角求解方法,比稀疏求解器计算速度慢,当采用施工模拟 3 时,不能使用 LDLT 求解器。LDLT 求解器则可以在侧刚和总刚模型中作选择。

6.6.4　位移输出方式

程序提供了两种位移计算结果输出方式:

(1)简化输出,计算书中没有各工况和各振型下的节点位移信息;

(2)详细输出,计算书中有各工况和各振型下的节点位移信息。

6.7　分析结果的图形输出

SATWE 程序主菜单 4 ④分析结果图形和文本显示 的功能包括分析结果的图形输出和文本输出,其主界面如图 6-24 和图 6-25 所示。

计算结果采用图形输出时,程序还具有以下功能。

1. 实时信息显示功能

在计算结果图形显示状态下,把光标放在某一构件上,则程序会自动弹出一页关于该构件几何尺寸和材料的信息。

2. 构件信息查询功能

在计算结果图形输出的各菜单中,均有一个选项“构件信息”。通过该项菜单可以按图形或文本方式查询梁、柱、支撑、墙－柱和墙－梁的几何信息、材料的信息、标准内力、设计内力、配筋以及有关的验算结果。

构件内力的正向一般遵循右手螺旋法则,但为了读取、识别的方便和需要,SATWE 在输出的内力作了如下处理:

(1)梁的右端弯矩加负号,其物理含义是负弯矩表示梁的上表面受拉、正弯矩表示下表面受拉;

(2)梁、柱、墙肢、支撑的右端或下端轴力加负号,其物理含义是正轴力为拉力、负轴力为压力;

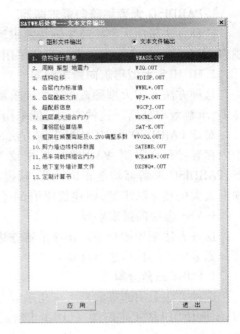

图 6 - 24   SATWE 后处理——图形文件输出   **图 6 - 25   SATWE 后处理——文本文件输出**

（3）柱、墙肢、支撑的上端弯矩加负号，其物理含义是正弯矩表示右边或上边受拉、负弯矩表示左边或下边受拉（与梁弯矩的规定一致）。

3. 构件超筋超限信息显示

图形输出结果中，构件超筋超限信息用红色数字显示，具体信息可详细查看文本输出结果文件 WGCPJ. OUT。但异形柱结构的轴压比控制要依据异形柱的形状来判断是否超限，需设计人员自行判别。

6.7.1   混凝土构件配筋及钢构件验算简图

点取 ②混凝土构件配筋及钢构件验算简图 菜单项后，屏幕上显示图 6 - 26 所示的结构首层配筋简图，并在右侧菜单区显示子菜单。各层配筋简图的文件名为 WPJ * . T，其中"*"代表自然层号。

图形输出结果的格式和含义如下。

1. 混凝土梁和型钢混凝土梁

1）混凝土梁和型钢混凝土梁配筋输出格式

输出格式如图 6 - 27 所示。

其中   Asu1、Asu2、Asu3——梁上部（负弯矩）左端、跨中、右端的配筋面积（cm^2）；

Asd1、Asd2、Asd3——梁下部（正弯矩）左端、跨中、右端的配筋面积（cm^2）；

Asv——梁加密区抗剪箍筋和剪扭箍筋面积的较大值（cm^2）；

Asv0——梁非加密区抗剪箍筋和剪扭箍筋面积的较大值（cm^2）；

Ast——梁受扭所需要的纵筋面积（cm^2）；

Ast1——抗扭箍筋沿周边布置的单肢箍的面积（cm^2）；

G、VT——箍筋和剪扭配筋标志。

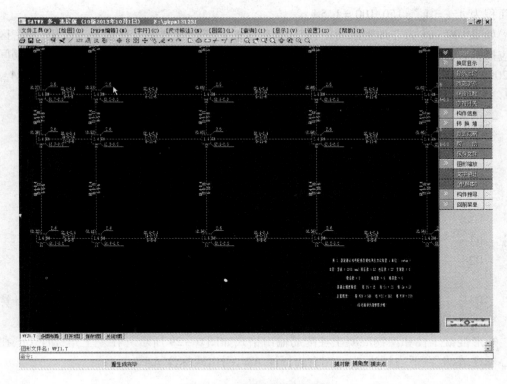

图6-26 结构首层配筋简图

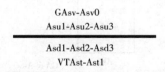

图6-27 混凝土梁和型钢混凝土梁配筋输出格式

2)梁配筋计算

Ⅰ.配筋方式

若计算的相对受压区高度 $\xi < \xi_b$，程序按单筋方式计算受拉钢筋面积，若计算的相对受压区高度 $\xi > \xi_b$，程序自动按双筋方式计算配筋，即考虑压筋的作用。

Ⅱ.截面有效高度 h_0

单排筋计算时，截面有效高度 $h_0 = h -$ 保护层厚度 $- 22.5$ mm（假定钢筋直径为25mm）；双排筋计算时，截面有效高度 $h_0 = h -$ 保护层厚度 $- 47.5$ mm（假定钢筋直径为25mm）；对于配筋率大于 1% 的截面，程序自动按双排筋计算。

Ⅲ.箍筋间距

梁、柱的箍筋间距强制取 100 mm，对于箍筋间距非 100 mm 的情况，设计人员可以对配筋结果进行折算。

如果 100 mm 为加密区箍筋间距，则加密区的箍筋计算结果可直接参考使用。如果非加密区与加密区的箍筋间距不同，则应按非加密区箍筋间距对计算结果进行换算。例如，输入加密区的箍筋间距为 100，箍筋计算面积为 A_{sv}；设非加密区箍筋间距为 150，则其箍筋计

算面积为 $A_{sv1} = A_{sv} \times 150/100 = 1.5A_{sv}$。

如果 100 mm 为非加密区间距,则非加密区的箍筋计算结果可直接参考使用,加密区箍筋应按构造要求确定其间距,并根据非加密区箍筋计算面积进行换算。例如,输入箍筋间距为 200,箍筋计算面积为 A_{sv1};设加密区箍筋间距为 100,则其箍筋计算面积为 $A_{sv} = A_{sv1} \times 100/200 = 0.5A_{sv1}$。

2. 钢梁

钢梁验算输出格式如图 6 - 28 所示。

$$R1\text{-}R2\text{-}R3$$

STEEL

图 6 - 28　钢梁验算输出格式

其中　R1——钢梁正应力与强度设计值之比,即 F_1/f,F_1 按《钢规》第 4.1.1 条计算;

　　　R2——钢梁整体稳定应力与强度设计值之比,即 F_2/f,F_2 按《钢规》第 4.2.3 条计算;

　　　R3——钢梁剪应力与抗剪强度设计值之比,即 F_3/f_v,F_3 按《钢规》第 4.1.2 条计算。

3. 矩形混凝土柱和型钢混凝土柱

矩形混凝土柱和型钢混凝土柱配筋输出格式如图 6 - 29 所示。在左上角标注 Uc、在柱中心标柱 Asvj、在下边标注 Asx、在右边标注 Asy、引出线标注 Asc。

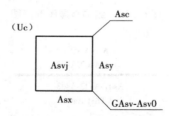

图 6 - 29　矩形混凝土柱和型钢混凝土柱配筋输出格式

其中　Asc——柱一根角筋的面积(cm^2),采用双偏压计算时,角筋面积不应小于此值,采用单偏压计算时,角筋面积可不受此值限制;

　　　Asx、Asy——该柱 B 边和 H 边的单边配筋面积(cm^2),包括两根角筋;

　　　Asvj——柱节点域抗剪箍筋面积(cm^2),Asvj = max(Asvjx,Asvjy),箍筋间距 S_c;

　　　Asv——柱加密区斜截面抗剪箍筋面积(cm^2),Asv = max(Asvx,Asvy),箍筋间距 S_c;

　　　Asv0——柱非加密区斜截面抗剪箍筋面积(cm^2),Asv0 = max(Asvx0,Asvy0),箍筋间距 S_c;

　　　Uc——柱的轴压比;

　　　G——柱箍筋标志。

柱配筋说明如下:

(1)柱全截面的配筋面积为 As = 2(Asx + Asy) - 4Asc;

(2)柱的箍筋按设计人员输入的箍筋间距 S_c 计算,并按加密区内最小体积配箍率要求控制;

(3)柱的体积配箍率按普通箍和复合箍的要求取值。

4. 圆形混凝土柱

圆形混凝土柱配筋输出格式如图 6 – 30 所示。

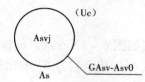

图 6 – 30　圆形混凝土柱配筋输出格式

其中　As——圆柱全截面配筋面积(cm^2)；

　　　Asvj、Asv、Asv0——按等面积的矩形截面计算的箍筋面积(cm^2)，含义同前。

5. 异形混凝土柱

异形混凝土柱按双向受力计算，程序按整截面进行配筋计算，每根柱的主筋输出两个数，标注在一条引出线的上、下(Asz/Asf)，如图 6 – 31(a)所示。

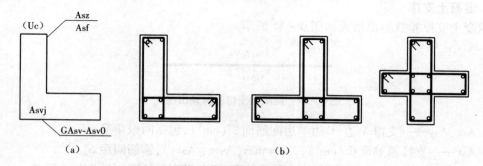

图 6 – 31　异形混凝土柱配筋输出格式
（a）输出格式　（b）异形柱固定钢筋位置

其中　Asz——异形柱固定钢筋位置的配筋面积之和(cm^2)，固定钢筋位置如图 6 – 31(b)
　　　　　所示；

　　　Asf——异形柱分布钢筋的配筋面积之和(cm^2)，即除 Asz 之外的钢筋面积，当柱肢长
　　　　　度大于 200 mm 时，按间距 200 mm 布置；

　　　Asv——异形柱按双剪计算的箍筋面积(cm^2)，Asv = max(Asv1，Asv2)；

　　　Asv1、Asv2——异形柱两个相互垂直的肢的箍筋面积(cm^2)。

6. 钢柱和方钢管混凝土柱

钢柱和方钢管混凝土柱的验算输出格式如图 6 – 32 所示。

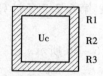

图 6 – 32　钢柱和方钢管混凝土柱的验算输出格式

其中　R1——钢柱正应力与强度设计值的比值，即 F_1/f，F_1 按《钢规》第 5.2.1 条计算；

　　　R2——钢柱 X 向稳定应力与强度设计值的比值，即 F_2/f，F_2 按《钢规》第 5.2.5 条计算；

　　R3——钢柱 Y 向稳定应力与强度设计值的比值，即 F_3/f，F_3 按《钢规》第5.2.5条计算。

7. 圆钢管混凝土柱

　　圆钢管混凝土柱验算输出格式如图6-33所示。仅输出其强度验算结果 R1，R1 的含义是圆钢管混凝土柱的轴力设计值 N 与其承载力 N_u 的比值，即 N/N_u。R1 < 1.0 代表满足规范要求。

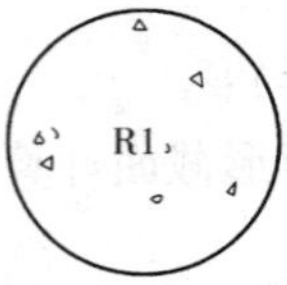

图6-33　钢管混凝土柱验算输出格式

8. 混凝土支撑

　　混凝土支撑验算输出格式如图6-34所示。

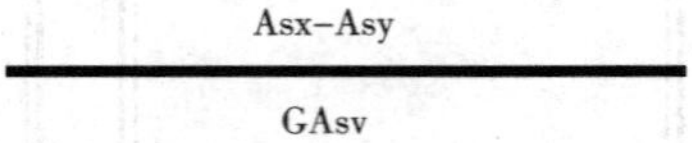

$$\frac{\text{Asx-Asy}}{\text{GAsv}}$$

图6-34　混凝土支撑验算输出格式

其中　Asx、Asy——支撑 X 边、Y 边单边配筋面积（cm^2），包括两根角筋；

　　　　Asv——支撑箍筋面积（cm^2），Asv = max(Asvx, Asvy)，箍筋间距 S_c。

对支撑配筋的看法是：把支撑向 Z 方向投影，即可得到如柱图一样的截面形式。

9. 钢支撑

　　钢支撑验算输出格式如图6-35所示。

$$\overline{\quad\text{R1-R2-R3}\quad}$$

图6-35　钢支撑验算输出格式

其中　R1——钢支撑正应力与强度设计值的比值，即 F_1/f，F_1 按《钢规》第5.1.1条计算；

　　　　R2——钢支撑 X 向稳定应力与强度设计值的比值，即 F_2/f，F_2 按《钢规》第5.1.2条或《高钢规》第6.2.1条、第6.2.2条计算；

　　　　R3——钢支撑 Y 向稳定应力与强度设计值的比值，即 F_3/f，F_3 按《钢规》第5.1.2条或《高钢规》第6.2.1条、第6.2.2条计算。

10. 混凝土剪力墙

　　混凝土剪力墙验算输出格式如图6-36所示。

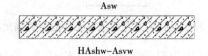

图6-36　混凝土剪力墙验算输出格式

其中　　Asw——墙柱一端的暗柱配筋总面积(cm^2)，如计算不需要配筋时，输出值为 0，构造
　　　　　　配筋由设计人员根据规范确定，墙柱长度小于 3 倍墙厚时，按柱配筋，此时
　　　　　　Asw 为按柱对称配筋计算的单边的钢筋面积；

　　　　Ashw——水平分布筋间距 S_{wh} 范围内水平分布筋面积(cm^2)；

　　　　Asvw——地下室外墙或人防临空墙在水平分布筋间距 S_{wh} 范围内的竖向分布筋面积
　　　　　　(cm^2)；

　　　　H——水平分布筋标志。

11. 混凝土剪力墙连梁

连梁的配筋及输出格式与普通混凝土框架梁一致，除混凝土强度与剪力墙一致外，其他
参数(如主筋强度、箍筋强度、墙－梁的箍筋间距等)均与框架梁一致。

6.7.2　混凝土剪力墙边缘构件

根据《抗震规范》和《高规》规定，边缘构件分为约束边缘构件和构造边缘构件，一、二级
抗震等级的剪力墙底部加强区及其上一层剪力墙端部均设置约束边缘构件，其余情况设置
构造边缘构件。边缘构件的基本类型如图 6－37 阴影区所示。

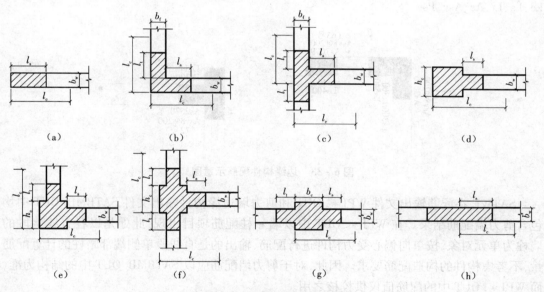

图 6－37　边缘构件的基本类型

(a)暗柱　(b)L 形墙　(c)翼墙 T 形　(d)端柱
(e)L 形＋柱　(f)T 形＋柱　(g)一字墙中间柱　(h)分断一字墙
l_c—约束边缘构件的范围；l_s—沿着约束边缘构件主肢的阴影长度；
l_t—沿着约束边缘构件副肢的阴影长度

在确定了影响区范围以及约束边缘构件沿墙肢的长度 l_c 以后，就明确了主筋和箍筋的
配置区域，可以计算出其构造所需的最小主筋配筋量。在 SATWE 中，剪力墙的配筋都是针
对一个个直线墙段进行的，主筋都是配置在直线墙段的两个端部，所以程序在确定阴影区主
筋的实际配筋面积时，将在这个规范要求的阴影区最小主筋配筋量与相关剪力墙计算出的
端部主筋配筋量之间取大值。

抗震设计时,边缘构件的计算主筋面积按下述原则确定。

(1)暗柱:直接取为直段墙肢的端部计算主筋。

(2)L 形剪力墙:取两个直段墙肢的端部计算主筋之和。

(3)翼墙 T 形:取腹板直段墙肢的端部计算主筋。

(4)端柱:取端柱计算主筋与剪力墙端部计算主筋二者之和。

(5)L 形 + 柱:取端柱计算主筋与剪力墙两个端部计算主筋三者之和。

(6)T 形 + 柱:取端柱计算主筋与腹板剪力墙端部计算主筋二者之和。

(7)一字形中间柱:取柱的计算主筋。

(8)分断一字墙:取两个直段墙肢的端部计算主筋之和。

图 6 - 37 中标注的边缘构件的特征尺寸描述参数,对于约束边缘构件和构造边缘构件都适用。两者的区别在于,对于构造边缘构件,某些阴影尺寸参数的值可能退化为零。

对每一类边缘构件,与 b_w 对应的墙肢,称为边缘构件的主肢,垂直于主肢的墙肢称为副肢。

在图 6 - 38 所示边缘构件配筋图中,每一边缘构件上都沿着其主肢方向标注其特征尺寸 l_c、l_s、l_t 以及主筋面积 A_s、箍筋面积 A_{sv} 或者体积配箍率 P_{sv},并在数字前面都加了识别符号 Lc、Ls、Lt、As、Asv、Psv。

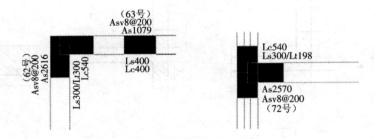

图 6 - 38 边缘构件配筋示意图

SATWE 在配筋输出文件 WPJ * . OUT 和剪力墙边缘构件输出文件 SATBMB. OUT 中均包含剪力墙配筋结果。在 WPJ * . OUT 中以墙 - 柱配筋项目出现,此处是以各直线墙段的墙柱为单元对象,按单向偏心受力构件进行配筋,输出的是直线段单侧端部暗柱的计算配筋量,不考虑构件的构造配筋要求。因此,对于剪力墙配筋应以 SATBMB. OUT 中的结构为准,而 WPJ * . OUT 中的配筋值仅供校核之用。

6.7.3 底层墙、柱最大组合内力

图 6 - 39 所示为底层墙、柱最大组合内力图,其中包含七种不利内力工况:

(1)X 向最大剪力 $V_{X\max}$;

(2)Y 向最大剪力 $V_{Y\max}$;

(3)最小轴力 $N_{\min}$;

(4)最大轴力 $N_{\max}$;

(5)X 向最大弯矩 $M_{X\max}$;

(6)Y 向最大弯矩 $M_{Y\max}$;

(7)恒 + 活(D + L)。

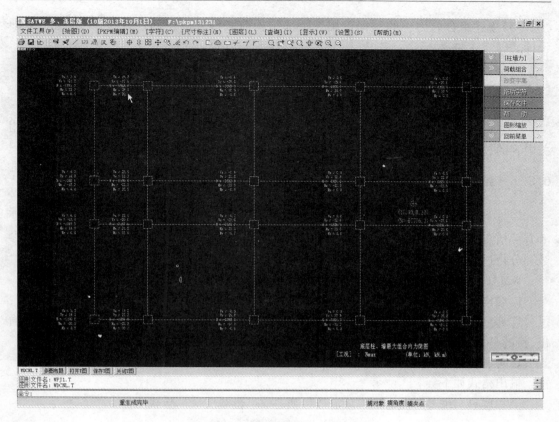

图 6 – 39　底层墙、柱最大组合内力图

通过图 6 – 39 右侧菜单【荷载组合】，可依次显示上述七种不利内力工况，各工况文本输出的文件名均为 WDCNL.T，需要保存时，应用"保存文件"命令单独指定各工况的文件名。图形输出格式如图 6 – 40 所示。

注意：

（1）上述组合内力均为设计值，即为荷载与作用效应基本组合，但不考虑抗震调整系数以及框支柱的调整系数（如强柱弱梁、底层柱底增大等系数）；

（2）上述组合内力最大（小）值是将含震工况和无震工况混合在一起进行判定的，有可能遗漏无震工况中的不利组合，因为按含震工况计算时，地基承载力要乘以一个承载力提高系数，故地震工况时不一定是最不利的；

（3）D + L 组合是指 1.2 恒 + 1.4 活，不包括永久荷载起控制作用时的组合工况（1.35 恒 + 1.4 活 × 0.7）；

（4）上述组合内力的正负号约定遵循右手螺旋法则，如图 6 – 41 所示；

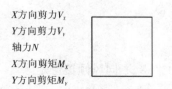

图 6 – 40　底层墙、柱最大组合内力输出简图　　　　　**图 6 – 41　底层墙、柱最大组合内力的正方向**

（5）上述组合内力中的数据仅用于上部结构荷载传导的正确性校核,不能用于基础设计。

6.8　文本输出结果

文本输出结果清单如图 6-25 所示,其中主要文件是第 1、2、3、6、8、9 项,其余文件的相关内容的校核和检查宜首选图形输出格式,必要时检查文本格式的输出结果。

6.8.1　结构设计信息输出文件

运行 SATWE 菜单 2 ②结构内力、配筋计算 时,首先计算各层的楼层质量和质心坐标等有关信息,并将其存放在 WMASS. OUT 文件中,在整个结构整体分析计算中,结构分析参数和分析过程中各步所需要的时间亦写入该文件,以便设计人员核对分析。

WMASS. OUT 文件包括六部分内容,其输出格式如下。

1. 结构总信息

这部分内容是用户在【参数定义】中设定的一些参数,把这些参数放在这个文件中输出,目的是为了便于用户存档以及对不同参数的计算结果进行比较分析。

2. 各层质量、质心坐标信息

输出格式如下:

  层号　塔号　质心 X　质心 Y　质心 Z　恒载质量　活载质量
       （m）　（m）　（m）　（t）　　　（t）

其中,质心 X、质心 Y、质心 Z 为相对于左下角的坐标。结构的质心指结构的惯性力作用中心,与结构的荷载分布有关。

接着输出:

  活载产生的总质量（t）
  恒载产生的总质量（t）
  结构的总质量（t）

其中,各层恒载产生的总质量包括结构自重和外加恒载;各层活载产生的总质量已考虑活载质量折减系数;结构的总质量等于各层恒载产生的质量和活载产生的质量之和。

3. 各层构件数量、构件材料和层高等信息

输出格式如下:

  层号　塔号　梁数　　　柱数　　　墙数　　层高　累计高度
     （混凝土/主筋）（混凝土/主筋）（混凝土/主筋）（m）　（m）

其中,累计高度指该层楼盖距底部嵌固端的距离 H_i;梁、柱、墙数后面的括号内数字为构件混凝土强度等级和主筋强度。

4. 风荷载信息

输出格式如下（单位:kN,kN · m）:

  层号　塔号　X、Y 向风荷载　　X、Y 向风剪力　　X、Y 向风倾覆弯矩

5. 各楼层等效尺寸

输出格式如下（单位:m,m²）:

層號 塔號 面積 形心 X 形心 Y 等效寬 B 等效高 H 最大寬 Bmax

最小寬 Bmin

根据《广东省高规补充规定规程》(DBJ/T 15 – 46—2005)要求输出,用于计算结构高宽比以及考虑偶然偏心时,计算每层质心沿垂直地震作用方向的偏移值。其他地区用户可参考。

6. 各楼层的单位面积质量分布

输出格式如下(单位:kg/m²):

層號 塔號 單位面積質量 g[i] 質量比 max(g[i]/g[i-1],g[i]/g[i+1])

根据《广东规程》要求输出,用于判断结构是否属于质量沿竖向分布特别不均匀。其他地区用户可参考。

7. 结构分析信息

记录工程文件名、分析时间、自由度、对硬盘资源需求等信息。

8. 结构各层刚心、偏心率、相邻层抗侧移刚度比等计算信息

输出格式如下:

Floor,Tower

Xstif,Ystif,Alf

Xmass,Ymass,Gmass

Eex,Eey

Ratx,Raty

Ratx1,Raty1

Ratx2,Raty2

薄弱层地震剪力放大系数

Rjx1,Rjy1,Rjz1

Rjx2,Rjy2,Rjz2(仅在有转换层时输出)

Rjx3,Rjy3,Rjz3

其中　Floor——层号;

Tower——塔号;

Xstif,Ystif——该层该塔刚心的 X,Y 坐标值(m);

Alf——该层该塔刚性主轴的方向角 α(°);

Xmass,Ymass——该层该塔质心的 X,Y 坐标值(m);

Gmass——该层该塔的总质量(t);

Eex,Eey——X,Y 方向的偏心率;

Ratx,Raty——X,Y 方向本层该塔侧移刚度与下一层相应塔的抗侧移刚度的比值;

Ratx1,Raty1——X,Y 方向本层该塔侧移刚度与上一层相应塔侧移刚度 70% 的比值或上三层平均侧移刚度 80% 的比值中的较小者;

Ratx2,Raty2——X,Y 方向本层该塔侧移刚度与上一层相应塔侧移刚度 90%、110% 或 150% 的比值,110% 指本层层高大于相邻上层层高 1.5 倍的情况,150% 指嵌固层;

Rjx1,Rjy1,Rjz1——结构总体坐标系中按剪切刚度得到的该层该塔的抗侧移刚度和抗扭转刚度(kN/m²);

$Rjx2,Rjy2,Rjz2$——结构总体坐标系中按剪弯刚度得到的该层该塔的抗侧移刚度和抗扭转刚度(kN/m^2);

$Rjx3,Rjy3,Rjz3$——结构总体坐标系中按地震剪力与地震层间位移的比值得到的该层该塔的抗侧移刚度和抗扭转刚度(kN/m^2)。

刚心是指在结构的某一楼层该点施加水平荷载时,整个楼层只产生平动而无扭转的坐标位置,即结构的剪力作用中心,与结构的几何特征有关。

9. 高位转换时转换层上部与下部结构的等效刚度比

根据《高规》附录 E.0.3,当在【总信息】中填写了转换层层号时输出如下。

转换层:所在层号

转换层下部:起始层号、终止高度、高度

转换层上部:起始层号、终止高度、高度

X 方向下部刚度、X 方向上部刚度、X 方向刚度比

Y 方向下部刚度、Y 方向上部刚度、Y 方向刚度比

10. 抗倾覆验算结果

风荷载和地震作用下的抗倾覆验算结果输出格式如下(单位:kN·m):

抗倾覆弯矩 Mr　　倾覆弯矩 Mov　　比值 Mr/Mov　　零应力区(%)

程序中永久重力荷载按照(1.0 恒 +0.7 活)计算风载作用下的抗倾覆力矩,按照(1.0恒 +0.5 活)计算地震作用下的抗倾覆力矩,并分别给出风荷载及地震作用下的抗倾覆验算结果。比值 $M_r/M_{ov} > 1.0$ 时满足要求。零应力区的比例根据《高规》第 12.1.7 条判定是否满足要求。

11. 结构整体稳定验算结果

结构刚重比和是否需要考虑 $P-\Delta$ 效应等信息输出格式如下(单位:kN·m):

层号　　X 向刚度　　Y 向刚度　　层高　　上部重量　　X 刚重比　　Y 刚重比

1)剪力墙、框架 - 剪力墙、筒体结构

X 向刚重比:EJd/(GH2)

Y 向刚重比:EJd/(GH2)

该值大于 1.4,能够通过《高规》第 5.4.4 条的整体稳定验算;该值大于 2.7,满足《高规》第 5.4.1 条的要求,可以不考虑重力二阶效应($P-\Delta$ 效应)。

2)框架结构

X 向刚重比:Dxi * Hi/Gi

Y 向刚重比:Dyi * Hi/Gi

该值大于 10,能够通过《高规》第 5.4.4 条的整体稳定验算;该值大于 20,满足《高规》第 5.4.1 条的要求,可以不考虑重力二阶效应。

12. 结构舒适性验算结果

根据《高规》第 3.7.6 条规定,给出风荷载作用下的舒适度验算结果,并分别给出 X、Y 向顺风向和横风向振动最大加速度。

13. 楼层抗剪承载力及承载力比值

输出格式如下:

层号　　塔号　　X 向承载力　　　Y 向承载力　　Ratio _ Bu-X、Y

其中　Ratio _ Bu——本层与上一层的承载力之比;当 Ratio _ Bu-X 或 Ratio _ Bu-Y 小于 0. 8
　　　　　　时,表示该方向(X 或 Y)承载力不满足《高规》第 3. 5. 3 条的要求。

混凝土构件的承载力是以计算配筋乘以超配筋系数计算得到的。钢构件的承载力是取
其极限强度计算得到。

6. 8. 2　周期、地震力及振型计算结果输出文件

周期、地震力及振型的计算结果在文件 WZQ. OUT 中输出,该文件注明了结构整体分析
所采用的方法,即侧刚分析方法或是总刚分析方法,输出内容有助于设计人员对结构的整体
性能进行评估分析。

1. 各振型的特征参数
输出信息如下:
　　　　振型号　　　周期(s)　　　转角(dec)　　　平动系数 (X + Y)　　　扭转系数
　　　　地震作用最大的方向 ＝　　　(度)

1)平动系数和扭转系数

平动系数和扭转系数用于判定结构的扭转效应。对某个振动周期,若扭转系数等于 1,
则说明该周期为纯扭转振动周期;若平动系数等于 1,则说明该周期为纯平动振动周期,其
振动方向为 Angle,若 Angle =0°,则为 X 方向的平动,若 Angle =90°,则为 Y 方向的平动,否
则为沿 Angle 角度的空间振动;若扭转系数和平动系数都不等于 1,则该周期为扭转振动和
平动振动混合周期。

2)地震作用最大的方向

地震作用最大的方向用于需进行多方向侧向力核算的结构。在 SATWE 软件的【参数
定义】菜单中有一个参数“水平力与整体坐标夹角 Angle”,该参数为地震力、风力作用方向
与结构整体坐标的夹角。当需进行多方向侧向力计算时,可改变此参数,则程序以该方向为
新的 X 轴进行坐标变换,这时计算的 X 向地震力和风荷载是沿 Angle 角度方向的,Y 向地震
力和风荷载是垂直于 Angle 角度方向的。

2. 各振型的地震力
分别输出仅考虑 X(或 Y)向地震作用时的各振型下的地震作用,格式如下:
　　　　振型 ＊ 的地震力
　　　　Floor　　　Tower　　　F-x-x　　　F-x-y　　　F-x-t
　　　　Floor　　　Tower　　　F-y-x　　　F-y-y　　　F-y-t
其中　Floor——层号;
　　　Tower——塔号;
　　　F-x-x——X 方向的耦联地震力在 X 方向的分量(kN);
　　　F-x-y——X 方向的耦联地震力在 Y 方向的分量(kN);
　　　F-x-t——X 方向的耦联地震力的扭矩(kN·m);
　　　F-y-x——Y 方向的耦联地震力在 X 方向的分量(kN);
　　　F-y-y——Y 方向的耦联地震力在 Y 方向的分量(kN);
　　　F-y-t——Y 方向的耦联地震力的扭矩(kN·m)。

3. 各振型的地震力
对于刚度均匀的结构,在考虑扭转耦联计算时,一般来说前两个或几个振型为其主振

型,但对于刚度不均匀的复杂结构,上述规律不一定存在,因此 SATWE 程序中给出了各振型对基底剪力贡献的计算,输出信息如下:

　　　　各振型作用下 X(或 Y)方向的基底剪力

　　　　振型号　　　　　剪力(kN)

通过上述参数可以判断出哪个振型是 X 方向或 Y 方向的主振型,并可查看每个振型对基底剪力的贡献大小。

4. 等效各楼层的地震作用、剪力、剪重比、弯矩

各层 X、Y 方向的地震作用采用 CQC 方法计算,输出格式如下:

　　　Floor　　　Tower　　　Fx　　Vx　（分塔剪重比）　（整层剪重比）　Mx　　　Static Fx

　　　Floor　　　Tower　　　Fy　　Vy　（分塔剪重比）　（整层剪重比）　My　　　Static Fy

　　　（注意:下面分塔输出的剪重比不适合于上连多塔结构）

　　　抗震规范(5.2.5)条要求的 X(或 Y)向楼层最小剪重比　=

其中　　Floor——层号;

　　　　Tower——塔号;

　　　　Fx、Vx、Mx——X 向地震作用下结构的地震作用、楼层剪力和弯矩(kN,kN·m);

　　　　Fy、Vy、My——Y 向地震作用下结构的地震作用、楼层剪力和弯矩(kN,kN·m);

　　　　分塔剪重比、整层剪重比——X 或 Y 向地震作用下结构的各层剪重比(%),对于单塔结构,一般应参考"分塔剪重比",对于多塔结构,应参考"整层剪重比";

　　　　Static Fx、Static Fy——按底部剪力法(静力法)计算的 X、Y 向地震作用(kN)。

5. 有效质量系数

输出格式如下:

　　　　X 方向(Y 方向)的有效质量系数　　（%）

有效质量系数也称振型参与质量系数,是判定振型数和地震作用是否满足要求的重要指标。有效质量系数应大于 90%,否则应增加计算振型数。

6. 楼层的振型位移值

楼层的振型位移用于观察结构在各振型下的振动模态,输出格式如下:

　　　　振型号

　　　Floor　　　Tower　　　X-Disp　　　Y-DISP　　　Angle-Z

其中　　Floor——层号;

　　　　Tower——塔号;

　　　　X-Disp——耦联振型在 X 方向的平动位移分量(mm);

　　　　Y-DISP——耦联振型在 Y 方向的平动位移分量(mm);

　　　　Angle-Z——耦联振型绕 Z 轴的扭转位移分量(rad)。

直观的楼层振型位移可在图形格式输出结果中观察,详见图形文件输出中菜单 12【结构各层质心振动简图】和菜单 13【结构整体空间振动简图】。

7. 各楼层地震剪力系数调整情况[抗震规范(5.2.5)验算]

根据《抗震规范》第 5.2.5 条及《高规》第 4.3.12 条规定,计算的各楼层地震剪力应满足最小地震剪力系数的要求,根据规范值计算的各楼层地震剪力调整系数如下:

　　　　层号　　　X 向调整系数　　　　　Y 向调整系数

若某层调整系数大于 1.0,说明该楼层的地震剪力不满足最小地震剪力系数的要求。此时,若在参数定义之【调整信息】中勾选"按抗震规范(5.2.5)条调整个楼层地震内力",则在内力计算时程序自动对地震作用下的内力乘以该调整系数,并且同时调整位移和倾覆力矩。

6.8.3 结构位移输出文件

结构位移计算结果记录在文件 WDISP. OUT 中。SATWE 菜单 2 ②结构内力、配筋计算 的控制参数提供了两种位移输出方式:若勾选"简化输出",则在 WDISP. OUT 中只有各工况下每层的最大位移、位移比等;若勾选"详细输出",则还输出各工况下各层各节点的三个线位移和三个转角位移信息。

位移输出的工况包括以下几种:

(1)X 方向地震力作用下的楼层最大位移;

(2)X 方向 + 偶然偏心地震力作用下的楼层最大位移;

(3)X 方向 − 偶然偏心地震力作用下的楼层最大位移;

(4)X 方向双向地震地震力作用下的楼层最大位移;

(5)X 方向多向地震地震力作用下的楼层最大位移;

(6)Y 方向地震力作用下的楼层最大位移;

(7)Y 方向 + 偶然偏心地震力作用下的楼层最大位移;

(8)Y 方向 − 偶然偏心地震力作用下的楼层最大位移;

(9)Y 方向双向地震地震力作用下的楼层最大位移;

(10)Y 方向多向地震地震力作用下的楼层最大位移;

(11)X 方向风荷载作用下的楼层最大位移;

(12)Y 方向风荷载作用下的楼层最大位移;

(13)恒载作用下的楼层最大位移;

(14)活载作用下的楼层最大位移。

在水平力(水平地震力和风荷载)作用下,位移简化输出格式如下:

```
Floor    Tower    Jmax     Max-(X)    Ave-(X)    Ratio-(X)    h
JmaxD    Max-Dx   Ave-Dx   Ratio-Dx   Max-Dx/h   DxR/Dx       Ratio_AX
```

或

```
Floor    Tower    Jmax     Max-(Y)    Ave-(Y)    Ratio-(Y)    h
JmaxD    Max-Dy   Ave-Dy   Ratio-Dy   Max-Dy/h   DyR/Dy       Ratio_AY
```

在竖向荷载(恒载、活载)和竖向地震作用下的楼层最大位移输出格式如下:

```
Floor    Tower    Jmax     Max-(Z)
```

其中 Floor——层号;

Tower——塔号;

Jmax——最大位移对应的节点号;

JmaxD——最大层间位移对应的节点号;

Max-(Z)——竖向荷载作用下的最大竖向位移;

h——层高;

Max-(X),Max-(Y)——X,Y 方向的最大位移;

Ave-(X),Ave-(Y)——X,Y 方向的层平均位移；

Max-Dx,Max-Dy——X,Y 方向的最大层间位移；

Ave-Dx,Ave-Dy——X,Y 方向的平均层间位移；

Ratio-(X),Ratio-(Y)——最大位移与层平均位移的比值；

Ratio-Dx,Ratio-Dy——最大层间位移与平均层间位移的比值；

Max-Dx/h,Max-Dy/h——X,Y 方向的最大层间位移角；

DxR/Dx,DyR/Dy——X,Y 方向的有害位移角占总位移角的百分比；

Ratio_AX,Ratio_AY——本层位移角与上层位移角的 1.3 倍及上三层平均位移角
　　　　　　　　　的 1.2 倍的比值的较大者（《广东规程》）。

6.8.4　框架柱倾覆弯矩及 $0.2V_0$ 调整系数

对框架 - 剪力墙结构及短肢剪力墙结构,框架柱或短肢墙承担的地震作用的信息是很重要的设计参数和指标,这些计算得到的参数及指标记录在 WV02Q.OUT 文件中,包括规定水平力作用下的倾覆力矩、各振型下构件内力经 CQC 组合得到的剪力以及一些调整信息。

1. 各层各塔的规定水平力

输出格式如下：

　　　层号　　塔号　　X 向(kN)　　Y 向(kN)

其中,X 向、Y 向水平力是根据《高规》第 3.4.5 条条文说明或者节点地震作用经 CQC 方法计算得到的各层各塔的规定水平力。

2. 规定水平力框架柱及短肢墙地震倾覆力矩及地震倾覆力矩百分比

对各层输出：

　　　层号　　塔号　　框架柱　　短肢墙　　墙斜撑

对抗震设计的框架 - 剪力墙结构应根据《高规》第 8.1.3 条规定的判断设计方法,确定结构类型。对抗震设计的短肢剪力墙结构应根据《高规》第 7.1.8 条进行设计。

3. 框架 - 剪力墙结构中框架柱所承担的地震剪力

对各层输出：

　　　层号　　塔号　　柱剪力　　总剪力　　柱剪力百分比

对各层各塔分别输出 X,Y 向框架柱所承担的地震剪力、楼层总剪力以及框架柱所承担的地震剪力占楼层总剪力的百分比。

4. $0.2V_0$($0.25V_0$)调整系数

$0.2V_0$($0.25V_0$)调整系数依据《高规》第 8.1.3 条、第 8.1.4 条及第 9.1.11 条及《高钢规》第 5.3.3 条的规定计算。在第一次正式计算内力之前,程序判断是否要进行 $0.2Q_0$($0.25Q_0$)的调整,如需调整则先计算调整系数,并存入文件 WV02Q.OUT 之中。$0.2Q_0$($0.25Q_0$)调整系数输出格式如下。

对框架 - 剪力墙结构：

　　　0.2Vox　　　1.5Vcxmax　　　0.2Voy　　　1.5Vcymax

对高层钢 - 混凝土混合结构、高层钢结构：

　　　0.25Vox　　　1.8Vcxmax　　　0.25Voy　　　1.8Vcymax

调整系数：

　　　Coef_x(Col)　　Coef_y(Col)　　Vcx(Col)　　Vcy(Col)　　Coef_x(Wal)　　Coef_y(Wal)

调整时,各层框架剪力取 $0.2V_0(0.25V_0)$ 和 $1.5V_{cmax}(1.8V_{cmax})$ 中的较小值。

其中　0.2Vox、0.2Voy ——X、Y 方向 20% 的底部总剪力,即 $0.2V_0$;

1.5Vcxmax、1.5Vcymax ——X、Y 方向框架各层剪力最大值的 1.5 倍;

0.25Vox、0.25Voy ——X、Y 方向 25% 的底部总剪力,即 $0.25Q_0$;

1.8Vcxmax、1.8Vcymax ——X、Y 方向框架各层剪力最大值的 1.8 倍;

Coef_x(Col)、Coef_y(Col)——柱 X、Y 方向的放大系数,在 SATWE 的分段调整信息中,当把某段的起始层号设为负值时,程序将不受调整上限的限制,否则根据指定的限值对调整系数进行控制;

Vcx(Col)、Vcy(Col)——该层 X、Y 方向柱所承受的地震剪力;

Coef_x(Wal)、Coef_y(Wal)——筒体结构的墙 X、Y 方向的放大系数。

6.8.5　简化薄弱层验算文件

对于 12 层以下的钢筋混凝土矩形柱框架结构,当计算完各层配筋之后,程序输出薄弱层验算结果文件 SAT-K.OUT,其格式如下:

　　　Floor　Tower　Vx　Vy　VxV　　VyV

其中　Vx、Vy ——X、Y 方向罕遇地震产生的框架楼层弹性剪力(kN);

VxV、VyV ——X、Y 方向柱的抗剪承载力(kN)。

由此求得各层剪力和承载剪力之后,求得各层的屈服系数,格式如下:

　　　Floor　Tower　Gsx　　Gsy

其中　Gsx、Gsy ——X、Y 方向各层的屈服系数。

若采用“侧刚模型”计算的框架结构,当某层屈服系数小于 0.5 时,即只要有一层的屈服系数小于 0.5,程序就会自动求出各层的弹塑性位移、位移角等。格式如下:

　　Floor　Tower　Dx　Dxs　Atpx　Dxsp　Dxsp/h　h
　　Floor　Tower　Dy　Dys　Atpy　Dysp　Dysp/h　h

其中　Dx、Dy ——X、Y 方向对应于多遇地震下的弹性楼层位移(mm);

Dxs、Dys ——X、Y 方向对应于多遇地震下的弹性层间位移(mm);

Atpx、Atpy ——X、Y 方向的塑性放大系数;

Dxsp、Dysp ——X、Y 方向罕遇大震下的弹塑性层间位移(mm);

Dxsp/h、Dysp/h ——X、Y 方向罕遇大震下的弹塑性层间位移角;

h ——层高(m)。

6.8.6　超筋超限信息

超筋超限信息文件 WGCPJ.OUT 随着配筋一起输出,即计算几层配筋,WGCPJ.OUT 中就有几层超筋超限信息,并且下一次计算会覆盖前次计算的超筋超限内容,因此要想得到整个结构的超筋信息,必须从首层到顶层一起计算配筋。超筋超限信息亦写在每层的配筋文件中。

程序认为不满足规范规定,均属于超筋超限,在配筋简图上以红色信息表示。各构件的超筋超限信息如下。

1. 混凝土柱、型钢混凝土柱、混凝土支撑

1) 轴压比验算(仅对柱)

验算条件:《抗震规范》第 6.3.7 条或《高规》第 6.4.2 条。

格式: $**(LCase)$ $Nu, Uc = N/(Ac * fc) > Ucf$

其中   LCase——控制轴力的内力组合号;

　　　　Nu——控制轴压比的轴力(kN);

　　　　Uc——计算轴压比;

　　　　Ac——截面面积;

　　　　fc ——混凝土抗压强度设计值;

　　　　Ucf——允许轴压比,按验算条件确定。

2) 最大配筋率验算

验算条件:《抗震规范》第 6.3.8 条或《高规》第 6.4.3 条。

格式: $**Rs > Rsmax$ 　　表示构件全截面配筋率超限

　　　　$**Rsx > 1.2\%$ 　　表示矩形截面构件 B 边配筋率超限

　　　　$**Rsy > 1.2\%$ 　　表示矩形截面构件 H 边配筋率超限

其中   Rs——柱全截面配筋率;

　　　　Rsx、Rsy——柱单边(B 边和 H 边)的配筋率,仅当抗震等级为特一、一级且剪跨比不大于 2 时的矩形混凝土柱才比较;

　　　　Rsmax ——柱全截面允许的最大配筋率,按《抗震规范》第 6.3.8 条或《高规》第 6.4.3 条确定。

3) 斜截面抗剪验算

验算条件:《抗震规范》第 6.2.9 条或《高规》第 6.2.6 条。

格式: $**(LCase)$ $Vx, Vx > Fvx = Ax * fc * H * Bo$ 　　表示抗剪截面超限

　　　　$**(LCase)$ $Vy, Vy > Fvy = Ay * fc * B * Ho$ 　　表示抗剪截面超限

其中   LCase——内力组合号;

　　　　Vx、Vy——控制验算的 X、Y 向剪力;

　　　　Fvx、Fvy——截面 X、Y 向的抗剪承载力;

　　　　Ax、Ay——截面 X、Y 向的计算系数,根据剪跨比按验算条件确定;

　　　　fc——混凝土抗压强度设计值;

　　　　B、Bo——截面宽和有效宽度;

　　　　H、Ho——截面高和有效高度。

4) 节点域抗剪承载力验算

验算条件:《抗震规范》附录 D。

格式: $**(LCase)$ $Vjx, Vjx > Fvx = Ax * fc * H * Bo$ 　　表示节点域 X 向抗剪截面超限

　　　　$**(LCase)$ $Vjy, Vjy > Fvy = Ay * fc * B * Ho$ 　　表示节点域 Y 向抗剪截面超限

其中   LCase——内力组合号;

　　　　Vjx、Vjy——控制节点域验算的 X、Y 向剪力;

　　　　Fvx、Fvy——截面 X、Y 向的抗剪承载力;

　　A_x、A_y——截面 X、Y 向的计算系数,根据规范附录 D 确定;

　　其余符号含义同上。

2. 剪力墙

1）墙柱最大配筋率验算

验算条件:《抗震规范》第 6.3.8 条或《高规》第 6.4.3 条。

格式: ＊ ＊ Rs > Rsmax

其中　Rs——墙肢一端暗柱的配筋率或按柱配筋时的全截面配筋率;

　　　　Rsmax——规范允许的最大配筋率。

2）斜截面抗剪验算

验算条件:《抗震规范》第 6.2.9 条或《高规》第 7.2.7 条。

格式: ＊ ＊（LCase）V, V > Fv = Av ＊ fc ＊ B ＊ Ho　　　表示抗剪截面超限

其中　LCase——控制剪力的内力组合号;

　　　　V——控制剪力;

　　　　Fv——墙肢截面的抗剪承载力;

　　　　Av——截面系数,按验算条件确定;

　　　　fc ——混凝土抗压强度设计值;

　　　　B、Ho——截面的宽度和有效高度。

3）轴压比验算

验算条件:《混凝土规范》第 11.7.16 条或《高规》第 7.2.13 条。

格式: ＊ ＊ Nu, Uw = N/（Aw ＊ fc）> Uwf

其中　Nu——重力荷载代表值下的轴力（kN）;

　　　　Uw——计算轴压比;

　　　　Aw——截面面积;

　　　　fc ——混凝土抗压强度设计值;

　　　　Uwf——允许轴压比,按验算条件确定。

4）墙肢稳定验算

验算条件:《高规》附录 D。

格式: ＊ ＊（LCase）q > qy, qy = Ec ＊ t^3/（10 ＊ lo^2）, N

其中　LCase——控制轴力 N、轴压力 q 的内力组合号;

　　　　N、q——控制轴力、轴压力（kN）;

　　　　qy——墙肢允许轴压力（轴压稳定承载力）;

　　　　Ec——混凝土弹性模量;

　　　　t、lo——墙肢厚度、高度。

3. 混凝土梁、型钢混凝土梁

1）受压区高度验算（仅针对混凝土梁）

验算条件:《混凝土规范》第 6.2.7 条、第 6.2.10 条,《高规》第 6.3.2 条第 1 款,《抗震规范》第 6.3.3 条第 1 款。

格式: ＊ ＊（Ns）X > 0.25 ＊ Ho

　　　　＊ ＊（Ns）X > 0.35 ＊ Ho

其中　Ns——梁截面序号,负弯矩配筋截面号 1～9,正弯矩配筋截面号 10～18;

X——混凝土受压区高度；

Ho ——梁有效高度。

2）最大配筋率验算

验算条件：《高规》第 6. 3. 3 条，《抗震规范》第 6. 3. 4 条第 1 款。

格式：＊＊（Ns）Rs > Rsmax   表示单边配筋率超限

其中　Rs——截面一边的配筋率；

Rsmax——规范允许的最大配筋率；

其他符号含义同上。

3）抗剪验算

验算条件：《混凝土规范》第 6. 3. 1 条，《抗震规范》第 6. 2. 9 条，《高规》第 6. 2. 6 条。

格式：＊＊（LCase）V,V > Fv = Av ＊ fc ＊ B ＊ Ho

其中　LCase——控制剪力的内力组合号；

V——控制剪力；

Fv ——截面抗剪承载力；

Av ——截面系数，按验算条件确定；

fc——混凝土抗压强度；

B、Ho——截面宽度和有效高度。

4）剪扭验算

验算条件：《混凝土规范》第 6. 4. 1 条。

格式：＊＊（LCase）V,T,V/（B ＊ Ho）+ T/Wt > Av ＊ fc   表示剪扭截面超限

其中　LCase——控制内力的内力组合号；

V、T——控制验算的剪力和扭矩；

B、Ho——截面的宽度和有效高度；

Wt——截面受扭塑性抵抗矩；

fc——混凝土抗压强度；

Av——计算系数。

第 3 篇　MIDAS Building-Structure Master 应用

第7章 结构计算模型的建立

7.1 结构几何模型的建立

7.1.1 概述

Structure Master(结构大师)是基于三维的建筑结构分析和设计系统,是 Midas Building2010 的主要模块之一。结构大师提供了基于实际设计流程开发的用户菜单系统,提供基于标准层概念的三维建模功能,提高了建模的直观性和便利性,从而提高了建模的效率。

结构大师中既提供了完全自动化的分析和设计功能,又向用户开放了各种控制参数,其自动性和开放性不仅能提高分析和设计的效率,而且能提高分析和设计的准确性。

结构大师可以提供三维图形结果和二维图形计算书、文本计算书、详细设计过程计算书,并提供各种表格和图表结果,可直接形成计算报告。

结构大师的主要功能如下。

1. 建模功能

(1)使用建筑底图或结构底图建模。

(2)自动生成墙洞口。

(3)基于标准层的二维建模功能。

(4)分析和设计参数的整合。

(5)项目管理功能和数据库共享功能。

2. 主要分析功能

(1)地震波适用性自动判别和自动调幅。

(2)自动设置振型质量参与系数。

(3)最不利地震作用方向分析。

(4)基于影响面分析的活荷载不利布置分析。

(5)特殊分析功能,包括施工阶段分析、$P-\Delta$ 分析、温度分析等。

3. 主要设计功能

(1)提供各荷载工况、荷载组合的设计结果。

(2)提供与模型联动的单体设计工具。

(3)提供人防构件的设计。

(4)提供弧墙、异形柱、异形板的设计。

(5)提供任意形柱的设计。

4. 计算书及结果输出

(1)提供二维图形结果和文本计算书。

(2)提供详细计算过程计算书。

(3)提供三维图形结果和图表结果。

（4）提供超筋超限信息。

（5）提供专家校审功能和校审报告。

使用结构大师进行结构设计时，层数不应超过 1 000 层，每层构件（梁、柱、墙、支撑）的数量不超过 5 000 个，每层刚性楼板分块数量不超过 1 000 个，结构总构件数量不超过约 1 000 万个。

Midas Building 的登录界面如图 7 - 1 所示，单击左下角的  图标进入图 7 - 2 所示的结构大师工作界面。

图 7 - 1　登录界面

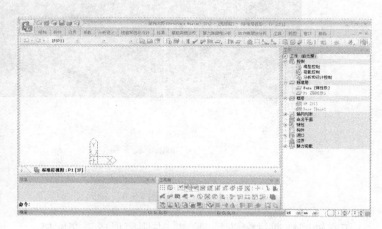

图 7 - 2　结构大师工作界面

程序的工作界面将桌面划分为上侧的主菜单区及丽板菜单区、下侧的工具箱及命令行、中部图形显示区和右侧树形菜单区，其中上侧的主菜单区及右侧的树形菜单区主要是软件的专业功能。要完成结构几何模型的建立，首先根据建筑图和结构方案建立定位轴线，相互交织形成网格和节点，再在网格和节点上布置构件形成结构标准层，最后生成楼层并在构件上布置荷载，至此完成建筑物的竖向结构布局，具体步骤如上侧主菜单所示，即结构→构件→边界→荷载。

对于新建文件，首先应保存文件，文件名及路径在标题栏中显示；然后单击主菜单的【工具/单位体系】，选择建立结构模型及分析过程中所采用的长度、力（质量）、热力、温度的单位，如图 7 - 3 所示。

7.1.2　轴网输入

【轴网输入】菜单是整个交互输入程序的基础环节。程序提供两种建立轴网的方式：一种是直接在轴网界面中输入，功能类似 CAD，同时可按结构布置选择正交轴网或圆弧轴网；另一种是导入建筑施工图或结构施工图形成底图，可以形成构件中心线并且能够导入构件边框线、门窗洞口线、隔墙位置线等图素，方便设计人员建立模型。

图 7 - 3　单位体系对话框

单击【结构/轴网输入/轴网】，弹出轴网视图如图 7 - 4 所示。

图 7 – 4　轴网视图

正交轴网▥通过定义上、下、左、右距离形成正交网格,上、下是输入 X 向从左到右连续各跨跨度,左、右是输入 Y 向从下到上各跨跨度。弧线轴网▥通过定义角度和半径输入,可以作为模型轴网的一部分。图 7 – 5 是采用"正交轴网"和"弧线轴网"输入轴线的示例。

单击"插入到模型视图",按回车键即可将轴网插入到模型视图中,如图 7 – 6 所示。

7.1.3　构件

1. 建立构件

在输入的轴网上可以建立构件,单击图 7 – 7 所示的工具条,可以建立并布置柱、梁、次梁、墙、楼板、楼梯板、支撑等构件。

1)构件布置方式

构件布置有如下布置方式。

(1)一点布置:凡是被光标点中的网格或被光标套中的节点,均插入选定构件。

(2)两点布置:在光标套中的节点之间插入选定构件。

(3)轴线布置:在光标点中的轴线上的所有节点或网格,均插入选定构件。

(4)窗口布置:用光标在图中截取一窗口,该窗口内的所有节点或网格,均被插入选定构件。

(5)围栏布置:用光标点取多点围成一个任意多边形,该多边形内的所有节点或网格,均被插入选定构件。

(6)弧线布置:用点取构件、弧(中心 $+ P_1 + P_2$)、弧(三点)方式建立梁或墙构件。

2)构件布置时的参照定位

各种构件布置时的参照定位是不同的,柱可以布置在网点、轴线交点和节点上,每个点上只能布置一根柱。如果采用一点方式布置柱,后布置的柱将自动替换先前布置的柱。越

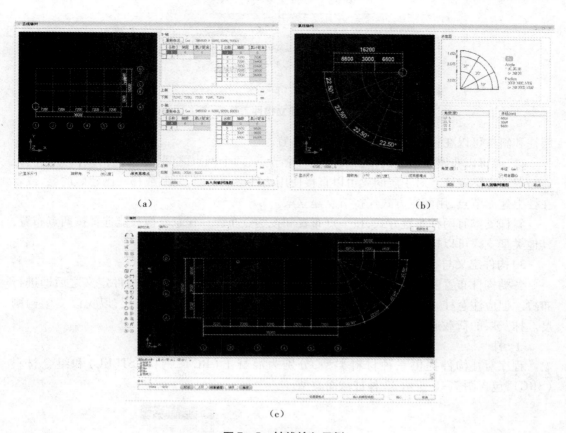

（a）

（b）

（c）

图 7-5　轴线输入示例

（a）正交轴网轴线输入　（b）弧线轴网轴线输入　（c）控制性的定位轴线

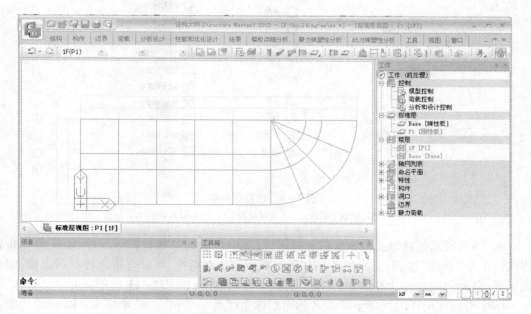

图 7-6　标准层轴网视图

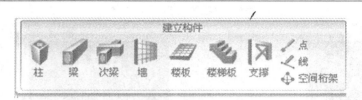

图7-7　建立构件工具条

层柱和斜柱可以在三维视图中用两点方式布置。

　　梁、墙可以布置在轴线网格上或任意两个节点、两个网点之间,每段网格或两点之间只能布置一道梁或墙。对于层间梁可以直接使用构件移动功能,复制或移动已建好的梁,或者在柱上建立节点,用两点方式连接节点建立梁。

　　斜杆支撑有两种布置方式,按一点布置和按两点布置。任意支撑只能选择按两点布置,其他类型支撑可以按一点布置或按两点布置。

　　3)构件定义与布置

　　各类构件布置前必须定义其形状类型、形状参数及材料信息等。构件定义之后即进行布置。但应注意柱、梁、墙构件均应定义结构尺寸,不考虑外表面抹灰层,以免改变结构刚度。抹灰层的荷载通过调整材料容重考虑。

　　Ⅰ.柱

　　程序对柱构件提供三种材料类型,分别为混凝土(RC)、钢材(STEEL)和组合材料(SRC),包含图7-8所示32种柱截面类型。

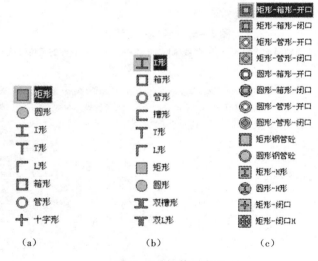

（a）　　　　　　　　　　（b）　　　　　　　　　　（c）

图7-8　柱截面类型

(a)混凝土截面　(b)钢材截面　(c)组合材料截面

　　图7-9所示是柱定义与布置信息对话框,其中包含的参数有截面尺寸、Beta角和布置方式。单击"新建"按钮,弹出图7-10所示截面定义对话框,可以直接选择材料类型、定义截面号、名称和截面尺寸等信息,并能查看截面特性数据,如图7-11所示。

　　Beta角是柱构件的局部坐标系Z轴与整体坐标系X轴的夹角,如图7-12所示。指定Beta角可以定义柱截面的旋转角度,逆时针为正,顺时针为负。勾选此项,程序按照轴线方向自动调整柱布置时的Beta角。

图 7 - 9　柱定义与布置信息对话框

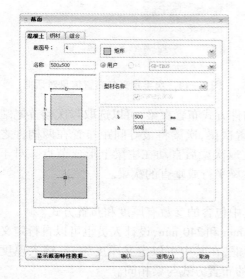

图 7 - 10　截面定义对话框

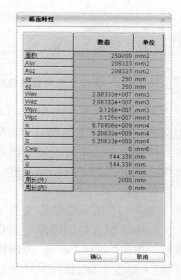

图 7 - 11　截面特性数据

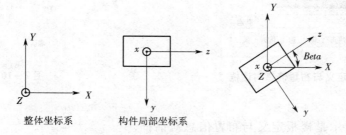

整体坐标系　　　　　构件局部坐标系

图 7 - 12　竖向柱构件 Beta 角示意图

柱布置可以选择一点、轴线、窗口或围栏的方式,如果选择两点布置方式,则程序会自动把柱转换成梁,建议不选择该种布置方式。

Ⅱ. 梁

程序对梁构件提供三种材料类型,分别为混凝土(RC)、钢材(STEEL)和组合材料(SRC),其截面类型与柱截面类型相同,如图 7 - 8 所示。

图 7 - 13 所示是梁定义与布置信息对话框,其中包含的参数有截面尺寸、端部铰类型和布置方式。梁截面定义方式与柱相同。端部铰用来定义梁两端的边界条件,分为两端刚接、释放两端约束、释放开始点约束、释放结束点约束和自动五种类型,其中"自动"是程序根据构件间的相对刚度自动判断梁两端的约束条件。梁布置方式有图 7 - 13 所示六种。

Ⅲ.次梁

图 7-14 所示是次梁定义与布置信息对话框,其中包含的参数有截面尺寸、端部铰类型、次梁根数和布置方式。次梁截面定义和端部铰定义方式与梁相同。次梁根数指在与次梁首尾相交的主梁或剪力墙构建之间布置的次梁根数。

图 7-13　梁定义与布置信息对话框

图 7-14　次梁定义与布置信息对话框

次梁的布置方式有图 7-14 所示六种,选择构件方式布置次梁,可以选取与次梁首尾端相交的主梁或剪力墙构件,输入次梁根数即可布置次梁,次梁将被等间距布置在两构件之间。按这种方式布置次梁可以不用先建立节点,生成次梁后自动在主梁上形成节点。对于连续次梁可以若干跨一次布置,也可以建立不与主梁平行或垂直的次梁。

Ⅳ.墙

图 7-15 所示是墙定义与布置信息对话框,其中包含的参数有厚度和布置方式。

程序可供选择的墙厚有 120 mm、150 mm、180 mm 和 240 mm,设计人员也可以自行定义墙厚。单击"新建"按钮,弹出图 7-16 所示对话框,在其中可以定义厚度编号、输入厚度值、定义厚度名称,程序默认按照厚度值定义。墙的布置方式与梁相同。

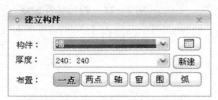

图 7-15　墙定义与布置信息对话框

图 7-16　厚度定义

Ⅴ.楼板

图 7-17 所示是楼板定义与布置信息对话框,其中包含的参数有厚度、类型和布置方式。

楼板厚度仍在图 7-16 所示对话框中定义,程序提供楼面和屋面楼板的选择。楼板的布置方式如图 7-17 所示。一点方式布置是在模型平面内点取一点,由程序自动搜索周围封闭区域生成楼板;两点方式布置是在模型平面内任意点取两点,由程序生成以此两点连线为对角线的矩形楼板;窗口方式布置是用光标截取窗口,由程序自动搜索窗口内的封闭区域生成楼板;围栏方式布置是用光标选取多点围成围栏,围栏内所有封闭区域生成楼板;多边形方式布置是用两点直线、点取构件、弧(P_1 + 中心 + P_2)

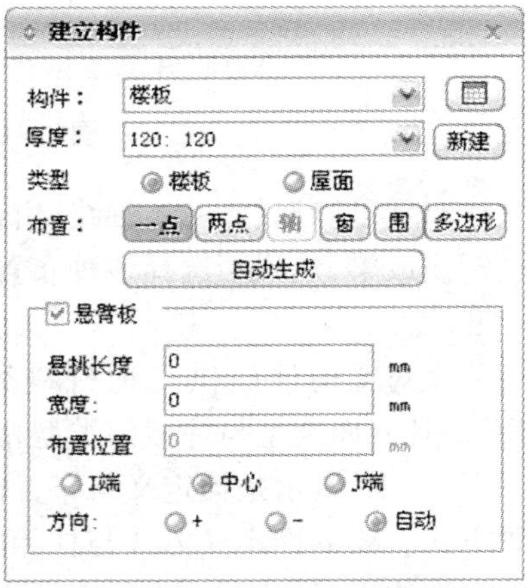

图 7-17　楼板定义与布置信息对话框

或弧(三点)方式建立楼板。自动生成是由程序自动在所有封闭区域内建立楼板。

如果将楼板布置方式切换到"一点""窗"或者"围"方式时,可勾选"悬臂板"复选框布置悬臂板。输入悬挑长度和宽度后,需要设置悬臂板布置的起始位置,可将悬臂板起始位置设置在梁的 I 端、中心处或者 J 端。然后需要指定悬臂板的挑出方向,梁的上边和右边为正,下边和左边为负,也可由程序自动搜索梁边按指定位置和尺寸建立悬臂板。

Ⅵ. 楼梯板

楼梯板作为一种支撑构件,具有较大的刚度。计入楼梯构件的刚度后,结构整体的刚度将增加并且在楼层平面内刚度分布不均匀,使结构整体分析结果有所变化,其影响的程度与纯框架的刚度、楼梯的数量和布置的位置等情况有关。基本的规律是:楼梯刚度占纯框架结构刚度的比例越大,则平动周期减少越多,总地震作用加大越多,沿楼板方向影响大,垂直梯板方向影响很小;楼梯在楼面的两端对称布置,扭转周期明显减少,扭转位移比减少较多;楼梯布置在楼面中部,扭转影响不明显;楼梯布置在楼面的一端,扭转周期有所减少,但扭转位移比明显加大。

《高规》第 6.1.4 条及其条文说明指出,框架结构中楼梯构件的组合内力设计值应包括与地震作用效应的组合,楼梯梁、柱的抗震等级可与所在框架结构相同。楼梯板设计时,参考梁的设计方法,按照纯弯构件和拉弯构件进行正截面设计。建议进行有楼梯的模型设计时,按照考虑楼梯和不考虑楼梯计算两次。考虑楼梯的整体分析结果用于楼梯构件配筋,不考虑楼梯的模型结果用于其他构件和常规设计。

布置楼梯时首先需要确定楼梯构件所涉及的各个节点的位置,此时可以利用已知节点复制出布置楼梯构件所需要的节点。单击 工具,关闭消隐功能,然后单击 显示各个节点和节点号。单击【构件/编辑构件/复制】按钮,弹出图 7－18 所示对话框,复制建立楼梯斜板、平台板所需的节点。

图 7－18　复制节点对话框

单击 按钮,弹出楼梯板布置对话框如图 7－19 所示,楼梯斜板和楼梯平台必须使用多边形方式布置,图 7－20 所示为楼梯布置示意图。楼梯荷载的添加与楼板荷载添加方式相同。

图 7－19　楼梯板布置对话框

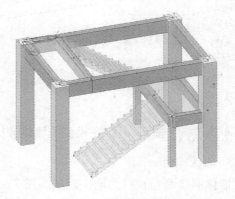

图 7－20　楼梯布置示意图

楼梯板的折算厚度由程序自动计算,折算厚度仅用于计算楼梯自重,图 7 - 21 所示为楼梯尺寸参数的示意图。

楼梯板折算厚度(t_t)的计算公式为

$$t_t = \frac{h}{2} + \frac{t}{b} \sqrt{b^2 + h^2}$$

式中　t——楼梯板厚度;

　　　b——踏步宽;

　　　h——踏步高。

楼梯板正截面配筋计算时截面计算高度按楼梯板厚度 t 来计算。

Ⅶ. 支撑

图 7 - 22 所示是支撑定义与布置信息对话框,其中包含的参数有截面尺寸、支撑类型和布置方式。支撑截面定义方式与梁、柱相同。支撑类型可在下拉菜单中选择,程序提供的支撑类型包括任意、X 字形、单边斜撑、倒 K 字形、K 字形、V 字形、八字形等。

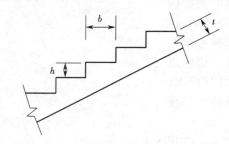

图 7 - 21　楼梯尺寸参数示意图

图 7 - 22　支撑定义与布置信息对话框

当支撑类型为任意时,设计人员可以选择支撑的起点和终点生成支撑,可以越层布置也可以水平布置;当支撑类型为其他类型时,只能点取轴线或同层的两点在本层建立支撑。

Ⅷ. 点、线

在图 7 - 23 所示对话框中输入坐标值即可建立节点,在图 7 - 24 所示对话框中可以建立线。通过建立线可以实现在模型中添加辅助线的目的,便于建模、添加线荷载。

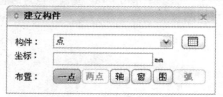

图 7 - 23　建立点

图 7 - 24　建立线

2. 洞口

单击 ![按钮] 按钮,可以在模型的墙体和楼板上布置洞口。

1)墙体洞口

墙体洞口是指在剪力墙上开洞。图 7 - 25 所示是墙体洞口定义与布置信息对话框,其中包含的参数有洞口类型、布置方向和距离。在洞口类型中可以输入洞口尺寸、布置方向和洞口底边至墙体的垂直距离等数据,选择布置方向和距离后即可布置已定义的洞口。

　　一面剪力墙在水平方向上可以布置多个洞口,但是每个洞口不能出现重叠;一面剪力墙在竖直方向上只能布置一个洞口。

　　2)楼板洞口

　　图 7-26 所示是楼板洞口定义与布置信息对话框,程序提供三种洞口形状,分别用不同的方式设置其尺寸和位置信息。

　　Ⅰ.多边形洞口

　　"点列表"方法建立楼板洞口是用光标按顺序在楼板上点取多个节点,形成多边形洞口。

　　"参考点"方法建立楼板洞口是在图 7-26(a)所示表格中输入各个节点号,并用逗号隔开,即可建立以输入节点号为顶点的多边形洞口。

　　Ⅱ.矩形洞口

　　在"洞口尺寸"中输入洞口宽度(w)、洞口高度(h)、洞口起始位置至楼板角点的水平距离(d_x)、垂直距离(d_y)和洞口转角(θ);勾选"平行于整体坐标系 X 轴"后,楼板洞口布置的参考线平行于整体坐标系 X 轴,此时只需定义第一点坐标即可;若不勾选,则需要定义楼板洞口布置的参考线 P_1P_2 方向,如图 7-26(b)所示。

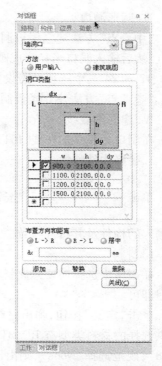

图 7-25　墙体洞口定义与布置信息对话框

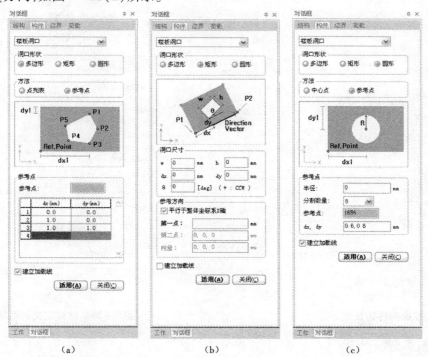

　　　　　　(a)　　　　　　　　　(b)　　　　　　　　　(c)

图 7-26　楼板洞口定义与布置信息对话框

(a)多边形洞口　(b)矩形洞口　(c)圆形洞口

Ⅲ. 圆形洞口

"中心点"方法建立楼板洞口,可以输入圆心绝对坐标或用光标在楼板上点取洞口圆心节点,然后输入洞口半径形成圆形洞口,如图 7 – 26(c)所示。圆形网格的划分数量,程序给出 8、12 和 24 三个选项。若设置为 8,则此圆形等同于八边形。

"参考点"方法建立楼板洞口与"中心点"方法类似。

Ⅳ. 建立加载线

在洞口处建立加载线,可以在线上施加线荷载。

3. 替换构件特性

单击 替换构件特性 按钮,弹出图 7 – 27 所示对话框,通过 □ 可以以表格方式查看已输入的构件及其特性参数。

1)材料

在表格中选择需要修改材料的构件,在下拉列表中选择将要改成的名称,单击"适用"按钮即可。

单击"定义"按钮,弹出材料定义对话框如图 7 – 28 所示,也可以在此处定义新的材料。可供选择的材料类型有 RC、STEEL、SRC 和 User Defined 四种,如果材料类型选择"User Defined",规范选择"None",则由设计人员手动输入材料的弹性模量、泊松比等材料特性数据,否则按规范取值。

图 7 – 27　替换构件特性对话框

图 7 – 28　材料定义对话框

2)楼板类型

在模型空间中选择要修改类型的楼板,在下拉列表中选择将要改成的楼板类型,单击"适用"按钮即可。程序提供的楼板类型有刚性板、弹性膜、弹性板、内刚外弹、只传递荷载的虚板。

（1）刚性板是考虑楼板平面内刚度无限大,平面外刚度为0。

（2）弹性膜是计算楼板平面内刚度、平面外刚度为0,主要应用于楼面凸凹不规则、楼板不连续和楼板开大洞的情况。

（3）弹性板对于楼板平面内和平面外的刚度均计算,适用于厚板带转换层结构和板柱结构体系。

（4）内刚外弹是假定楼板平面内刚度无限大,计算楼板平面外刚度,适用于板柱–剪力墙结构和板柱结构体系。

3）楼板荷载分配模式

在模型空间中选择要修改荷载分配模式的楼板,在下拉列表中选择将要改成的荷载分配模式,单击"适用"按钮即可。

程序提供的荷载分配模式有按双向板分配和按单向板分配,如图7–29所示。在没有修改楼板荷载分配模式的情况下,默认按照《混凝土规范》第9.1.1条来判断是单向板还是双向板,对于异形楼板采用有限元方法进行计算。

图 7–29　楼板荷载分配模式

7.1.4　边界

1. 支承

1）约束自由度

设置支承条件既可以约束结构自由度满足实际边界条件的需要,又可以防止分析中发生奇异满足分析的需要。单击 按钮,弹出图7–30所示支承及其详细设置对话框,可以定义构件分析时的支承边界条件,包括刚接、铰接、滑动和自由四种类型。其中 Dx、Dy、Dz 分别为构件局部坐标系上 X、Y、Z 轴方向的线性约束,Rx、Ry、Rz 分别为构件局部坐标系上 X、Y、Z 轴方向的旋转约束,不同的支承类型约束条件不同。刚接是约束节点或构件所有方向的线性位移和旋转位移,铰接是约束节点或构件所有方向的线性位移,滑动是约束节点或构件 Z 轴方向的线性位移,自由是对节点或构件所有方向的线性位移和旋转位移均不约束。

图7–31所示为一个能承受 X–Z 平面内变形的二维框架结构,为防止分析过程中发生奇异,需要约束所有节点沿整体坐标系 Y 方向的位移和绕 X 轴、Z 轴的旋转。为了模拟框架柱下端与地基的连接状态,还需要约束节点 N_1 沿整体坐标系 X 轴、Z 轴方向的位移和绕 Z 轴的旋转以及节点 N_3 沿 Z 轴的位移。

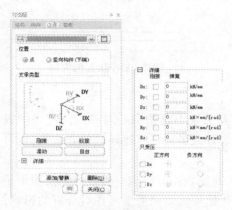

图 7–30　支承及其详细设置对话框

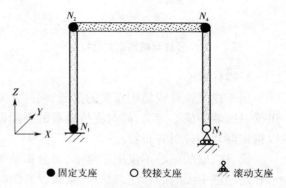

图 7–31　二维框架结构的支承条件

2) 节点弹簧支承

节点弹簧一般用来模拟桩基和地基的刚度。模拟地基的支承条件时,土的弹簧刚度可取基床系数乘以节点负担的有效面积,如果不考虑土的受拉特性,可将节点弹簧定义为只受压。

当用弹簧模拟柱或桩时,其轴向刚度可取 EA/H,其中 E 为柱或桩的弹性模量、A 为有效面积、H 为柱或桩的计算长度;旋转刚度可取 $\alpha EI/H$,其中 α 是与柱上、下端的连接状态有关旋转刚度系数、I 为有效惯性矩。

2. 释放梁端约束

单击 ▦ 按钮,弹出图 7 - 32 所示释放梁端约束对话框,用来定义框架梁梁端的约束条件,或者对已经定义的梁端约束进行修改。其中 Fx、Fy、Fz 分别为构件局部坐标系上 X、Y、Z 轴方向的线性约束,Mx、My、Mz 分别为构件局部坐标系上 X、Y、Z 轴方向的旋转约束。

梁的局部方向为指向局部坐标系 X 轴的正方向,局部方向的开始端定义为梁的 I 端,结束端定义为梁的 J 端,如图 7 - 33 所示,可以通过【显示/显示构件局部坐标轴】来查看梁的局部方向。当设计人员勾选某个方向的自由度时,表示将释放该自由度方向上的约束,在其后的方框内可以输入释放后残留的约束能力,其中相对值是约束比例系数,在 0 ~ 1 之间取值,0 表示铰接,1 表示刚接;如果选择刚度值输入,则需要输入残余约束刚度值。

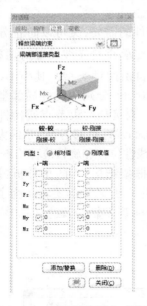

图 7 - 32　释放梁端约束对话框

图 7 - 33　梁局部方向

3. 构件偏心

出于建筑设计或结构布置的需要,构件之间的相互关系不总是中心对齐的。程序中提供梁、柱、墙的偏心定义,同时支持楼板的升降设置。设计人员可以直接输入偏心数值,也可以指定参考构件对齐布置。

梁、柱、墙的偏心不仅用于显示,对分析结果、施工图绘制均有影响。楼板升降仅用于显示和绘制施工图时的标注,对分析结果没有影响。楼板错层时如果需要考虑对分析的影响,则应建立新的结构标准层。

如图 7 – 34 所示,设置偏心时,在偏心位置和原来的节点位置,程序会自动用刚臂连接,构件的荷载、刚度均按偏心后的位置计算,单元内力的输出位置也是偏心后的位置。

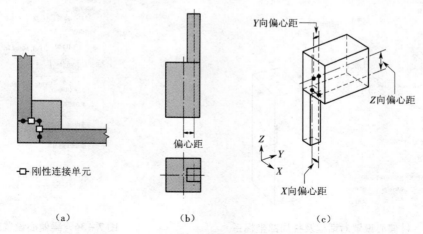

图 7 – 34　构件偏心处理
(a)构件偏心的处理　(b)柱之间偏心的处理　(c)柱和梁之间偏心的处理

1)柱偏心

图 7 – 35 所示是设置柱偏心的对话框,通过定义柱局部坐标系下的偏心数值 Y、Z 来设置柱的偏心,柱局部坐标系的指向如图 7 – 35 所示。一般结构建模时不建议设置柱偏心。

柱偏心除了可以交互输入偏心数值外,还可以选择参考构件方法来设置,使之与参考构件的某一边对齐,参考构件可以是梁、柱、墙构件。

如果勾选"偏心仅用于显示",则此处设置的柱偏心不用于计算分析。这个参数主要是针对非线性分析,对于静力弹塑性分析和动力弹塑性分析,如果考虑构件偏心,容易引起奇异或者迭代不收敛,导致分析结果异常,因此建议非线性分析时勾选此项。

2)梁、墙偏心

设计人员可以通过图 7 – 36 所示对话框定义梁构件在平面内和竖向的偏心,勾选"J – 端",可以定义梁两端不同的偏心值,不勾选则两端的偏心设置相同。竖向偏心可以改变梁的标高。

墙偏心的设置与梁相同。

3)楼板偏心

图 7 – 37 所示对话框用于定义错层楼板,输入板顶标高与楼层标高的差值即可定义,偏心数值以向上为正、向下为负。

4. 弹性连接

弹性连接(弹簧)是只有刚度没有其他结构属性的单元。弹性连接单元一般用来模拟被简化的构件,如网架、塔楼间的连接网架等,有时也用来模拟支座条件。

弹性连接可输入三个平移方向的刚度和三个旋转方向的刚度,弹性连接的自由度方向如图 7 – 38 所示,使用单元坐标系且遵循右手螺旋法则。

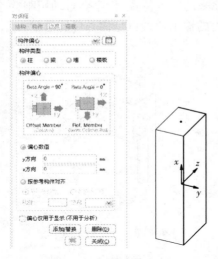

图 7 - 35　柱偏心设置对话框及柱局部坐标系

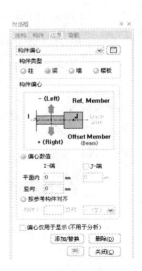

图 7 - 36　梁偏心设置对话框

图 7 - 37　楼板偏心设置对话框

图 7 - 38　弹性连接对话框

弹性连接也可以只考虑受压和只考虑受拉,只考虑受拉的弹性连接一般可用来模拟轴向刚度较小的支撑,只考虑受压的弹簧一般可用来模拟地基。弹性连接还可以定义为刚性杆,刚性杆可用来模拟简化的空间网架。

只受拉和只受压的弹性连接是非线性单元,计算时会使用迭代计算方法直到收敛。对刚性连接,程序会在程序内部赋予一个相对较大的刚度值,使其既符合刚性要求又不至于发生奇异现象。当设计人员自行输入刚度值时,需要注意刚度值的合理性,不能过大或过小。

7.1.5　构件荷载

针对梁、柱、剪力墙、楼板、支撑等构件,程序提供了不同的加载形式,如图 7 - 39 所示。

图 7 - 39　构件荷载加载形式

1. 楼板荷载

在图 7 - 40 所示楼板荷载对话框中可以在已建立的楼板构件上布置荷载,并输入恒载、活载的面荷载值,但是只能输入沿整体坐标系 Z 轴方向作用的荷载;还可以输入点荷载和线荷载,板上的线荷载可用来模拟隔墙荷载作用,板上的点荷载可用来模拟板上的局部集中荷载作用。

在【结构/标准层和楼层】中已经定义了每一楼层的楼面荷载,此处是对局部楼板的荷载进行修改。

2. 梁、墙荷载

在图 7 - 41 所示梁荷载对话框中可以在已建立的梁构件上布置荷载,可输入的荷载形式有集中荷载、均布荷载、局部均匀荷载、梯形荷载,如图 7 - 42 所示。荷载可沿着单元坐标系或整体坐标系方向输入。对于均布荷载、局部均布荷载、梯形荷载当沿着整体坐标系方向加载时,可以指定是否按投影长度加载,如图 7 - 43 所示。

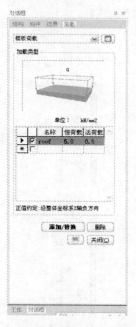

图 7 - 40　楼板荷载对话框

图 7 - 41　梁荷载对话框

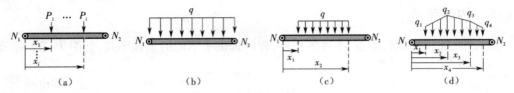

图 7 - 42　梁上可输入的荷载形式

（a）集中荷载　（b）均布荷载　（c）局部均匀荷载　（d）梯形荷载

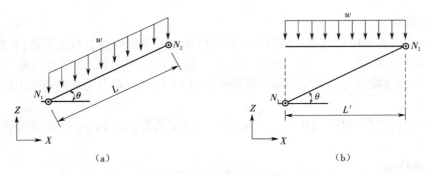

图 7 - 43　是否考虑投影时的加载方法示意图

（a）不考虑投影（按实际长度）　（b）按投影长度

墙荷载形式与梁相同,但是只能输入沿整体坐标系 Z 轴方向作用的荷载。

3. 柱荷载

柱荷载布置及可输入的荷载形式如图 7 - 44 和图 7 - 45 所示。

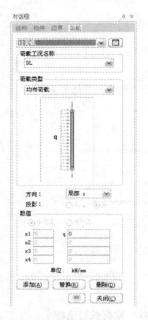

图 7 - 44　柱荷载对话框

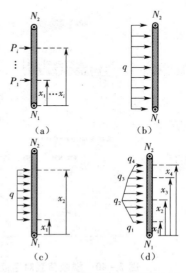

图 7 - 45　柱上可输入的荷载形式

（a）集中荷载　（b）均布荷载

（c）局部均匀荷载　（d）梯形荷载

4. 点荷载、线荷载

点荷载可以加载在节点或点上,点荷载只能输入沿整体坐标系方向的荷载。线荷载只能加载在线上,线荷载的形式与梁相同,但线荷载只能输入沿整体坐标系 Z 轴方向作用的荷载。

线和点在梁上时,线荷载和点荷载就作用在梁上;线和点在板上时,线荷载和点荷载就作用在板上。当板上有线荷载和点荷载时,板的分析和设计均采用有限元方法,传递给梁上的荷载也是按照有限元分析结果传递。

5. 强制位移

强制位移分析一般用于分析已知结构变形或位移,反求结构内力状态,或者针对特定部位进行详细分析。

强制位移分析中受位移数值的影响较大,因此一定要输入精度较高的准确值,最好同时输入六个自由度方向的位移值,特别是详细分析时,应将整体分析结果中六个自由度方向的位移全部输入。

强制位移一般作用在支承点上,当强制位移作用在没有支承的点上时,程序内部会先生成强制位移方向的支承,再赋予强制位移后作分析。强制位移的方向为整体坐标系方向。

6. 构件温度

当构件较长时,温度作用引起的膨胀或收缩会使构件发生裂缝或屈曲,也会引起装饰材料的脱落和剥离。当构件处于被约束状态下,也需要验算温度应力作用下的结构安全性。

对于长度为 L、线膨胀系数为 α 的构件,当温度变化为 ΔT 时,会发生大小为 $\alpha L \Delta T$ 的变形。当构件处于完全自由状态下,构件只会发生变形,不会产生内力;但是当构件的变形被约束时,此时产生构件内力。需要注意的是,在约束状态下,当升温时结构膨胀被约束,所以构件实际处于受压状态。

程序提供了整体升温和整体降温荷载工况,另外也可以给个别构件施加升温或降温荷载,如图 7 - 46 所示。

7.1.6　标准层和楼层

单击图 7 - 47 所示工具条,可以定义标准层和楼层,并进行楼层组装,从而搭建整个结构几何模型。

图 7 - 46　构件温度对话框

图 7 - 47　标准层和楼层工具条

图 7 - 48 所示是布置结构标准层和楼层的对话框。

1. 标准层

结构构件布置位置相同、构件截面尺寸相同的楼层可以定义为一个标准层,同一标准层的材料和荷载可以不相同。在图 7 - 48 所示的对话框中可以"添加/插入/删除"一个或多

图 7 - 48　标准层和楼层对话框

个标准层,并且可以定义标准层的整体楼板类型。当局部房间楼板类型不同时,可以通过【构件/替换构建特性/楼板类型】修改,其中"只传递荷载的虚板"用于考虑在结构中不存在的板,其特点是无刚度、无自重、不参与结构计算,只传递楼板荷载,一般用于模拟楼梯所在的楼面情况。

Base 层是结构模型的基底平面层,在程序中不代表真实的楼层,如果考虑基础与上部结构一同分析计算时,可以在此层布置基础构件,设定合适的基底边界条件分析计算。

如果"添加/删除/移动"同一标准层中的构件,程序会自动生成新的标准层,并将楼层分配到新的标准层。程序默认的标准层的起始号是 P1。

2. 塔块

在塔块区域中通过"添加/插入/删除"塔块,可以建立多塔结构。程序默认有一个塔块,即 Base 塔,当添加多个塔块时,程序默认底部塔块为 Base 塔。

3. 楼层组装

楼层组装方法是:选择"楼层数量"→选择"所属标准层"→输入"恒(DL)、活(LL)荷载值"→单击"添加",继而实现整个结构几何模型的组装。

特殊层的选项包括嵌固层、过渡层、加强层和转换层。

1)嵌固层

嵌固层是《高规》提出的概念,涉及刚度比、节点强梁弱柱验算、底部加强区位置判断等内容,设计人员可以在特殊层选项中指定嵌固层的位置。

2)过渡层

B 级高度的高层建筑,考虑到其高度较高,为避开约束边缘构件与构造边缘构件交界处配筋急剧减少的不利情况,《高规》第 7.2.14 条第 3 款规定:B 级高度高层建筑的剪力墙,宜在约束边缘构件层与构造边缘构件层之间设置 1~2 层过渡层,过渡层边缘构件的箍筋配置要求可低于约束边缘构件的要求,但应高于构造边缘构件的要求。

3)加强层

带加强层的高层建筑结构,加强层刚度和承载力较大,与其上、下相邻楼层相比有突变,加强层相邻楼层往往成为抗震薄弱层,与加强层水平伸臂结构相连接部位的核心筒剪力墙以及外围框架柱受力大且集中。因此,为了提高加强层及其相邻楼层与加强层水平伸臂结构相连接的核心筒墙体及外围框架柱的抗震承载力和延性,《高规》第 10.3.3 条规定:抗震设计时,带加强层高层建筑结构应符合下列要求。

(1)加强层及其相邻层的框架柱、核心筒剪力墙的抗震等级应提高一级采用,一级应提高至特一级,已经为特一级时应允许提高。此项程序可以自动判断,但是建议手动指定。

(2)加强层及其相邻层的框架柱、箍筋应全柱段加密配置,轴压比限值应按其他楼层框架柱的数值减小 0.05 采用。此项程序自动判断。

(3)加强层及其相邻层核心筒剪力墙应设置约束。此项程序自动判断。

4)转换层

结构的转换层主要指在整个建筑结构体系中,合理解决竖向结构的突变性转化和平面的连续性变化的结构单元体系,在主要满足结构安全功能要求的同时,多数情况下解决一些特殊技术性建筑功能的要求,比如在结构转换层空间内布置管道、设备等。

由于转换层位置的增高,结构传力路径复杂、内力变化较大。《高规》第 10.2.2 条规定:带转换层的高层建筑结构,其剪力墙底部加强部位的高度应从地下室顶板算起,宜取至转换层以上两层小于房屋高度的 1/10。

转换梁包括部分框支剪力墙结构框支梁以及上面托柱的框架梁,是带转换层结构中应用最为广泛的转换构件。转换梁应按梁建模、按墙分析、按梁设计。转换梁受力复杂,《高规》第 10.2.7 条提出了比一般框架梁更高的要求。

转换柱包括部分框支剪力墙结构框支柱和筒体等结构中支承托柱转换梁柱。随着地震作用的增大,落地剪力墙逐渐开裂、刚度降低,转换柱承受的地震作用逐渐增大,《高规》第 10.2.10 条规定:转换柱在内力上调整,在构造配筋上要比普通框架柱高。

为保证转换构件的设计安全度并具有良好的抗震性能,《高规》第 10.2.4 条规定:特一、一、二级转换构件的水平地震作用计算内力应分别乘以增大系数 1.9、1.6、1.3;转换构件应按本规程第 4.3.2 条的规定考虑竖向地震作用。

转换层部位受力复杂,楼板受到较大的面内变形,当楼层中存在转换构件时,建议在特殊层中指定该楼层为转换层,程序会根据规范要求进行相应的内力调整,并满足规范要求的构造措施。如果设定转换层,程序自动将该楼层所在的标准层的楼板类型定义为“弹性板”进行分析,以考虑楼板的平面内、外刚度。

转换层一般属于竖向抗侧力构件不连续,程序自动判断为薄弱层,建议转换层上墙、转换梁网格要细分,并且作详细分析,同时转换层楼板也需要作详细分析。

4. 地下室信息

如果结构设置地下室部分,需要在图 7-49 所示的对话框中输入地下室信息。

地下室层数是指与上部结构同时进行整体分析的层数,无地下室输入 0。地下室信息对地震作用、风力作用、地下室人防等信息有影响。程序按照输入的数值把楼层中最下面的几层设为地下室,如此处输入 2,则程序把楼层最下面的 2 层判断为地下室,楼层列表上相应的楼层名称改为 B1F、B2F。

GL 是指室外地坪到首层地下室顶板的距离,以地下一层顶板标高为准,高位正、低为负。

解除地下室横向位移约束层数用于设定解除横向位移约束的地下室层数,解除顺序由下至上。对于解除横向位移的地下室部分,计算时将产生水平位移。

5. 楼层材料

在图 7 – 50 所示的对话框中可以设置每个楼层中各类材料的材料属性。单击在每个数据后的 ▾,均有下拉列表显示所有定义过的材料可供选择,如果列表中没有所需的材料,可以通过"定义材料"添加新的材料类型。

这里所定义的材料是以楼层为单位的,当楼层中某些构件的材料与此处定义的材料不同时,可以通过【构件/替换构件特性/材料】进行修改。

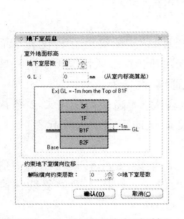

图 7 – 49　地下室信息对话框

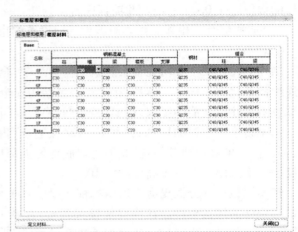

图 7 – 50　楼层材料

7.2　模型控制

单击 ⬚,弹出图 7 – 51 所示模型控制对话框。

图 7 – 51　模型控制对话框

7.2.1　总信息

1. 应用规范

可以提供新、旧规范两种设计方案。单击 ⎡…⎤ 按钮,打开应用规范的选择对话框,其中新规范的情况如图 7 – 52 所示。

图 7 – 52　新规范设计方案对话框

2. 结构材料

可供选择的结构材料包括四种:钢筋混凝土结构、钢骨混凝土结构、有填充墙的钢结构、无填充墙的钢结构。此参数便于程序正确选择相关规范计算地震力和风荷载。

3. 结构体系

结构体系包括框架结构、框架 – 剪力墙结构、框架 – 核心筒结构、筒体结构、剪力墙结构、短肢剪力墙结构、复杂高层结构、板柱 – 剪力墙结构、异形柱 + 框架结构、异形柱 + 剪力墙结构。

当“结构体系”定义为“短肢剪力墙结构”时,程序会自动对模型中的剪力墙是否为短肢剪力墙进行判断,否则不会自动判断。当判断为短肢剪力墙时,短肢剪力墙的抗震等级自动提高一级,并对短肢剪力墙的设计内力进行调整。

选择不同的结构体系,程序会按照相应的规范进行构件内力调整及满足设计构造要求。

4. 钢筋混凝土结构建筑高度级别

《高规》第 3.3.1 条规定:钢筋混凝土高层建筑结构的最大适用高度应区分为 A 级和 B 级,A 级高度钢筋混凝土乙类和丙类高层建筑的最大适用高度应符合表 3.3.1 – 1 的规定,B 级高度钢筋混凝土乙类和丙类高层建筑的最大适用高度应符合表 3.3.1 – 2 的规定。相应条文说明指出 B 级高度的高层建筑应遵守更严格的计算和构造措施,并应按有关规定进行超限高层建筑的抗震设防专项审查复核。

程序中此项选择分为 A 级和 B 级。此参数的设定主要影响结构的位移比、楼层受剪承载力验算等。执行自动审核功能时,可以以此判断结构是否超高、高宽比是否超限、抗震等级定义是否正确等审核内容。

5. 刚度调整系数

1)中梁刚度放大系数

《高规》第 5.2.2 条规定:在结构内力与位移计算中,现浇楼面和装配整体式楼面中梁的刚度可考虑翼缘的作用予以增大。楼面梁刚度增大系数可根据翼缘情况取 1.3 ~ 2.0。

默认值为 1.0。

2)边梁刚度放大系数

在定义了中梁刚度放大系数后自动生成,无须手动输入。

程序会自动搜索并判断中梁和边梁,进行梁刚度的放大。对于无现浇面层的装配式结构,可不考虑楼面翼缘的作用。在楼板类型为“弹性板”时,程序会自动忽略中梁刚度的放大。

3)连梁刚度折减系数

《高规》第 5.2.1 条规定:高层建筑结构地震作用效应计算时,可对剪力墙连梁刚度折减,折减系数不宜小于 0.5。

《抗震规范》第 6.2.13 条第 2 款规定:抗震墙地震内力计算时,连梁的刚度可折减,折减系数不宜小于 0.5。其条文说明指出计算剪力墙结构的地震内力时,连梁刚度可折减,折减系数通常取 0.5 ~ 1.0。设防烈度 6、7 度时不宜小于 0.7,8、9 度时不宜小于 0.5,非抗震设防和风荷载效应起控制作用时,连梁刚度不宜折减。

程序通过连梁刚度折减系数来考虑连梁开裂后的折减刚度。

7.2.2 边界条件

1. 自动约束基底

将构件最底部进行约束。约束的方式有固定和铰支两种。勾选此项后,程序会自动按照设计人员所选方式进行计算。若不勾选此项,则需要用户自定义基底约束条件。对于支撑构件,程序不能自动约束基底。

2. 考虑梁柱重叠部分的刚域效果

《高规》第 5.3.4 条规定:在结构内力与位移计算中,宜考虑框架或壁式框架梁、柱节点区的刚域影响,梁截面计算弯矩可取刚域端截面。

图 7 – 53　刚域效果

勾选此项后,程序会基于构件尺寸的长度,自动计算刚域长度。单击 ⋯ 可以进一步设置刚域效果,如图 7 – 53 所示。

刚域长度修正系数的取值范围为 0 ~ 1,默认值为 1。当系数设定为 0 时,代表不考虑刚域效果。

勾选此项,不仅影响构件内力的输出位置,也会影响自重计算长度和荷载分布的计算。

"修正前位置"是指在节点区域外边缘输出构件内力,对于梁的内力为柱边,柱的内力为梁上、下翼缘处。

"修正后位置"是指在经刚域长度修正系数调整后的位置输出构件内力。选择"修正后位置"时,构件自重、分布荷载的大小以及构件内力的输出位置取决于经刚域长度修正系数调整后的距离。柱构件自重按两端节点长度计算,梁构件自重计算按两端节点间长度扣除刚域长度的静距离计算。

梁端释放约束的梁构件不考虑刚域效果。

7.2.3 网格尺寸

1. 楼板

楼板类型为弹性板时,板元的划分尺寸。对于楼板作刚性板假定的情况,此参数无效。默认值为 1.8 m。

2. 一般墙

对于一般剪力墙的细分尺寸。默认值为 1.8 m。

3. 转换梁

转换梁采用板元分析时,板元的细分尺寸。需要在【分析设计/修改构件类型】命令中指定转换梁。默认值为 0.3 m。

4. 斜板/楼梯

对于斜板和楼梯构件的细分尺寸。默认值为 0.6 m。

5. 详细分析墙

对需要详细分析的剪力墙的细分尺寸。需要在【分析设计/剪力墙详细分析】命令中指定需要详细分析的剪力墙。默认值为 0.3 m。

一般工程,建议按默认值取值即可满足精度需要。细分尺寸越小,需要分析的时间越长。

7.2.4　其他

1. 所有构件的内部节点自由度全部耦合

勾选此项,即可保证在不同构件之间相邻的节点处,网格划分后的位移完全协调。

2. 对墙洞口连梁的处理

单击[⋯],打开对墙洞口连梁处理的对话框,如图 7 - 54 所示。

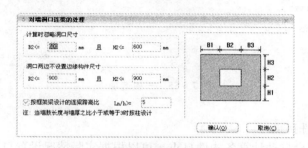

图 7 - 54　对墙洞口连梁的处理对话框

1)计算时忽略洞口尺寸

在图 7 - 54 所示对话框中可以设定忽略洞口的尺寸,当剪力墙洞口同时满足设定条件时将被忽略。默认洞口宽(B_2)和高(H_2)均为 0.6 m。

2)洞口两边不设置边缘构件尺寸

同时满足设定条件,剪力墙洞口处将不设置边缘构件。默认洞口宽(B_2)和高(H_2)均为 0.9 m。

3)按框架梁设计的连梁跨高比

勾选此项时,对跨高比满足设定要求的连梁均按框架梁设计。默认值为 5。

《抗震规范》第 6.4.6 条规定:抗震墙的墙肢长度不大于墙厚的 3 倍时,应按柱的有关要求进行设计。当墙肢长度与厚度之比小于或等于 3 时,程序会自动将其按柱设计。包括轴压比、最小配筋率等限值均发生变化。

7.3　荷载控制

单击工具栏中[荷载控制]按钮,打开荷载控制对话框。该对话框共包括一般、风荷载、地震作用、活荷载控制、人防和地下室等五个选项卡。

7.3.1　一般选项卡

图 7-55 所示为一般选项卡。

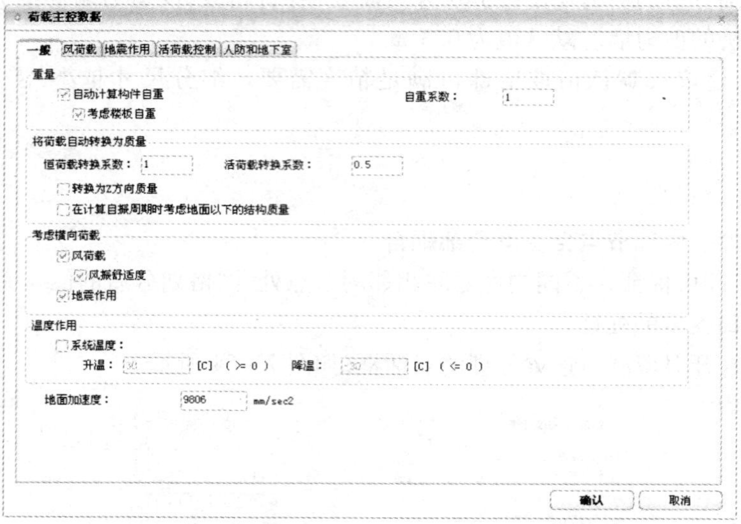

图 7-55　一般选项卡

1. 重量

1）自动计算构件自重

勾选此项,程序会自动计算各构件自重。可以根据实际情况设置自重系数,自重系数一般为考虑构件抹灰及其他装饰荷载而采取的增大系数。

注意,这里没有考虑楼板的自重。

2）考虑楼板自重

如果同时勾选此项,则程序自动计算楼板自重。如果设计人员输入的楼面荷载中已包含了楼板自重,那么在这里就不需要勾选此项。

2. 将荷载自动转换为质量

1）恒/活荷载转换系数

用于定义在计算地震作用时的重力荷载代表值。默认恒荷载转换系数为 1,活荷载转换系数为 0.5。

2）转化为 Z 方向质量

如果勾选此项,则程序自动将荷载转化为 X、Y、Z 方向的质量。一般当计算竖向地震作用时,需要勾选此项。

3）在计算自振周期时考虑地面以下的结构质量

默认值为勾选。不勾选则在作特征值分析时不考虑地面以下的结构质量。

3. 考虑横向荷载

横向荷载包括风荷载和地震作用。默认两者都勾选。如果不勾选,仅指不考虑反应谱法和基底剪力法的地震作用,并不影响时程分析的地震作用。

4. 温度作用

勾选此项时,则考虑结构整体温度作用的影响。

5. 地面加速度

程序默认的重力加速度值为 9.806 m/s²。该值可以由设计人员修改，修改后的值主要影响结构的质量和自振周期的计算。

7.3.2　风荷载

风荷载选项卡如图 7 - 56 所示。

1. 荷载类型

选择"规范"时，程序会采用《建筑结构荷载规范》GB 50009—2001（后面均简称《荷载规范》）计算风荷载；选择"用户定义"时，则需要用户自行输入风荷载数值。

2. 规范数据

1) 地面粗糙度类别

《荷载规范》第 8.2.1 条规定：地面粗糙度可分为 A、B、C、D 四类。A 类指近海海面和海岛、海岸、湖岸及沙漠地区；B 类指田野、乡村、丛林、丘陵以及房屋比较稀疏的乡镇；C 类指有密集建筑群的城市市区；D 类指有密集建筑群且房屋较高的城市市区。

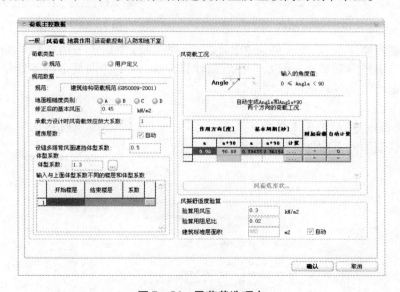

图 7 - 56　风荷载选项卡

2) 修正后的基本风压

《荷载规范》第 8.1.2 条规定：基本风压应采用按本规范规定的方法确定的 50 年重现期的风压，但不得小于 0.3 kN/m²。

《高规》第 4.2.2 条规定：对风荷载比较敏感的高层建筑，承载力设计时应按基本风压的 1.1 倍采用。

3) 承载力设计时风荷载效应放大系数

《高规》第 4.2.2 条指出：对风荷载比较敏感的高层建筑，承载力设计时应按基本风压的 1.1 倍采用，房屋高度大于 60 m 的高层建筑属于对风荷载比较敏感的高层建筑。

程序采用基本风压计算结构的位移，采用 1.1 倍的基本风压值验算承载力。

4) 裙房层数

默认勾选"自动"，对于多塔结构，程序可以自动判断裙房的层数；对于非多塔结构，则需用户手动输入。指定裙房层数后,程序参照《荷载规范》第 8.4.4 条、第 8.4.5 条和第 8.4.7 条内容计算脉动风荷载的共振分量因子、背景分量因子和振型系数。

5)设缝多塔背风面遮挡体型系数

在设缝多塔结构中,缝隙两侧或者塔间相互遮挡处一般不受风荷载或者为风荷载的背风面,风荷载的影响很小,需要指定遮挡面来考虑对风荷载计算的影响。

图 7 - 57 所示为一设缝矩形平面结构,迎风面体型系数为 0.8,背风面体型系数为 0.5,该结构的设缝多塔遮挡面体型系数应取 0.5,即缝两面互为遮挡面,也是背风面,此处背风面体型系数为 0(遮挡面背风面体型系数 = 背风面体型系数 - 遮挡面体型系数)。

图 7 - 58 所示为一多塔结构,多塔结构遮挡面体型系数应该根据塔的大小、形状和相互距离等实际情况确定。对于图示结构,当遮挡面体型系数为 0.2 时,即塔 1 和塔 2 在遮挡面处背风面体型系数为 0.3(0.3 = 0.5 - 0.2)。

图 7 - 57　设缝结构　　　　　　　图 7 - 58　多塔结构

对于设缝多塔结构,设计人员应在【荷载/荷载控制】中指定各塔的挡风面。设定遮挡面体型系数考虑风荷载的修正只是一种近似计算方法,对于特别复杂的多塔结构需要作风动试验来确定建筑物各表面的体型系数。

6)体型系数

按照《荷载规范》第 7.3.1 条的表 7.3.1 采用,也可以单击 ⌐…⌐,选择图 7 - 59 所示体型系数计算对话框中的系数进行设定。

图 7 - 59　风荷载体型系数

如果建筑物立面变化较大,需要分段采用不同的体型系数,可以通过【输入与上面体型系数不同的楼层和体型系数】,输入结构的体型分段数及体型系数。

风荷载的计算不包括结构地面以下的部分。

3. 风荷载工况

1)风荷载作用方向

此处可以直接输入一个不大于 90°的角度作为风荷载作用方向,程序计算该方向以及与其垂直的方向上的风荷载值,且允许定义多个角度作用的风荷载。

2)基本周期

如果已知结构的计算周期,则直接输入。或者单击 ⌐…⌐,打开图 7 - 60 所示基本周期的简化计算方法对话框,按经验公式计算。

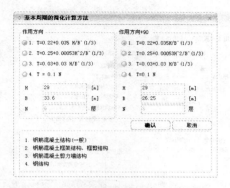

图 7 - 60　基本周期的简化计算方法

3）附加荷载

此处可以定义除程序自动计算外的每层风荷载值，可以修正程序自动计算的结果。单击"附加荷载"下的按钮，会弹出附加荷载设置对话框如图 7 - 61 所示。通过定义开始层和结束层以及荷载大小，完成添加附加荷载的操作。

4）自动计算

计算风荷载的迎风面面积。单击自动计算下方的按钮，弹出自动计算对话框，如图 7 - 62 所示。

图 7 - 61　附加荷载设置对话框

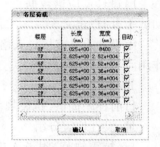

图 7 - 62　各层迎风面尺寸

设计人员可以在此定义计算迎风面所需的高度和宽度，勾选"自动"则由程序自动计算。

7.3.3　地震作用

地震作用选项卡如图 7 - 63 所示。

1. 计算方法

《抗震规范》第 1.0.2 规定：抗震设防烈度为 6 度及以上地区的建筑，必须进行抗震设计。

《抗震规范》第 5.1.2 规定：高度不超过 40 m、以剪切变形为主且质量和刚度沿高度分布比较均匀的结构以及近似于单质点体系的结构，可采用底部剪力法等简化方法；除上款外的建筑结构，宜采用振型分解反应谱法；特别不规则的建筑、甲类建筑和表 5.1.2 - 1 所列高度范围的高层建筑，应采用时程分析法进行多遇地震下的补充计算；当取三组加速度时程曲线输入时，计算结果宜取时程法的包络值和振型分解反应谱法的较大值；当取七组及七组以上的时程曲线时，计算结果可取时程法的平均值和振型分解反应谱法的较大值。

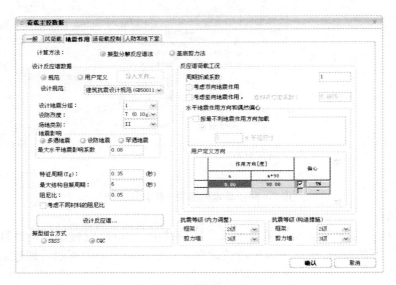

图 7 - 63　地震作用选项卡

程序提供的计算方法分别为振型分解反应谱法和基底剪力法。

2. 振型分解反应谱法

1）设计反应谱数据

Ⅰ. 用户定义

由设计人员直接导入格式为 *.sgs 和 *.spd 的地震波数据文件,形成反应谱计算地震作用。

Ⅱ. 设计规范

目前程序提供《抗震规范》和《上海市建筑抗震规程》DGJ 08 - 9—2003。

Ⅲ. 设计地震分组

与《抗震规范》附录 A 中的设计地震第一、第二、第三组对应。

Ⅳ. 设防烈度

根据《抗震规范》附录 A 设定建筑物所在地区的抗震设防烈度,程序提供了六个参数供选择:6(0.05g)、7(0.10g)、7(0.15g)、8(0.20g)、8(0.30g)、9(0.40g)。

Ⅴ. 场地类别

包括有 I_0、I_1、Ⅱ、Ⅲ、Ⅳ五个选项。

Ⅵ. 地震影响

《抗震规范》第 5.1.4 规定:建筑结构的地震影响系数应根据烈度、场地类别、设计地震分组和结构自振周期以及阻尼比确定,其水平地震影响系数最大值应按表 5.1.4 - 1 采用。

程序提供多遇地震、设防地震和罕遇地震选项。多遇地震对应于 50 年设计基准期内超越概率为 63.2% 的地震烈度,一般指小震。设防地震对应于 50 年设计基准期内超越概率为 10% 的地震烈度,一般指中震。罕遇地震对应于 50 年设计基准期内超越概率为 2% ~ 3% 的地震烈度,一般指大震。

最大水平地震影响系数即水平地震影响系数最大值,参照表 7 - 1 取值。

表 7 – 1　水平地震影响系数最大值

抗震设防烈度	6(0.05g)	7(0.10g)	7(0.15g)	8(0.20g)	8(0.30g)	9(0.40g)
多遇地震	0.04	0.08	0.12	0.16	0.24	0.32
设防地震	0.10	0.23	0.34	0.45	0.68	0.90
罕遇地震	0.28	0.50	0.72	0.90	1.20	1.40

Ⅶ. 特征周期

《抗震规范》第 5.1.4 规定：特征周期应根据场地类别和设计分组按表 5.1.4 – 2 采用，计算罕遇地震作用时，特征周期应增加 0.05 s。

Ⅷ. 最大结构自振周期

程序默认为 6 s，当结构基本周期超过 6 s 后需要定义此参数。程序根据《抗震规范》第 5.1.5 条的规定计算地震影响系数。

Ⅸ. 阻尼比

程序默认值为 0.05。阻尼比是反映结构内部在动力作用下相对阻力情况的参数。勾选"考虑不同材料的阻尼比"时，程序可以在【构件/特性/材料】中定义结构中不同材料的阻尼比。一般情况下，钢筋混凝土结构取 0.05，钢结构取 0.02，混合结构取 0.04。

Ⅹ. 设计反应谱

单击 设计反应谱... 按钮，弹出编辑/显示谱数据对话框，如图 7 – 64 所示。谱数据表格可以根据规范生成，表格中的地震作用影响系数与结构周期一一对应。如果采用【设计反应谱数据/用户定义】，则可以根据需要对谱数据表格进行修改，周期和谱数据的数值会通过地震影响系数曲线反映。对谱数据表格进行修改需满足《抗震规范》第 5.1.5 条的规定。

谱数据类型默认为"归一化加速度"，即用加速度反应谱除以重力加速度得到的地震作用影响系数的频谱。程序另外还提供"加速度""速度""位移"等谱数据类型，需在【设计反应谱数据/用户定义】模式下才能选择。

程序提供"调整系数"和"最大值"两种方法对反应谱函数数值按比例进行调整，前者输入按比例放大的数值，后者直接输入地震影响系数。

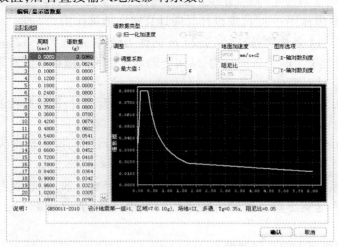

图 7 – 64　编辑/显示谱数据对话框

2）振型组合方式

程序提供 SRSS 和 CQC 两种振型组合方式。

SRSS 是平方和开平方法，是一种非耦联的振型分解法。该方法假设所有最大模态值在统计上都是相互独立的。因此，当结构的自振型态或自振频率相差较大，不进行扭转耦联计算时，宜采用 SRSS 方法。

CQC 是完全平方组合法。这种方法考虑了振型阻尼引起的邻近振型间的静态耦合效应。因此当振型的分布在某个区间内比较密集时，也就是说某些振型的频率值比较接近，对结构进行扭转耦联计算时，宜采用 CQC 方法。

3）反应谱荷载工况

Ⅰ.周期折减系数

《高规》第 4.3.16 条规定：计算各振型地震影响系数所采用的结构自振周期应考虑非承重墙体的刚度影响予以折减。

《高规》第 4.3.17 条规定：当非承重墙体为砌体墙时，高层建筑结构的计算自振周期折减系数对框架结构可取 0.6～0.7，对框架－剪力墙结构可取 0.7～0.8，对框架－核心筒结构可取 0.8～0.9，对剪力墙结构可取 0.8～1.0。对于其他结构体系或采用其他非承重墙体时，可根据工程情况确定周期折减系数。

Ⅱ.考虑双向地震作用

《抗震规范》第 5.1.1 条第 3 款及《高规》第 4.3.2 条第 2 款均规定：质量与刚度分布明显不对称、不均匀的结构，应计算双向水平地震作用下的扭转影响。

考虑双向地震作用时，程序自动计算 X、Y 向的地震作用效应而不考虑偶然偏心的影响。

Ⅲ.考虑竖向地震作用

《抗震规范》第 5.1.1 条规定：8、9 度时的大跨度和长悬臂结构及 9 度时的高层建筑，应计算竖向地震作用。

《抗震规范》第 5.3.4 条规定：大跨度空间结构的竖向地震作用，尚可按竖向振型反应谱方法计算。

《高规》第 4.3.2 条规定：高层建筑中的大跨度、长悬臂结构，7 度（0.15g）、8 度抗震设计时应计入竖向地震作用；9 度抗震设计时应计算竖向地震作用。

《高规》第 4.3.14 条规定：跨度大于 24 m 的楼盖结构、跨度大于 12 m 的转换结构和连体结构、悬挑长度大于 5 m 的悬挑结构，结构竖向地震作用效应标准值宜采用时程分析方法或振型分解反应谱法计算。

《高规》第 10.5.2 条规定：7 度（0.15g）和 8 度抗震设计时，连体结构的连接体应考虑竖向地震的影响。

《高规》第 10.5.3 条规定：6 度和 7 度（0.1g）抗震设计时，连体结构的连接体宜考虑竖向地震的影响。

竖向反应谱系数是与水平反应谱相比的地震影响折减系数，一般取重力荷载代表值的折减系数与水平向地震影响系数的折减系数的乘积，默认值取 0.487 5（0.487 5 = 0.75 × 0.65）。

Ⅳ.水平地震作用方向和偶然偏心

设计人员选择是否按最不利地震作用方向加载。如果勾选，程序会自动生成地震作用工况 RS＿C 和 RS＿C＋90。最不利地震作用结果可以在文本结果"周期、地震作用及振型"文档中进行查看；也可以在【视图/显示/显示】中勾选"最不利作用方向"，在模型视图中显示。

在计算最不利地震作用时，可以选择是否考虑偶然偏心的影响。勾选后，程序默认取 5％的偏心率，并且设计人员可以自行定义偏心率数值，但是不宜超过规范规定值 5％，程序会自动生成偶然偏心工况 ES＿C 和 ES＿C＋90。

Ⅴ. 用户定义方向

设计人员可以输入一个大于 0°、小于 90°的角度，程序自动生成与该角垂直方向的地震作用工况。最多可以定义五个地震作用方向，自定义方向的角度默认从 0°开始。

在自定义方向中，还可以选择是否考虑偶然偏心，勾选"5％"按钮前的复选框即可。按照垂直于地震作用方向的 5％取用，生成偶然偏心工况为 ES＿0 与 ES＿90。单击"5％"按钮，弹出设置自定义方向的偶然偏心对话框，可以设置偶然偏心数值的大小，如图 7－65 所示。

4）抗震等级

对于框架、剪力墙构件，程序中给出了特 1 级、1 级、2 级、3 级、4 级、无供选择。其中"无"表示不考虑抗震构造要求。

图 7－65 偶然偏心对话框

3. 基底剪力法

基底剪力法的对话框中的各参数和振型分解反应谱法中的参数功能类似，下面只介绍不同的参数及功能。基底剪力法参数设置对话框如图 7－66 所示。

1）结构形式

程序给出的结构形式包括多层钢筋混凝土或钢结构、多层内框架、高层钢结构、其他。此参数主要影响地震影响参数的取值。

2）倒三角形荷载形状

按基底剪力法计算地震作用后，可以在此查看地震作用形状。单击该按钮，会弹出地震作用形状对话框，可以查看不同角度、不同成分的地震作用形状。

7.3.4 活荷载控制

活荷载控制选项卡如图 7－67 所示。

1. 活荷载折减

实际工程中，作用在楼面的活荷载一般不可能同时施加在楼层上，因此在进行构件设计时，需要对活荷载进行折减。《荷载规范》第 4.1.2 条规定了设计楼面梁、墙、柱及基础时楼面活荷载的折减系数。

对梁承受的活荷载进行折减时，折减系数与楼面梁的从属面积有关，楼面梁的从属面积应按梁两侧各延伸二分之一梁间距的范围内的实际面积确定。具体数值参照《荷载规范》第 4.1.2 条第 1 款的规定。

设计柱、墙、基础时，楼面活荷载的折减系数参照《荷载规范》第 4.1.2 条第 2 款的规定。

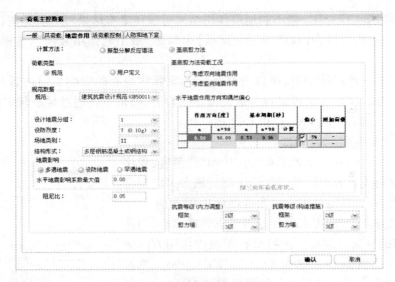

图 7 - 66　基底剪力法对话框

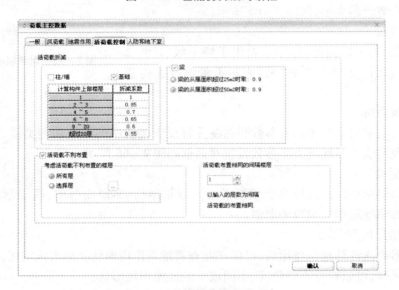

图 7 - 67　活荷载控制选项卡

程序对斜撑不进行折减。

2. 活荷载不利布置

《高规》第5.1.8条规定:高层建筑结构内力计算中,当楼面活荷载大于 4 kN/m^2 时,应考虑楼面活荷载不利布置引起的梁弯矩的增大;当整体计算中未考虑楼面活荷载不利布置时,应适当增大楼面梁的计算弯矩。

设计人员可以选择楼层考虑梁的活荷载不利布置的影响。默认是所有层都考虑。单击"选择层"后的 □ ,可在弹出的对话框中选择需要考虑活荷载不利布置的楼层号。

3. 活荷载布置相同的间隔楼层

这里以输入的楼层数为间隔,对应楼层的活荷载布置相同。如果输入数值3,则1F和4F、2F和5F……的活荷载布置是一致的。

一般来说,对于活荷载布置相同的间隔楼层,楼层的房间布置应该是一样的,当间隔楼层的结构不完全一样时,程序只对房间布置相同的部分布置相同的活荷载,若要准确地进行考虑,可将"活荷载布置相同的间隔楼层"设置为 1,则程序对每一楼层的活荷载不利布置分别进行计算。

7.3.5　人防和地下室

人防和地下室选项卡如图 7 - 68 所示。只有在【结构/标准层和楼层】中定义了地下室以后,人防和地下室选项卡才会亮显。

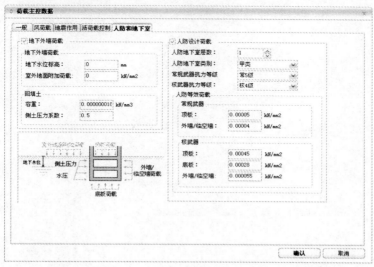

图 7 - 68　人防和地下室选项卡

1. 地下外墙荷载

地下水位标高以结构 ±0.00 标高为准,高为正,低为负。

室外地面附加荷载用来计算地面附加荷载对地下室外墙的水平压力。

2. 回填土

回填土容重用于计算地下室外墙侧土压力,默认取 18 N/m^2。

侧土压力系数用于计算地下室外围墙的侧土压力,此参数为静止土压力的压力系数。

3. 人防设计荷载

1)人防地下室层数

人防地下室层数是考虑人防设计的地下室层数,当人防地下室层数与地下室层数不同时,人防地下室是从地下室底部算起的。

2)人防地下室类别

人防地下室类别分为甲级和乙级两类,具体选用参考《人防规范》GB 50038—2005 第1.0.4 条的条文说明。

3)常规武器抗力等级

常规武器抗力级别分为 5 级和 6 级,参见《人防规范》第 1.0.2 条。

4)核武器抗力等级

核武器抗力级别分为 4 级、4B 级、5 级、6 级和 6B 级,参见《人防规范》第 1.0.2 条。

4. 人防等效荷载

对于常规武器,分别输入顶板和外墙的竖向及水平等效人防荷载。按照《人防规范》第4.7.2 条、第 4.7.3 条的规定选用。

对于核武器,分别输入顶板和外墙的竖向及水平等效人防荷载。按照《人防规范》第4.8.2 条、第 4.8.3 条和第 4.8.5 条的规定选用。

第8章 结构分析与设计

8.1 分析设计参数定义

使用结构大师进行结构设计分析的一个主要特点是将结构构件设计所需的参数在一个对话框中批量输入。设计时各参数使用的优先顺序为:单个构件 > 全部构件 > 默认值。如果设计人员在运行分析设计后修改了设计参数,那么前次的设计内力及设计结果将被删除。

结构构件设计中需要的参数在【分析设计/控制信息】中定义。控制信息对话框包含四个标签页,功能如下。

(1)控制信息:进行批量分析/设计选择分析种类以及构件种类。

(2)调整信息:调整设计内力的各项调整系数。

(3)设计信息:选择计算方法以及适用的规范条文。

(4)钢筋信息:选择计算配筋量所需的强度等级、保护层厚度、间距。

8.1.1 控制信息

单击 ![按钮] 弹出控制信息对话框,其中控制信息选项卡分为分析和设计两个功能,设计功能中包括钢筋混凝土构件设计、钢结构验算和型钢混凝土构件设计,如图8-1所示。

1.特征值分析

特征值分析是分析结构固有振动特性的分析方法,又称为无阻尼自由振动分析。特征值分析是反应谱分析和振型分解时程分析前必须作的分析。单击特征值分析后的 按钮,弹出图8-2所示特征值分析控制对话框,在对话框中可以选择特征值分析方法和输入各方法的控制参数。

1)分析类型

程序提供两种常用的特征值分析方法:兰佐斯法和子空间迭代法。兰佐斯(Lanczos)法使用

图8-1 控制信息选项卡

凝聚矩阵计算,计算速度较快,适合求解大多数模型的特征值问题。子空间迭代法比较稳定,适用于各种结构的特征值分析,尤其在计算大规模模型的部分特征值和特征向量时效率较高。默认为兰佐斯法。

2)频率数量

《抗震规范》第5.2.2条条文说明中指出振型个数一般可以取振型参与质量达到总质量90%所需的振型数。

（a）　　　　　　　　　　　　　　　（b）

图 8 - 2　特征值分析控制对话框

（a）兰佐斯分析方法　　（b）子空间迭代分析方法

频率数量即设置需要计算的振型数量。有"自动"和"用户定义"两个选项。默认为自动,程序会自动计算并增加振型数量,直到使其质量参与系数之和达到 90% 为止。当选择"用户定义"时,则需用户自行定义振型数量,通常振型数量不应小于 3,且为 3 的倍数。计算完成后,需在【结果/结构分析结果/振型(T)】的表格中查看"振型参与质量"中 DX、DY、RZ 的数值是否达到 90% ,否则需要增加振型数量。

3）强制终止条件

为了提高计算效率及过滤掉无实际意义的高阶振型,需要定义终止分析的最多振型数。勾选此项时,当程序增加振型数到定义的最多振型数时,程序会强制终止分析,避免进入死循环状态。

2. 线弹性时程分析

《抗震规范》第 5.1.2 条第 3 款规定:特别不规则的建筑、甲类建筑和表 5.1.2 - 1 所列高度范围内的高层建筑,应采用时程分析法进行多遇地震下的补充计算;当取三组加速度时程曲线输入时,计算结果宜取时程法的包络值和振型分解反应谱法的较大值;当取七组及七组以上的时程曲线时,计算结果可取时程法的平均值和振型分解反应谱法的较大值;弹性时程分析时,每条时程曲线计算所得结构底部剪力不应小于振型分解反应谱法计算结果的65% ,多条时程曲线计算所得结构底部剪力的平均值不应小于振型分解反应谱法计算结果的80% 。

勾选此项可以作线弹性时程分析。进行时程分析之前,需要进行特征值分析,因此需要先定义特征值分析控制参数。定义线弹性时程荷载数据才可以进行线弹性时程分析,单击该项后面的 ··· 按钮或通过【荷载/时程荷载/荷载数据】定义,如图 8 - 3 所示。点击 添加(A) 弹出图 8 - 4 所示对话框,可以添加时程分析荷载数据。

图 8 - 3　线弹性时程荷载数据对话框

1）时程荷载数据名称

程序默认为 THLD1，可以修改，用于查看分析结果。一个荷载数据最好按规范要求由两个实测地震波和一个人工模拟波组成。一个地震波也可以组成一个荷载数据。

2）地震波模式

地震波模式分为单向地震作用和多向地震作用两个选项。

单向地震作用对话框如图 8-4 所示，在两个水平方向和竖向地震作用中选择一个。

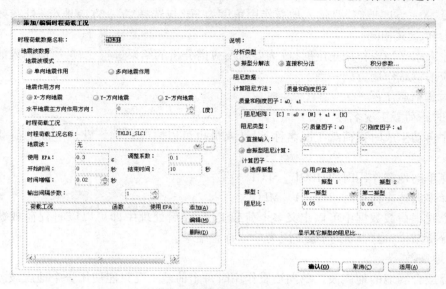

图 8-4　单向地震作用对话框

多向地震作用对话框如图 8-5 所示，可以组合两个平动方向和一个竖向地震作用方向的地震作用。如果只选择一个地震作用方向，则与单向地震作用相同。

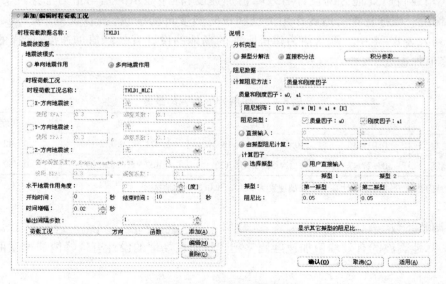

图 8-5　多向地震作用对话框

3) 地震作用方向

地震作用方向是以整体坐标系为基准,默认沿整体坐标系 X 轴方向作用,当选择单向地震作用时才需要输入该项。

在水平地震主方向作用方向对话框中,可以输入实际地震作用方向与基准方向构成的角度,绕整体坐标系 Z 轴逆时针方向为正,当加载方向选择"X – 方向地震"时,水平地震作用角度的基准轴为 X 轴;当加载方向选择"Y – 方向地震"时,水平地震作用的基准轴为 Y 轴。选择"X – 方向地震"且输入地震作用角度为 90°与选择"Y – 方向地震"且选择地震作用角度为 0°意义相同。

在输入水平地震作用角度时,因为要与反应谱分析的结果进行比较,所以输入的角度应该与反应谱荷载作用方向一致。

4) 时程荷载工况

Ⅰ. 时程荷载工况名称

程序自动生成时程荷载工况名称,设计人员也可以修改名称。默认生成的荷载工况名称如下。

选择单向地震作用时:THLD1 _ SLC1。

选择多向地震作用时:THLD1 _ MLC1。

一个时程荷载数据中可以定义多个荷载工况,在后处理中即可以以时程荷载数据为单位查看分析结果,也可以以荷载工况为单位查看结果。

Ⅱ. 地震波

选择适合场地的地震波。单向地震作用时每个荷载工况只能使用一个地震波。多向地震作用时各方向可以使用不同的地震波。单击该项后面的 [...] 按钮或通过【荷载/时程荷载数据/地震波】添加需要的地震波。

Ⅲ. 使用 EPA(设计有效峰值加速度)

EPA 指建筑所处地区的设计有效峰值加速度,程序显示的是与重力加速度 $g = 980.6$ cm/s^2 的比值。根据选择的地震作用类型和设防烈度自动按照《抗震规范》表 5.1.2 – 2 给出数值,列入表 8 – 1 中。默认值为建筑所在的场地的设计有效峰值加速度/选择的地震波的有效峰值加速度。

表 8 – 1　使用 EPA 输入的数值

地震影响	6 度	7 度	8 度	9 度
多遇地震	0.018 36	0.035 6(0.056 09)	0.071 38(0.112 18)	0.142 77
罕遇地震	0.127 47	0.224 35(0.316 13)	0.407 91(0.520 09)	0.632 27

注:括号内数值分别用于设计基本地震加速度为 $0.15g$ 和 $0.30g$ 的地区。

Ⅳ. 调整系数

将实际地震波的有效峰值加速度调整到建筑所在场地的设计有效峰值加速度值的调整系数。

Ⅴ. 开始时间、结束时间和时间增幅

分析开始时间,根据选择的地震波自动设置,将从地震波数据中扣除输入的开始时间长度范围的数据后进行分析。

分析结束时间,根据选择的地震波程序自动设置。输入的时间小于地震波数据长度时,将从地震波数据中忽略输入的结束时间以后的数据进行分析;输入的时间大于地震波数据长度时,将地震波数据结束位置到输入的时间长度范围内的荷载设置为零。

时间增幅是时程分析的时间步长,程序根据选择的地震波自动设置。如果输入的值与地震波数据的时间间隔不同,采用线性内插计算荷载值。时间增幅的大小对分析结果的精度有很大影响,通常取最大振型周期的 10%,且不小于荷载数据时间间隔的时间。

Ⅵ. 输出间隔步数

输出数据的时间间隔数。例如结束时间为 1 s,步长为 0.01 s,则总的步骤数为 100。如果输出步长为 2,则将输出 0.02、0.04、0.06……即每两个时间间隔的分析结果。

5)分析类型

程序提供了振型分解法和直接积分法两种方法。

振型分解法是通过分解各振型的响应后进行线性组合的方法。虽然该方法在求解大模型时效率较高,但是不能用于求解非线性动力分析问题。

直接积分法是将时间分成很多个微小的时间段,再求解各时间段范围内的动力平衡方程的方法。直接积分法可以用于非线性动力分析,但分析时间较长。直接积分的方法有很多,程序提供 Newmark $-\beta$ 法的常加速度、线性加速度、用户定义三种方法,默认为常加速度法,如图 8 – 6 所示。设计人员可以输入 Gamma 和 Beta 两个时间积分参数值。

图 8 – 6　时间积分参数

线性加速度法假设结构的加速度在时间间隔内线性变化,积分参数 Gamma 为 1/2、Beta 为 1/6。该方法当时间间隔大于结构最小周期的 0.551 时分析结果将发散。设计人员也可以直接输入两个积分参数 Gamma 和 Beta 的值。Gamma 和 Beta 值对分析的稳定性和正确性有较大影响,建议使用推荐值。

6)阻尼数据

程序提供了振型阻尼和瑞利阻尼两种计算阻尼方法。分析类型选择振型分解法时默认为振型阻尼,分析类型为直接积分法时默认为瑞利阻尼。

Ⅰ. 振型阻尼

由设计人员输入各振型的阻尼比计算各振型的响应。

Ⅱ. 瑞利阻尼

瑞利阻尼又称质量和刚度因子法,即使用结构的质量矩阵或刚度矩阵或质量矩阵和刚度矩阵的线性组合计算阻尼矩阵的方法。

Ⅲ. 阻尼类型

计算阻尼的方法,有质量因子法(a_0)、刚度因子法(a_1)、质量和刚度因子法。程序默认为质量和刚度因子法。

阻尼矩阵计算公式为

$$C = a_0 M + a_1 K$$

式中　**C**——阻尼矩阵；

　　　M——质量矩阵；

　　　K——刚度矩阵。

比例因子的输入方法分为直接输入和由振型阻尼自动计算两种方法。由振型阻尼自动计算的方法是利用设计人员输入的振型阻尼使用阻尼矩阵计算公式自动计算各振型阻尼的方法。

7）计算因子

计算因子分为选择振型、用户直接输入振型频率或周期两种方法。

Ⅰ.选择振型

在第一到第三振型中选择相应的振型并输入该振型的阻尼比，程序将自动计算比例因子并将其反映到上面比例因子栏中。

Ⅱ.用户直接输入任意振型的频率或周期

设计人员输入任意振型的频率或周期以及对应振型的阻尼比，程序将自动计算比例因子并将其反映到上面比例因子栏中。

3.施工阶段分析

《高规》第5.1.9条规定：高层建筑结构在进行重力荷载作用效应分析时，柱、墙、斜撑等构件的轴向变形宜采用适当的计算模型考虑施工过程的影响；复杂高层建筑及房屋高度大于150 m的其他高层建筑结构，应考虑施工过程的影响。

施工阶段分析是根据施工工序考虑模型、荷载、边界条件的变化的分析方法。在结构大师中只考虑按层施工的工序和荷载的变化。单击其后面的⫙按钮，可以在层增幅对话框中指定每个施工阶段的楼层数，默认值为1，如图8－7所示。层增幅的设定通常为钢筋混凝土结构每次施工1层，钢结构每次施工2层。

施工阶段中可以考虑的荷载为恒荷载DL，分析结果保存在DL荷载工况中。每个阶段的模型使用增加层数后的模型，荷载使用当前阶段的荷载，最后结果为前面所有施工阶段的结果的累加。

在施工阶段分析中，对于只受压构件按可以双向受力的弹性连接考虑，只受拉构件不参与施工阶段分析。

4.P-Delta分析

P-Delta分析考虑结构的重力二阶效应分析，单击其后面的⫙按钮，弹出图8－8所示的P-Delta分析控制对话框。

1）控制参数

迭代次数：终止条件，默认值是5。

收敛误差：位移范数终止条件，默认值是10^{-5}。

2）P-Delta荷载

选择P-Delta分析中构成几何刚度的荷载工况。一般选择长期荷载作用（自重和其他恒荷载）。默认为恒荷载和活荷载。

输入荷载的组合系数，默认值为1。

5.设计

勾选需要批量设计的构件，包括钢筋混凝土构件、钢结构验算、型钢混凝土构件设计。

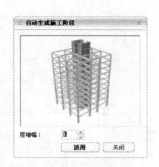

图 8 - 7　自动生成施工阶段

图 8 - 8　P-Delta 分析控制对话框

8.1.2　调整信息

调整信息选项卡如图 8 - 9 所示。

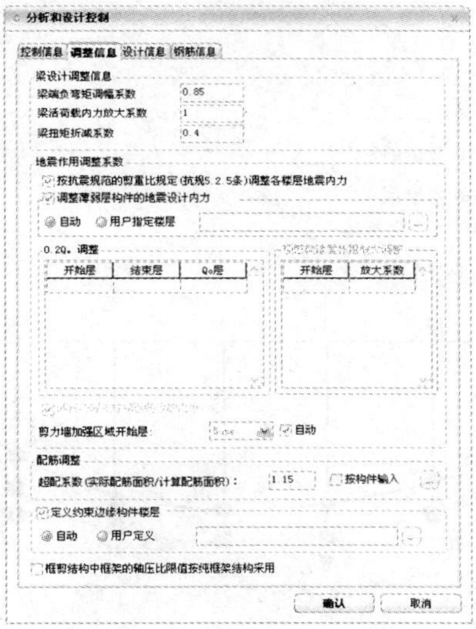

图 8 - 9　调整信息选项卡

1. 梁设计调整信息

1）梁端负弯矩调幅系数

《高规》第 5.2.3 条规定：在竖向荷载作用下，可考虑框架梁端塑性变形内力重分布对梁端负弯矩乘以调幅系数进行调幅，并应符合装配整体式框架梁端负弯矩调幅系数可取 0.7 ~ 0.8；现浇框架梁端负弯矩调幅系数可取 0.8 ~ 0.9；框架梁端负弯矩调幅后，梁跨中弯矩应按平衡条件相应增大；应先对竖向荷载作用下框架梁的弯矩进行调幅，再与水平作用产生的框架梁弯矩进行组合；截面设计时，框架梁跨中截面正弯矩设计值不应小于竖向荷载作用下按简支梁计算的跨中弯矩设计值的 50%。

设计钢筋混凝土框架梁时，为考虑混凝土塑性变形内力重分布，可以对竖向荷载作用下的梁端负弯矩进行调整，并同时相应调整跨中正弯矩，程序默认值为 0.85。

此项调整只针对竖向荷载作用的情况，对地震作用、风荷载不起作用，对不调幅梁不起作用,且两端没有负弯矩时不适用,如图 8 - 10 所示。

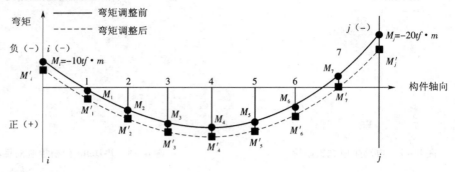

负弯矩调幅系数为0.85时

计算i,j位置上需调整的弯矩:

$M_a = |M_i × (1.0 - 8.5)| = 1.5 tf · m$

$M_b = |M_j × (1.0 - 8.5)| = 3.0 tf · m$

$M'_i = M_i + M_a = -8.5 tf · m$

$M'_{k(k=1~7)} = M_k + [M_a + (M_b - M_a)(k/8)]$

$M'_j = M_j + M_b = -17.0 tf · m$

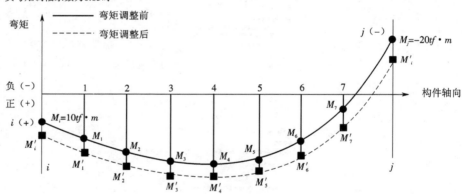

负弯矩调幅系数为0.85时

计算j端需调整的弯矩:

$M_b = |M_j × (1.0 - 8.5)| = 30 tf · m$

$M'_i = M_i + M_b = 13.0 tf · m$

$M'_{k(k=1~7)} = M_k + M_b$

$M'_j = M_i + M_b = -17.0 tf · m$

图 8 - 10　梁端弯矩调幅示意图

2)梁活荷载内力放大系数

为防止由活荷载不利布置对内力增大的影响,出于安全因素考虑将内力进行放大,程序默认值为 1.0。一般工程建议取 1.1~1.2,如果已经考虑梁活荷载不利布置则填1。

3)梁扭矩折减系数

《高规》第 5.2.4 条规定:高层建筑结构楼面梁受扭计算时应考虑现浇楼盖对梁的约束作用。当计算中未考虑现浇楼盖对梁扭转的约束作用时,可对梁的计算扭矩予以折减。梁扭矩折减系数应根据梁周围楼盖的约束情况确定。

对于现浇楼板结构,当采用刚性板假定时,可以考虑楼板对梁抗扭的作用而对梁的扭矩进行折减,程序默认值为 0.4。梁扭矩折减系数只适用于现浇楼板,且为刚性楼板假定的情况。对于装配式楼板、楼板开洞、弹性楼板、存在有弧形梁的情况,梁扭矩应不折减或少折减。

2. 地震作用调整系数

1)按抗震规范的剪重比规定(抗规 5.2.5 条)调整各楼层地震内力

《抗震规范》第 5.2.5 条规定:抗震验算时,结构任一楼层的水平地震剪力应符合下式要求:

$$V_{eki} > \lambda \sum_{j=1}^{n} G_j$$

式中　V_{eki}——第 i 层对应于水平地震作用标准值的楼层剪力;

　　　λ——剪力系数,不应小于表 8-2 规定的楼层最小地震剪力系数值,对竖向不规则结构的薄弱层,尚应乘以 1.15 的增大系数;

　　　G_j——第 j 层的重力荷载代表值。

表 8-2　楼层最小地震剪力系数值

类别	6 度	7 度	8 度	9 度
扭转效应明显或基本周期小于 3.5 s 的结构	0.008	0.016(0.024)	0.032(0.048)	0.064
基本周期大于 5 s 的结构	0.006	0.012(0.018)	0.024(0.036)	0.048

注:1. 基本周期小于 3.5 s 的结构,按线性内插法取值;

　　2. 括号内数值分别用于设计基本地震加速度为 0.15g 和 0.30g 的地区。

程序默认勾选此项,抗震验算时计算结构任意一层的剪力系数并与规范规定值比较,不满足时按两者的比值放大。

2)调整薄弱层构件的地震设计内力

《抗震规范》第 3.4.3 条列出了三种竖向不规则结构类型,见表 8-3。

表 8-3　三种竖向不规则类型选取数值

不规则类型	定义和参考指标
侧向刚度不规则	该层的侧向刚度小于相邻上一层的 70%,或小于其上相邻三个楼层侧向刚度平均值的 80%;除顶层或突出屋面的小建筑外,局部收进的水平向尺寸大于相邻下一层的 25%
竖向抗侧力构件不连续	竖向抗侧力构件的内力由水平转换构件向下传递
楼层承载力突变	抗侧力结构的层间受剪承载力小于相邻上一楼层的 80%

《高规》第 3.5.8 条规定:对侧向刚度变化、承载力变化和竖向抗侧力构件不连续的楼层,其薄弱层对应于地震作用标准值的地震剪力应乘以 1.25 的增大系数。

《抗震规范》第 3.4.4 条指出,不规则的建筑结构,应进行水平地震作用计算和内力调整,并应对薄弱部位采取有效的抗震构造措施。

(1)平面不规则而竖向规则的建筑结构,应采用空间结构计算模型,并应符合:扭转不规则时,应计及扭转影响,且楼层竖向构件最大的弹性水平位移和层间位移分别不宜大于楼层梁端弹性水平位移和层间位移平均值的 1.5 倍;凹凸不规则或楼板局部不连续时,应采用符合楼板平面内实际刚度变化的计算模型,当平面不对称时尚应计及扭转影响。

(2)平面规则而竖向不规则的建筑结构,应采用空间结构计算模型,其薄弱层的地震剪力应乘以 1. 15 的增大系数,应按《抗震规范》有关规定进行弹塑性变形分析,并应符合:竖向抗侧力构件不连续时,该构件传递给水平转换构件的地震内力应乘以 1. 25 ~ 1. 5 的增大系数;楼层承载力突变时,薄弱层抗侧力结构的受剪承载力不应小于相邻上一楼层的 65% 。

(3)平面不规则且竖向不规则的建筑结构,应同时符合上述(1)、(2)的要求。

程序会根据表中列出的参考指标自动判断楼层是否为薄弱层。判断为是时,则对薄弱层的地震剪力乘以 1. 15 的增大系数。程序默认为自动。需要注意的是,对楼层屈服强度系数小于 0. 5 的框架结构的楼层,程序没有自动设置为薄弱层,如果用户希望将其设置为薄弱层时,可在此处将该楼层设置为薄弱层。

3)0. 2Q_0 调整

框架 - 剪力墙结构在水平地震作用下,框架部分计算所得的剪力一般都较小。为保证作为第二道防线的框架具有一定的抗侧力能力,需要对框架承担的剪力予以适当的调整。

0. 2Q_0 调整只针对框剪结构和框架 - 核心筒中的框架梁、柱的弯矩和剪力,不调整轴力。

《抗震规范》第 6. 2. 13 条规定:钢筋混凝土结构抗震计算时,应符合侧向刚度沿竖向分布基本均匀的框架 - 抗震墙结构,任一层框架部分的地震剪力,不应小于结构底部总地震剪力的 20% 和按框架 - 抗震墙结构分析的框架部分各楼层地震剪力中的最大值 1. 5 倍二者的较小值。

《高规》第 8. 1. 3 条规定:抗震设计的框架 - 剪力墙结构,应根据在规定的水平力作用下结构底层框架部分承受的地震倾覆力矩与结构总倾覆力矩的比值确定相应的计算方法。

《高规》第 8. 1. 4 条规定:当框架总剪力小于 0. 2V_0 和 1. 5$V_{f,max}$ 较小值时,应按 0. 2V_0 和 1. 5$V_{f,max}$ 二者的较小值采用。

程序将按各楼层调整前、后总剪力的比值来调整每根框架柱和与之相连框架梁的剪力及端部弯矩标准值,框架柱的轴力标准值不予调整。

《高规》第 10. 2. 17 条规定:部分框支剪力墙结构框支柱承受的水平地震剪力标准值应按下列规定采用。

(1)每层框支柱的数目不多于 10 根时,当底部框支层为 1 ~ 2 层时,每根柱所受的剪力应至少取结构基底剪力的 2% ;当底部框支层为 3 层及 3 层以上时,每根柱所受的剪力应至少取结构基底剪力的 3% 。

(2)每层框支柱的数目多于 10 根时,当底部框支层为 1 ~ 2 层时,每层框支柱承受剪力之和应至少取结构基底剪力的 20% ;当框支层为 3 层及 3 层以上时,每层框支柱承受剪力之和应至少取结构基底剪力的 30% 。

程序依据上述原则对转换层每层框支柱进行内力调整,框支柱剪力调整后,应相应调整框支柱的弯矩及与柱相连的梁(不包括转换梁)的剪力、弯矩,框支柱轴力可不调整。

根据《高规》第 8. 1. 4 条条文说明的要求,程序在验算 0. 2Q_0 是否满足要求时,使用的剪力为剪重比调整后的剪力。

程序支持分段分塔进行 0. 2Q_0 调整,对多塔结构默认取各塔的最下层为各塔的 Q_0 层。当需要沿竖向分段指定 0. 2Q_0 调整的楼层时,可在此处选择并指定各段的基准 Q_0 层进行调整。

钢结构调整系数为 0. 25Q_0 。

4)顶塔楼地震作用放大调整

《抗震规范》第 5. 2. 4 条规定:采用底部剪力法时,突出屋面的屋顶间、女儿墙、烟囱等的地震作用效应,宜乘以放大系数 3,此增大部分不应往下传递,但与该突出部分相连的构件应予计入;采用振型分解法时,突出屋面部分可作为一个质点;单层厂房突出屋面天窗架的地震作用效应的增大系数,应按《抗震规范》第 9 章的有关规定采用。

程序要求采用振型分解反应谱法时,只要振型参与质量系数之和达到 90% ,顶塔楼的地震效应可以不作调整。

5)调整与框支柱相连的梁的内力

《高规》第 10.2.17 条规定:对框支柱做 $0.2Q_0$ 调整时,需要同时调整与之相连的梁的弯矩和剪力,因为调整系数很大,为了避免不符合实际的结果,程序开放了是否调整与框支柱相连的梁内力的选项,程序默认为不调整。

此项对转换梁的调整不起作用。程序内部自动根据《高规》第 10.2.4 条要求对转换梁构件进行内力调整,当抗震等级为特一、一级、二级时,水平地震作用计算内力分别乘以增大系数 1.9、1.6 和 1.3。

6)剪力墙加强区域开始层

《高规》第 7.1.4 条规定:抗震设计时,剪力墙底部加强部位的范围,应符合底部加强部位的高度,应从地下室顶板算起;底部加强部位的高度可取底部两层和墙体总高度的 1/10二者的较大值,部分框支剪力墙结构底部加强部位的高度应符合本规程第 10.2.2 条的规定;当结构计算嵌固端位于地下一层底板或以下时,底部加强部位宜延伸到计算嵌固端。

程序默认自动选取剪力墙加强区域的起算楼层,当结构有地下室,并且在【标准层和楼层/地下室信息】中定义了"解除横向约束层数"时,剪力墙加强层宜延伸至解除横向约束层以下一层顶板处。

3. 配筋调整

超配系数是考虑材料、配筋等因素,将所需配筋量假设为实际配筋量的附加放大系数。程序将此得到的构件实际配筋用于计算梁、板构件的挠度和裂缝宽度。对于 9 度设防结构及一级框架结构,超配系数用于地震作用下框架梁和连梁端部剪力以及框架柱端部弯矩和剪力的调整系数的计算。在静力弹塑性及动力弹塑性分析时,将超配系数用于计算非弹性铰特性值。

程序默认值为 1.15。单击后面的 ⌐…⌐ 按钮,用户也可以对不同类型的构件分别指定超配系数,如图 8 – 11 所示。

图 8 – 11　设置超配系数

8.1.3　设计信息

设计信息选项卡如图 8 – 12 所示。

1. 结构重要性系数

《混凝土规范》第 3.3.2 条指出,结构重要性系数在持久设计状况和短暂设计状况下,对安全等级为一级的结构构件不应小于 1.1,对安全等级为二级的结构构件不应小于 1.0,对安全等级为三级的结构构件不应小于 0.9;对地震设计状况下应取 1.0。

设计人员可自行输入结构重要性系数,程序默认值为 1.0。

2. 钢筋混凝土构件设计

1)柱配筋设计方法

程序提供按单偏压计算、按双偏压计算两个选项,默认为按单偏压计算。选择单偏压设

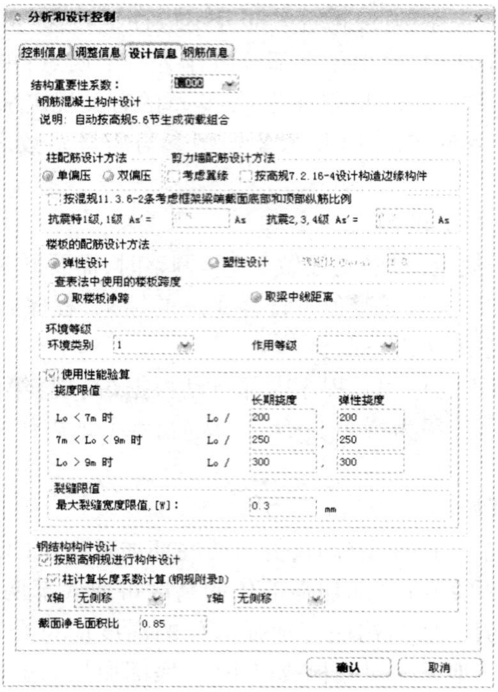

图 8 – 12 设计信息选项卡

计方法时,程序按强轴、弱轴内力分别设计构件;选择双偏压设计时,程序根据《混凝土规范》附录 E,考虑双向弯矩进行构件设计。

2)剪力墙配筋设计方法

程序提供考虑翼缘的方法进行剪力墙配筋计算。默认为不勾选,不勾选时,程序自动按直线墙的方法进行设计。

3)按混规第 11.3.6 – 2 条考虑框架梁端截面底部和顶部纵筋比例

《抗震规范》第 6.3.3 – 2 条、《高规》第 6.3.2 – 3 条规定:抗震设计时,梁端截面的底面和顶面纵向钢筋截面面积的比值,除按计算确定外,一级不应小于 0.5,二、三级不应小于0.3。程序中设计人员可以指定受压钢筋量。

4)楼板的配筋设计方法

楼板分为矩形板和异形板,矩形板又分为单向板和双向板。楼板内力计算方法分为弹性方法、塑性方法和有限元方法。

矩形板按弹性方法和塑性方法进行设计计算时采用静力查表法,即按照《建筑结构静力计算手册》计算。对于非规则板程序自动按有限元方法进行计算。

Ⅰ.单向板

根据《建筑结构静力计算手册》按单跨计算。

两端铰接 $\quad\quad\quad\quad\quad\quad\quad\quad M_{中央} = ql^2/8;M_{支座} = 0$

一端固定、一端铰接 $\quad\quad\quad M_{中央} = 9ql^2/128;M_{支座} = ql^2/8$

两端固定 $\quad\quad\quad\quad\quad\quad\quad M_{中央} = ql^2/24;M_{支座} = ql^2/12$

Ⅱ.双向板

根据《建筑结构静力计算手册》按弹性或塑性计算方法计算,当考虑活荷载不利布置按连续板计算。

当选择塑性计算时,设计人员可以参考《建筑结构静力计算手册》中关于按照极限平衡法计算弹塑性板部分的内容自行定义弯矩比的数值,建议使用默认值。

查表法中使用的楼板跨度默认取楼板净跨,国外的软件会使用取梁中线距离来计算楼板跨度。

5)环境类别和作用等级

根据《混凝土规范》第3.5.2条给出的混凝土建筑结构环境类别确定。

6)使用性能验算

《混凝土规范》第3.4.3条规定:钢筋混凝土受弯构件的最大挠度应按荷载的准永久组合,预应力混凝土受弯构件的最大挠度应按荷载的标准组合,并均应考虑荷载长期作用的影响进行计算,其计算值不应超过挠度限值。该挠度限值列于表8-4中。

表 8-4 受弯构件的挠度限值

构件类型		挠度限值
吊车梁	手动吊车	$l_0/500$
	电动吊车	$l_0/600$
屋盖、楼盖及楼梯构件	当 $l_0 < 7$ m 时	$l_0/200$ ($l_0/250$)
	当 7 m $\leq l_0 \leq$ 9 m 时	$l_0/250$ ($l_0/300$)
	当 $l_0 > 9$ m 时	$l_0/300$ ($l_0/400$)

注:1. 表中 l_0 为构件的计算跨度,计算悬臂构件的挠度限值时,其计算跨度 l_0 按实际悬臂长度的 2 倍取用;

2. 表中括号内的数值适用于使用上对挠度有较高要求的构件;

3. 如果构件制作时预先起拱,且使用上也允许,则在验算挠度时,可将计算所得的挠度值减去起拱值,对预应力混凝土构件,尚可减去预加力所产生的反拱值;

4. 构件制作时的起拱值和预加力所产生的反拱值,不宜超过构件在相应荷载组合作用下的计算挠度值。

《混凝土规范》第3.4.4条规定:结构构件正截面的受力裂缝控制等级分为三级,等级划分及要求如下。一级为严格要求不出现裂缝的构件,按荷载标准组合计算时,构件受拉边缘混凝土不应产生拉应力;二级为一般要求不出现裂缝的构件,按荷载标准组合计算时,构件受拉边缘混凝土拉应力不应大于混凝土抗拉强度的标准值;三级为允许出现裂缝的构件。

《混凝土规范》第3.4.5条规定:结构构件应根据结构类型和本规范第3.5.2条规定的环境类别,按规定选用不同的裂缝控制等级及最大裂缝宽度限值 w_{lim}。该限值列于表8-5中。

表 8-5 结构构件的裂缝控制等级及最大裂缝宽度限值   mm

环境类别	钢筋混凝土结构		预应力混凝土结构	
	裂缝控制等级	w_{lim}	裂缝控制等级	w_{lim}
一	三级	0.3(0.4)	三级	0.2
二 a		0.2		0.1
二 b			二级	—
三 a、三 b			一级	—

注:1. 对处于年平均相对湿度小于 60% 地区一类环境下的受弯构件,其最大裂缝宽度限值可采用括号内的数值。

2. 在一类环境下,对钢筋混凝土屋架、托架及需作疲劳验算的吊车梁,其最大裂缝宽度限值应取 0.2 mm;对钢筋混凝土屋面梁和托梁,其最大裂缝宽度限值应取 0.3 mm。

3. 在一类环境下,对预应力混凝土屋架、托架及双向板体系,应按二级裂缝控制等级进行验算;对一类环境下的预应力混凝土屋面梁、托梁、单向板,应按表中二 a 类环境的要求进行验算;在一类和二 a 类环境下需作疲劳验算的预应力混凝土吊车梁,应按裂缝控制等级不低于二级的构件进行验算。

4. 表中规定的预应力混凝土构件的裂缝控制等级和最大裂缝宽度限值仅适用于正截面的验算;预应力混凝土构件的斜截面裂缝控制验算应符合本规范第 7 章的有关规定。

5. 对于烟囱、筒仓和处于液体压力下的结构,其裂缝控制要求应符合专门标准的有关规定。

6. 表中的最大裂缝宽度限值为用于验算荷载作用引起的最大裂缝宽度。

程序提供构件的正常使用性能验算功能,当勾选此项时,程序自动计算构件的挠度和裂缝宽度,并根据规范规定的限值输出验算结果。

3. 钢结构构件设计

程序默认勾选"按照高钢规进行构件设计"。对于 10 层以上或者 28 m 以上的住宅建筑,建议勾选。不勾选时,按照《钢规》进行设计。高层钢结构,宜勾选此项;多层钢结构,可不勾选此项。

程序默认勾选"柱计算长度系数计算(钢规附录 D)",即按照《钢规》附录 D 计算柱的长度系数。设计人员可以通过选择 X、Y 轴的侧移情况来计算柱构件强轴和弱轴计算长度。

程序默认钢结构净截面和全截面的面积之比(截面净毛面积比)为 0.85。通常钢构件强度验算使用净截面面积,稳定性验算使用毛截面面积。程序提供的钢构件截面面积为毛截面面积,强度验算时会通过截面净毛面积比来计算净截面面积。

8.1.4　钢筋信息

钢筋信息选项卡如图 8 – 13 所示,主要用于输入梁、楼板、柱和支撑、墙等构件的钢筋强度等级、混凝土保护层厚度、箍筋间距以及配筋率等。

钢筋强度等级依照《混凝土规范》第 4.2.3 条采用,共有 HPB300、HRB335、HRBF335、HRB400、HRBF400、RRB400、HRB500、HRBF500 八种。一般选 HRB335($f_y = 300$ MPa)或 HRB400($f_y = 360$ MPa)。

《混凝土规范》第 8.2.1 条规定:构件中受力的普通钢筋和预应力筋的混凝土保护层厚度不应小于钢筋的公称直径,设计使用年限为 50 年的混凝土结构,最外层钢筋的保护层厚度应符合表 8.2.1 的规定,设计使用年限为 100 年的混凝土结构,最外层钢筋的保护层厚度应不小于表 8.2.1 中数值的 1.4 倍。其条文说明指出混凝土保护层厚度为截面外边缘到构件最外层钢筋(箍筋、构造筋、分部筋)外缘的距离。程序默认保护层厚度按照上述规定取值,设计人员也可修改此厚度。

剪力墙水平分布筋的间距一般为 100~200 mm,程序默认值为 200 mm;竖向分布筋配筋率根据实际情况输入,但不小于《抗震规范》第 6.4.3 条最小配筋率要求,程序默认值为0.3。

图 8 – 13　钢筋信息选项卡

8.2　构件类型

单击 ⊞ 自动生成构件类型,即由程序自动判断模型中柱、梁、墙或人防构件的设计类型。程序可判断的设计类型有底层柱、框支柱、悬臂梁、连梁、框架梁、一般梁、不调幅梁、边梁、中梁、短肢剪力墙、剪力墙加强区、框支落地剪力墙。自动生成的结果可以通过【显示/构件/设计构件类型】查看。

单击 弹出图 8 – 14 所示对话框,可以指定或者修改构件类型。

8.3　荷载组合

建筑结构设计应根据使用过程中在结构上可能同时出现的荷载,按承载力极限状态和正常使用极限状态分别进行荷载组合,并应取各自最不利的效应组合进行设计。

单击 弹出图 8 – 15 所示对话框。

1. 分项系数

程序自动给出了恒荷载、活荷载、风荷载、主地震荷载、次地震荷载和温度荷载的分项系数,设计人员可以直接对分项系数进行修改。

2. 组合值系数

程序自动给出了风荷载和活荷载组合值系数,可修改。

图 8 - 14　修改构件类型

图 8 - 15　自动生成荷载组合

3. 代表值系数

即活荷载代表值系数,默认值为 0.5,可修改。

4. 按高规组合的水平荷载

对于高层建筑,有时需要考虑水平方向的风荷载和地震荷载同时作用的情况,设计人员可在对话框中选择同时作用的风荷载工况和地震作用工况,添加到组合列表中去,程序根据《高规》第 5.6.3 条自动对所选择的风荷载工况和地震作用工况进行组合。

5. 生成方法

单击 ［ 自动生成荷载组合… ］ 弹出图 8 - 16 所示荷载组合的对话框。

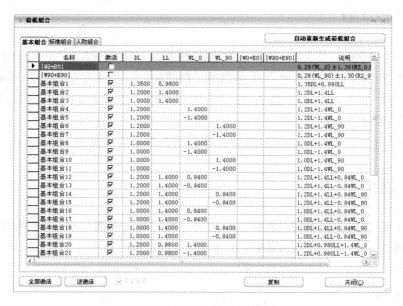

图 8 - 16　荷载组合对话框

8.4　运行分析和设计

单击 后即可针对所建立的结构模型进行分析和设计,程序可以显示分析过程中各阶段的进度和总的分析进度,显示质量参与系数之和的迭代计算过程图形,显示各类型构件的设计进度,如图 8-17 至图 8-19 所示。

图 8-17　运行分析

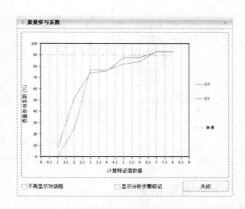

图 8-18　质量参与系数之和迭代计算过程

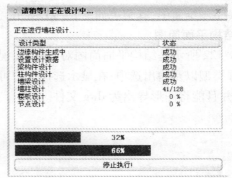

图 8-19　运行设计

8.5　查看结果

单击 弹出图 8-20 所示批量输出结果对话框,用于批量打印计算出的图形结果和文本计算书。

图 8-20(a)所示的楼层、构件输出选项以及输出选项是针对当前亮显"结构平面简图"而言,对其他图形结果也是如此。单击 [输出DWG文件] ,可供选择的文件类型为 dwg 或 dxf 格式,确定输出路径后单击"输出",模型窗口显示所选图形结果,同时在相应的文件夹内生成所选图形文件,文件自动以模型名称和图形类型命名。

单击图 8-20(b)中的"生成"按钮,则自动在保存路径下生成所选文本结果文件,以模型名称和文本类型名称命名,完成后可单击各文本结果后的"打开"按钮查看。

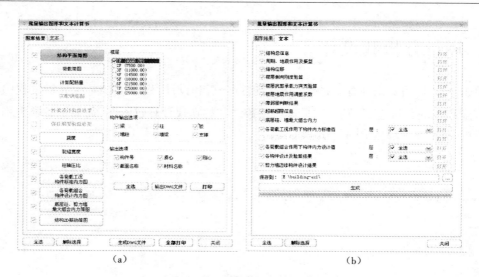

图 8-20　批量输出结果对话框

(a)批量输出图形结果　　(b)批量输出文本结果

8.5.1　图形结果

图形结果包括结构平面简图、荷载简图、各层配筋简图、挠度、裂缝宽度、柱轴压比、各荷载工况构件标准内力图、各荷载组合构件设计内力图、底层柱(墙)最大组合内力简图和结构振动模态二维简图,其菜单如图 8-21 所示。

1. 结构平面简图

图 8-22 所示是结构平面简图对话框,在视图选择卡中可以选择楼层或者命名的平面、输出构件类型以及输出选项;在显示选择卡中可以设定图形中显示字体的大小和构件的显示颜色,并且能将图形导出为 dwg 文件。

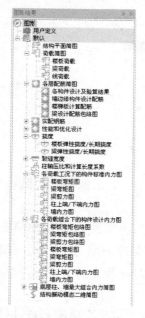

图 8-21　图形结果菜单

图 8-22　结构平面简图对话框

在结构平面简图上,可以显示结构梁、柱、楼板、墙柱、墙梁的编号、材料名称和截面名称,如图 8 – 23 所示。其中,墙柱和墙梁是为把剪力墙的设计结果表示出来而人为增加的概念。墙柱指剪力墙的一个配筋墙段,可以由几个墙元组成,剪力墙的边缘构件属于墙柱的一部分;墙梁上、下层剪力墙洞口之间的部分,具体如图 8 – 24 所示。

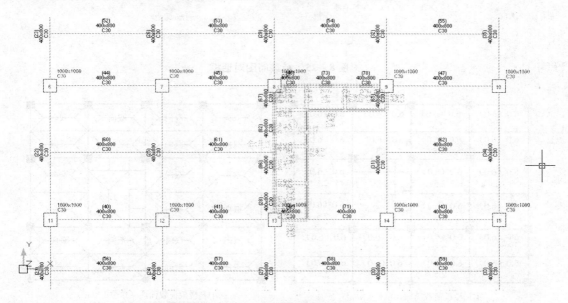

图 8 – 23 结构平面简图示意

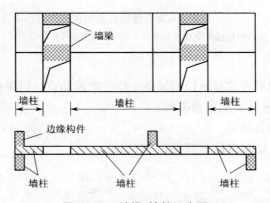

图 8 – 24 墙梁、墙柱示意图

图 8 – 23 所示是某一具体工程的平面简图,其中圆环旁边的数字为该层的刚度中心坐标,带十字线圆旁边的数字是该层的质心坐标。

2. 荷载简图

荷载简图对话框如图 8 – 25 所示,可以显示楼板荷载、梁荷载以及线荷载。

在亮显的视图选项卡中选择显示的楼层,勾选数值选项可以在荷载简图中直接标注荷载数值,包括恒荷载(DL)、活荷载(LL)和构件自重,图 8 – 26 所示为一楼板荷载简图示例;勾选标签选项,可以显示楼板荷载的分配模式、梁荷载和线荷载的分类。楼板荷载的分配模式有单向、双向和有限元三种;梁荷载分类包括集中荷载、均布荷载和梁的自重三种类型。

图 8-25　荷载简图对话框

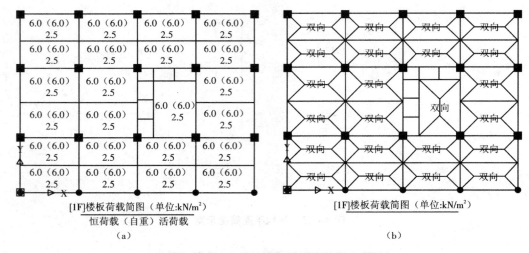

[1F]楼板荷载简图（单位:kN/m²）
恒荷载（自重）活荷载

（a）

[1F]楼板荷载简图（单位:kN/m²）

（b）

图 8-26　楼板荷载简图

（a）数值楼板荷载显示方式　（b）标签楼板荷载显示方式

3. 各层配筋简图

此项功能主要以图形方式显示钢筋混凝土构件的配筋设计结果以及钢构件的强度验算结果,可以直接输出 dwg 格式的图形文件。

1）各构件设计及验算结果

各构件设计及验算结果对话框如图 8-27 所示。

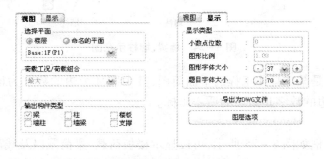

图 8-27　各构件设计及验算结果对话框

在亮显的视图选项卡中选择显示的楼层,程序按照最大包络值输出钢筋混凝土构件的计算配筋结果;勾选复选框可以选择构件输出的类型,包括梁、柱、楼板、墙柱、墙梁和支撑。图 8-28 所示是梁柱配筋示意图。

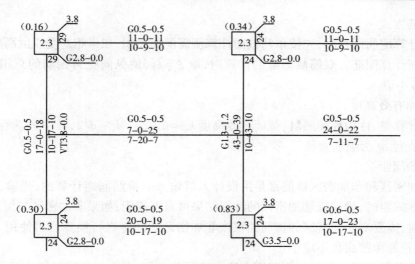

图 8 - 28　梁柱配筋示意图

I . 钢筋混凝土梁及型钢混凝土梁（RC-Beam、SRC-Beam）

a. 输出格式

钢筋混凝土梁及型钢混凝土梁的配筋结果输出格式如图 8 - 29 所示。

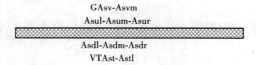

图 8 - 29　钢筋混凝土梁及型钢混凝土梁的配筋结果输出格式

其中　Asul、Asum、Asur——梁上部左端、跨中、右端配筋面积（cm²）；

　　　Asdl、Asdm、Asdr——梁下部左端、跨中、右端配筋面积（cm²）；

　　　GAsv——梁加密区抗剪箍筋面积和剪扭箍筋面积的较大值（cm²）；

　　　Asvm——梁非加密区抗剪箍筋面积和剪扭箍筋面积的较大值（cm²）；

　　　VTAst——梁受扭纵筋面积（cm²）；

　　　Astl——梁抗扭箍筋的单肢箍面积（cm²）。

b. 梁配筋说明

图 8 - 30 所示为钢筋混凝土梁配筋示意图。

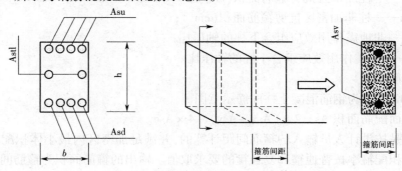

图 8 - 30　钢筋混凝土梁配筋示意图

　　a）配筋方式

　　程序计算配筋面积时,先按单筋截面计算所需配筋面积,如果相对受压区高度 $\xi = \xi_b$,再按双筋截面计算配筋。双筋截面配筋计算时,取 $\xi = \xi_b$,使纵向受力钢筋的总用钢量（$A_s + A'_s$）接近最小值。

　　b）截面有效高度

　　程序计算梁、柱构件配筋时,截面有效高度 $h_0 = h - c_c - d_v - d/2$,其中 c_c 为保护层厚度, d_v 为箍筋直径, d 为纵筋直径。

　　c）箍筋间距

　　梁的加密区和非加密区箍筋都是由设计人员输入的箍筋间距计算的,当输入的箍筋间距为加密区间距时,梁端箍筋加密区的计算结果可直接使用;如果非加密区与加密区的箍筋间距不同时,需要对非加密区的箍筋面积按非加密区的间距进行换算后再使用。当梁受扭时,配置的箍筋单肢面积不应小于 Astl。

　　输出的箍筋面积为箍筋间距范围内所有肢的总面积,在确定单肢箍筋的面积时,需要除以箍筋肢数。

　　输出的纵筋及箍筋面积都满足规范要求的最小配筋率要求,如果计算出的配筋面积小于最小配筋率时,按最小配筋面积来输出。

　　Ⅱ. 矩形钢筋混凝土柱及型钢混凝土柱（RC-Column、SRC-Column）

　　a. 输出格式

　　矩形钢筋混凝土柱及型钢混凝土柱的配筋结果输出格式如图 8-31 所示。

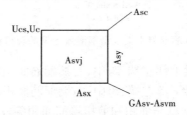

图 8-31　矩形钢筋混凝土柱及型钢混凝土柱的配筋结果输出格式

　其中　　Asc——柱一根角筋的总面积（cm^2）;

　　　　　Asx、Asy——该柱 B 边和 H 边的单边配筋面积,包括两根角筋（cm^2）;

　　　　　Asvj——柱节点域抗剪箍筋面积（cm^2）;

　　　　　GAsv——柱加密区抗剪箍筋面积（cm^2）;

　　　　　Asvm——柱非加密区抗剪箍筋面积（cm^2）;

　　　　　Uc——非地震作用效应组合下柱的轴压比;

　　　　　Ucs——地震作用效应组合下柱的轴压比。

　　b. 柱配筋说明

　　图 8-32 所示为钢筋混凝土柱配筋示意图。

　　柱全截面配筋面积 As = 2 ×（Asx + Asy）- 4 × Asc。

　　柱箍筋是按设计人员输入的箍筋间距计算的,并满足加密区内最小体积配箍率的要求控制。柱体积配箍率按普通箍和复合箍的要求取值。输出的箍筋面积为箍筋间距范围内所有肢的总面积,在确定单肢箍筋的面积时,需要除以箍筋肢数。

　　Asvj 取计算的 Asvjx 与 Asvjy 的大值;GAsv 取计算的 GAsvx 与 GAsvy 的大值。

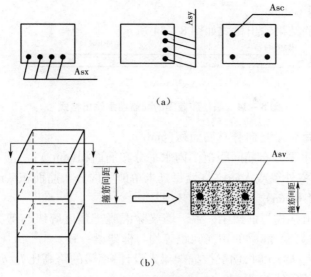

图 8 - 32　柱配筋示意图

(a)柱纵筋　(b)柱箍筋

Asvm 取 Asvxm 与 Asvym 的大值。

输出的柱纵筋面积满足规范规定的最小配筋率要求。

Ⅲ.钢筋混凝土圆柱(RC-Column)

a.输出格式

钢筋混凝土圆柱的配筋结果输出格式如图 8 - 33 所示。

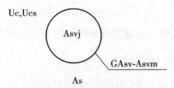

图 8 - 33　钢筋混凝土圆柱的配筋结果输出格式

其中　As——圆柱全截面配筋面积(cm^2)；

Asvj——柱节点域抗剪箍筋面积(cm^2)；

GAsv——柱加密区抗剪箍筋面积(cm^2)；

Asvm——柱非加密区抗剪箍筋面积(cm^2)；

Uc——非地震作用效应组合下柱的轴压比；

Ucs——地震作用效应组合下柱的轴压比。

b.圆柱配筋说明

(1)圆柱按等效矩形截面来计算箍筋面积,柱箍筋按设计人员输入的箍筋间距计算,并满足加密区内最小体积配箍率要求,柱体积配箍率按普通箍和复合箍的要求取值。输出的箍筋面积为箍筋间距范围内所有肢的总面积,在确定单肢箍筋的面积时,需要除以箍筋肢数。

(2)Asvj 取计算的 Asvjx 与 Asvjy 的较大值,Asv 取计算的 Asvx 与 Asvy 的较大值。

(3)GAsvm 取 GAsvxm 与 GAsvym 的大值。

(4)输出的柱纵筋面积满足规范规定的最小配筋率要求。

Ⅳ. 墙柱(RC Wall-Column)

墙柱和墙梁的配筋结果输出格式如图 8 – 34 所示。

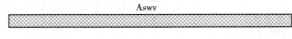

图 8 – 34　墙柱和墙梁的配筋结果输出格式

其中　Aswv——墙柱每延米竖向分布筋面积(cm^2/m);

　　　Aswh——墙柱水平分布筋间距范围内水平分布筋面积(cm^2);

　　　Aswvl——地下室外墙或人防临空墙每延米单侧竖向分布筋面积(cm^2/m)。

Ⅴ. 墙梁(RC Wall-Beam)

墙梁的配筋及输出格式与框架梁一致。墙梁除混凝土强度等级与剪力墙一致外,其他参数如主筋强度、箍筋强度、墙梁的箍筋间距等均与框架梁一致。

当墙梁的跨高比 $l_n/h \geqslant 5$ 时,墙梁按框架梁来设计;墙梁的跨高比 $l_n/h < 5$ 时,墙梁按连梁来设计;墙梁的抗震等级同剪力墙。

Ⅵ. 混凝土异形柱

混凝土异形柱的配筋结果输出格式如图 8 – 35 所示。

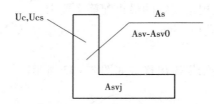

图 8 – 35　混凝土异形柱的配筋结果输出格式

其中　As——异形柱全截面总配筋面积(cm^2);

　　　Asv——异形柱加密区斜截面抗剪箍筋面积(cm^2);

　　　Asv0——异形柱非加密区斜截面抗剪箍筋面积(cm^2);

　　　Asvj——异形柱节点域抗剪箍筋面积(cm^2);

　　　Uc——非地震作用效应荷载组合下柱的轴压比;

　　　Ucs——地震作用效应荷载组合下柱的轴压比。

异形柱按双偏压计算配筋,斜截面受剪配筋按双剪计算,分别求出两个相互垂直方向的箍筋面积,最后输出二者的较大值。

Ⅶ. 混凝土斜向支撑

混凝土支撑的配筋结果输出格式如图 8 – 36 所示。

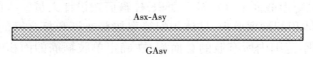

图 8 – 36　混凝土支撑的配筋结果输出格式

其中　Asx、Asy——支撑 X 、 Y 边单边配筋面积(含两根角筋)(cm^2);

　　　GAsv——支撑箍筋面积,取 GAsvx 与 GAsvy 的较大值(cm^2)。

支撑按偏心受拉（压）或轴心受拉（压）的混凝土构件计算配筋,支撑配筋形式及构造同柱配筋。

Ⅷ. 钢梁

钢梁计算结果输出格式如图 8 – 37 所示。

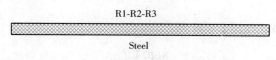

图 8 – 37　钢梁计算结果输出格式

其中　R1——钢梁正应力与钢材的抗拉、抗压强度设计值之比,即 F_1/f,F_1 按《钢规》第 4.1.1 条计算;

R2——钢梁整体稳定应力与钢材的抗拉、抗压强度设计值之比,即 F_2/f,F_2 按《钢规》第 4.2.3 条计算;

R3——钢梁剪应力与钢材的抗剪强度设计值之比,即 F_3/f_v,F_3 按《钢规》第 4.1.2 条计算。

Ⅸ. 钢柱和方钢管混凝土柱

钢柱和方钢管混凝土柱计算结果输出格式如图 8 – 38 所示。

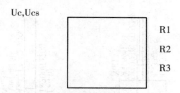

图 8 – 38　钢柱和方钢管混凝土柱计算结果输出格式

其中　R1——钢柱正应力与钢材的抗压、抗拉强度设计值的比值,即 F_1/f,F_1 按《钢规》第 5.2.1 条计算;

R2——钢柱 Y 向整体稳定应力与钢材的抗压、抗拉强度设计值的比值,即 F_2/f,F_2 按《钢规》第 5.2.5 条计算;

R3——钢柱 Z 向整体稳定应力与钢材的抗压、抗拉强度设计值的比值,即 F_3/f,F_3 按《钢规》第 5.2.5 条计算。

Uc——非地震作用效应荷载组合下柱的轴压比;

Ucs——地震作用效应荷载组合下柱的轴压比。

Ⅹ. 圆钢管混凝土柱

圆钢管混凝土柱验算输出格式如图 8 – 39 所示。

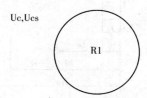

图 8 – 39　圆钢管混凝土柱验算输出格式

其中　R1——圆钢管混凝土柱的轴力设计值 N 与其承载力 N_u 的比值,R1 < 1.0 代表满足
　　　　规范要求;

　　　Uc——非地震作用效应荷载组合下柱的轴压比;

　　　Ucs——地震作用效应荷载组合下柱的轴压比。

XI. 钢支撑

钢支撑验算输出格式如图 8 – 40 所示。

R1-R2-R3

图 8 – 40　钢支撑验算输出格式

其中　R1——钢支撑正应力与强度设计值的比值,即 F_1/f,F_1 按《钢规》第 5.1.1 条计算;

　　　R2——钢支撑 X 向稳定应力与强度设计值的比值,即 F_2/f,F_2 按《钢规》第 5.1.2 条
　　　　或《高钢规》第 6.2.1 条、第 6.2.2 条计算;

　　　R3——钢支撑 Y 向稳定应力与强度设计值的比值,即 F_3/f,F_3 按《钢规》第 5.1.2 条
　　　　或《高钢规》第 6.2.1 条、第 6.2.2 条计算。

2)墙边缘构件设计配筋

图 8 – 41 所示是剪力墙边缘构件配筋示意图。

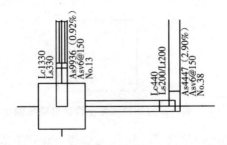

图 8 – 41　剪力墙边缘构件配筋示意图

I. 输出格式

剪力墙边缘构件配筋结果的输出格式如图 8 – 42 所示。

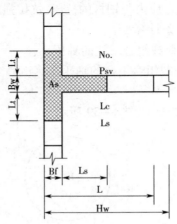

图 8 – 42　剪力墙边缘构件配筋结果的输出格式

其中　No.——边缘构件编号；

　　　　Psv——边缘构件体积配箍率；

　　　　As——边缘构件主筋配筋面积(mm²)；

　　　　Lc——边缘构件的长度(mm)；

　　　　Ls——边缘构件主肢的配筋核心区长度(mm)；

　　　　Lt——边缘构件副肢的配筋核心区长度(mm)。

Ⅱ. 配筋说明

(1)边缘构件的主肢就是与 Bw × Hw 对应的一肢,垂直于主肢的为副肢。配筋核心区为主筋和箍筋的配筋范围,即配箍特征值为 λ_v 的区域。

(2)边缘构件分为约束边缘构件和构造边缘构件,约束边缘构件为一、二级抗震时,结构底部加强区及其上一层的剪力墙端部均设置约束边缘构件,其余情况设置构造边缘构件。对于构造边缘构件,Ls、Lt 将不再输出,只输出边缘构件的长度 Lc,Lc 也即为配筋核心区长度。

(3)输出的 As 及 Psv 均满足规范规定的最小配筋率要求,边缘构件范围及配筋核心区范围均满足规范规定的要求。

(4)《抗震规范》第6.4.6 条、《高规》第7.2.15 条及《混凝土规范》第11.7.14 条均规定了剪力墙端部应设置边缘构件的要求,但规范中只给出了常见的四种边缘构件形式,而实际工程中还会有另外一些形式的边缘构件,程序支持图 8 - 43 所示六种形式的边缘构件。

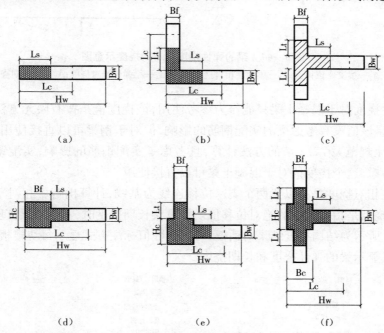

图 8 - 43　剪力墙边缘构件类型

(a)一字形　(b)L 形　(c)T 形　(d)端柱　(e)L 端柱　(f)T 端柱

(5)当剪力墙的设计方法按考虑翼缘来设计时,输出的主筋面积计算原则如下。

①一字形:直接取用端部计算主筋。

②L 形:取两个端部计算主筋的较大值。

③T 形:取腹板剪力墙端部计算主筋。

④端柱:取端部计算主筋与框架柱计算主筋的较大值。

⑤L 端柱:取两个方向端部计算主筋的较大值。

⑥T 端柱:取腹板剪力墙端部计算主筋。

（6）当剪力墙的设计方法按直线段墙来设计时,输出的主筋面积计算原则如下。

①一字形:直接取用直线段墙肢的端部计算主筋。

②L 形:取两个直线段墙肢的端部计算主筋之和。

③T 形:取腹板直线段墙肢的墙端部计算主筋。

④端柱:取剪力墙端部计算主筋与框架柱计算主筋二者之和。

⑤L 端柱:取两个直线段端部计算主筋与框架柱计算主筋三者之和。

⑥T 端柱:取腹板剪力墙端部计算主筋与框架柱计算主筋二者之和。

（7）图中标注的边缘构件尺寸对于约束和构造边缘构件都适用,区别在于对于构造边缘构件,某些阴影尺寸参数的值可能取零。

4. 挠度

梁的弹性挠度与长期挠度如图 8 – 44 所示。梁、板的弹性挠度是按梁、板的弹性刚度和荷载效应的标准组合来计算的,荷载采用竖向荷载的标准组合,即 $1.0DL + 1.0LL$ 标准组合;梁的长期挠度按荷载效应的标准组合并考虑荷载长期作用效应影响的刚度计算,即按《混凝土规范》第 7. 2 节内容来计算。

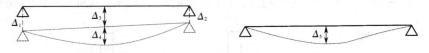

图 8 – 44　梁的弹性挠度与长期挠度示意图

Δ_1、Δ_2—梁支座位移值;Δ_3—梁弹性相对挠度;$\Delta_3 + \Delta_4$—梁弹性绝对挠度;Δ_5—梁长期挠度

梁的弹性挠度对于混凝土梁只能作为参考使用,该挠度值是按有限元方法分析构件的竖向位移值,且该值没有考虑梁的实配钢筋的影响,但对于钢梁可以直接使用;梁的长期挠度是按《混凝土规范》第 7. 2 节的方法计算,且考虑了实配钢筋的影响,实配钢筋是通过超配筋系数来考虑,这个挠度值对于混凝土梁可以直接使用。

梁的弹性相对挠度是指以梁两个支座位移连线为基线,计算出跨中相对于基线的位移值;梁的绝对挠度是指梁跨中的绝对位移值。计算梁长期挠度时,不考虑梁支座发生位移。

图 8 – 45 所示为结构挠度结果对话框,可以以数值标注方式显示每块楼板的挠度值,或以挠曲线方式显示梁的弹性挠度和长期挠度。

图 8 – 45　各构件挠度结果对话框

显示挠度结果时可选择的荷载工况有恒荷载(DL)、活荷载(LL)和使用状态,使用状态即 DL + LL 标准组合。

挠度输出格式包括分数值和实数值两种。分数值指挠度值与构件计算跨度的比值,按照 1/×××的分数形式输出,便于与规范挠度限值作比较;实数值是按构件实际产生的挠度值输出。计算悬臂梁的挠度(分数值)时,计算跨度按实际悬臂长度的 2 倍取用。

梁挠度输出时,弹性(相对)输出值输出弹性相对挠度,弹性(绝对)输出值输出弹性绝对挠度,长期即输出长期挠度。

楼板在使用荷载作用下的挠度输出结果如图 8 - 46 所示,梁在使用荷载作用下的挠度输出结果如图 8 - 47 所示。

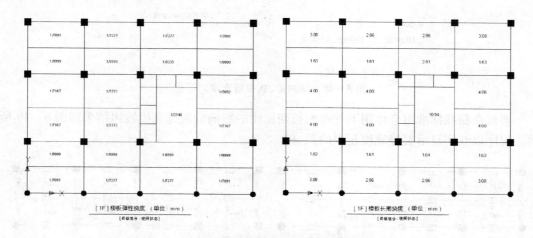

图 8 - 46　楼板在使用荷载作用下的挠度输出结果

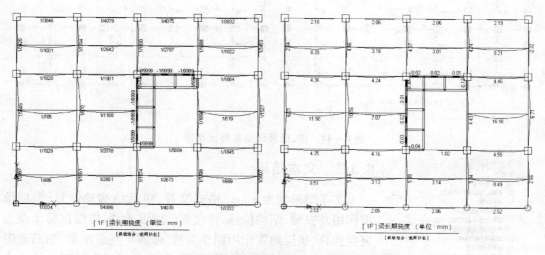

图 8 - 47　梁在使用荷载作用下的挠度输出结果

5. 裂缝宽度

梁、板裂缝宽度按荷载效应标准组合并考虑长期作用的影响计算,荷载采用竖向荷载的标准组合,即 1.0DL + 1.0LL 标准组合,按照《混凝土规范》第 7.1 节内容来计算。计算梁端支座处裂缝宽度应采用柱边缘的弯矩,可以通过考虑节点刚域的功能实现。计算梁、板的裂缝宽度时,实配钢筋面积通过超配筋系数考虑。梁、板的容许裂缝宽度按照一类环境类别、三级裂缝控制等级来考虑。

图 8-48 所示为结构梁、板裂缝宽度对话框,可以直接显示梁、板的裂缝宽度数值,也可以输出计算裂缝宽度与规范要求的容许裂缝宽度的比值(裂缝宽度/容许裂缝)。

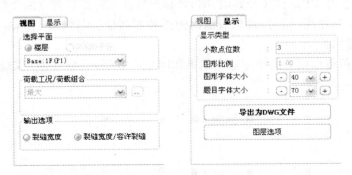

图 8-48 结构梁、板裂缝宽度对话框

楼板在荷载标准组合作用下并考虑长期作用的影响的裂缝宽度输出结果如图 8-49 所示。程序以红字显示裂缝宽度超限的梁、板。

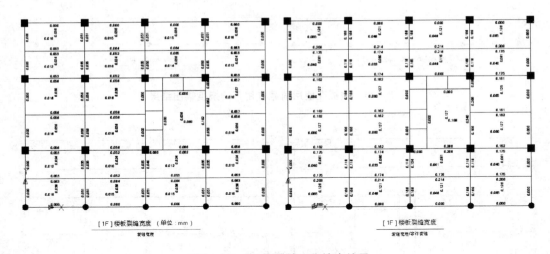

图 8-49 梁、板裂缝宽度输出结果

图 8-50 文本结果菜单

8.5.2 文本结果

文本结果均为 *.txt 格式文件,包括结构总信息、周期地震作用及振型、结构位移、楼层侧向刚度验算、楼层抗剪承载力突变验算、楼层地震作用调整系数、薄弱层判断结果、超筋超限信息、底层柱(墙)最大组合内力、各荷载工况作用下构件内力标准值、梁活荷载不利布置内力标准值、各荷载组合作用下构件内力设计值、混凝土构件的设计结果、剪力墙边缘构件设计结果、性能设计验算结果和强柱弱梁验算结果等,其菜单如图 8-50 所示。

1. 结构总信息

结构总信息包括结构分析、设计的控制参数信息，各层的
质量、质心坐标信息，各层构件数量、构件材料和层高，风荷载信息，抗倾覆验算结果，结构整
体稳定验算结果，各楼层等效尺寸，各楼层的单位面积质量分布等，方便设计人员核对分析。

1）总信息

总信息显示设计人员在"参数控制"中设定的一些参数，便于设计人员校核。

2）风荷载信息

输出设计人员在"荷载控制/风荷载"对话框页面中定义的计算风荷载所需的基本信息
参数。

3）地震信息

输出设计人员在"荷载控制/地震作用"对话框页面中定义的计算地震作用所需的基本
信息参数。

4）活荷载信息

输出设计人员在"荷载控制/活荷载控制"对话框页面中定义的计算活荷载折减及不利
布置的控制信息。

5）调整信息

输出设计人员在"分析设计控制/调整信息"对话框页面中定义的构件分析及设计的各
种调整信息参数。

6）配筋信息

输出设计人员在"分析设计控制/钢筋信息"对话框页面中定义的各种构件设计用钢筋
信息参数。

7）设计信息

输出设计人员在"分析设计控制/设计信息"对话框页面中定义的各种构件设计用基本
信息参数。

8）荷载组合信息

输出设计人员在"主菜单/分析设计/荷载组合"对话框页面中定义的各种荷载工况的
组合参数。

9）剪力墙底部加强区信息

输出设计人员在"分析设计控制/调整信息"对话框页面中定义的剪力墙加强区信息及
程序自动判断的剪力墙加强区结果。

10）各层的质量、质心坐标信息

输出格式如下：

　　　　塔号　层号　质心 X(m)　质心 Y(m)　质心 Z(m)　恒载质量(t)　活载质量(t)

最后输出：

　　　　活载产生的总质量(t)

　　　　恒载产生的总质量(t)

　　　　结构的总质量(t)

其中，恒载产生的总质量包括结构自重和外加恒载，结构的总质量为恒载产生的总质量和活
载产生的总质量之和，活载产生的总质量是活载考虑转换质量系数后的结果。

11）各层构件数量、构件材料和层高

输出格式如下：

　　　塔号　　层号　　梁数　　柱数　　墙数　　支撑数　　楼板数　　层高（m）　　累计高度（m）

　　　塔号　　层号　　梁数（砼等级）柱数（砼等级）墙数（砼等级）支撑数（砼等级）楼板数（砼等级）

12）风荷载信息

输出格式如下：

　　　塔号　　层号　　风荷载 X　　剪力 X　　倾覆弯矩 X　　风荷载 Y　　剪力 Y　　倾覆弯矩 Y

其中，力的单位为 kN，弯矩的单位为 kN·m。

13）抗倾覆验算结果

输出格式如下：

　　　荷载工况　　抗倾覆弯矩 Mr　　倾覆弯矩 Mov　　比值 Mr/Mov　　零应力区（%）

其中，弯矩的单位为 kN·m。

14）结构整体稳定验算结果

此项给出结构的刚重比验算结果，根据验算结果判断是否满足结构的整体稳定及是否考虑重力二阶效应（$P-\Delta$）的不利影响。

Ⅰ. 剪力墙结构、框架 – 剪力墙结构、筒体结构

输出格式如下：

　　　RS _ 0 工况作用下：X 向刚重比 EJ_d/GH^2

　　　RS _ 90 工况作用下：Y 向刚重比 EJ_d/GH^2

其中，剪力墙结构、框架 – 剪力墙结构及筒体结构的等效侧向刚度按《高规》第 5.4.1 条条文说明中的公式计算，即 $EJ_d = 11qH^4/(120u)$。

对于以上验算，程序给出如下验算结果：

（1）如果该结构的刚重比 $EJ_d/GH^2 \geq 1.4$，则能够通过《高规》第 5.4.4 条关于结构整体稳定验算的要求；

（2）如果该结构的刚重比 $EJ_d/GH^2 \geq 2.7$，则可以不考虑重力二阶效应的不利影响。

Ⅱ. 框架结构

输出各种水平力工况作用下的验算结果。

输出格式如下：

　　　塔块　　楼层　　侧向刚度　　层高　　上部重量　　刚重比

其中，框架结构的等效侧向刚度根据《高规》第 5.4.1 条规定，按该层剪力与层间位移的比值来计算。

对于以上验算，程序给出如下验算结果：

（1）如果该结构的刚重比 Di * Hi/Gi ≥ 10，则能够通过《高规》第 5.4.4 条关于结构整体稳定验算的要求；

（2）如果该结构的刚重比 Di * Hi/Gi ≥ 20，则可以不考虑重力二阶效应的不利影响。

15）各楼层等效尺寸

这部分内容根据《广东省高规补充规定》DBJ/T 15 – 46—2005 第 2.3.3 条和第 3.2.2 条的要求输出，等效尺寸可用于计算结构的高宽比以及考虑偶然偏心时计算每层质心沿垂直地震作用方向的偏移值时采用。

输出格式如下(单位:m,m²):

　　塔号　层号　面积　形心 X　形心 Y　等效宽 B　等效长 H　最大宽 Bmax　最小宽 Bmin

16)各楼层的单位面积质量分布

这部分内容是根据《广东省高规补充规定》DBJ/T 15-46—2005 第 2.3.6 条要求输出,主要判断结构是否属于质量沿竖向分布特别不均匀,程序计算出各楼层单位面积的质量平均分布密度。

输出格式如下(单位:kg/m²):

　　塔号　层号　单位面积质量 g[i]　质量比 max(g[i]/g[i-1],g[i]/g[i+1])

2. 周期、地震作用及振型

这项内容主要输出与结构整体性能相关的一些信息。

1)振动周期(s),X、Y 方向的平动因子及 2 向扭转因子、振型质量参与系数

输出格式如下:

　　振型号　　周期　　X 向平动因子　　Y 向平动因子　　Z 向扭转因子

　　振型号　　X 向平动质量系数　　Y 向平动质量系数　　Z 向扭转质量系数

最后输出:

　　X 向平动振型质量参与系数总计

　　Y 向平动振型质量参与系数总计

　　Z 向扭转振型质量参与系数总计

　　结构的周期比(T_t/T_1)

　　最不利地震作用方向:　(度)

有效质量系数是判断结构振型数是否够的重要指标,也就是地震作用是否够的重要指标。当有效质量系数大于 90% 时,表示振型数、地震作用满足规范要求,否则应该增加计算振型数量。

《高规》第 4.3.5 条对于控制结构的扭转效应,即对第一扭转周期 T_t 与第一平动周期 T_1 之比给出明确规定。程序规定 X 或 Y 向平动因子最大时所对应振型的周期为第一平动周期,Z 向扭转因子最大且扭转因子大于 0.5 时对应振型的周期为第一扭转周期。

设计人员应结合振型图的形状判断结构第一周期,查看结构在该振型作用下是否为整体振动,第一周期对应的振型必须是整体振动的振型,而不是局部振动的振型。因此,建议对于程序自动计算的周期比结果还应该人为核算一下是否合理。

程序输出的最不利地震作用方向为与整体坐标系 X 轴的夹角,逆时针为正,顺时针为负。

2)各振型的地震力及基底剪力的输出

输出设计人员定义的各个方向地震作用工况(RS *)及最不利地震作用工况(RS C(*))下的地震力,其格式如下。

[RS_*] 振型 1~n 的地震力:

　　塔号　　层号　　F-X　　F-Y　　F-T

其中　F-X——X 方向的地震力分量(kN);

　　　F-Y——Y 方向的地震力分量(kN);

　　　F-T——X(Y)方向的地震力的扭矩(kN·m)。

［RS＿*］各振型的基底剪力：

　　振型　基底剪力(kN)

［RS＿*］各层地震作用(CQC(耦联)或SRSS(非耦联))：

　　塔号　层号　层地震力　楼层剪力　剪重比　倾覆弯矩

最后输出：

　　抗震规范(5.2.5条)中要求的最小剪重比(%)：

3. 结构位移

结构位移文件主要输出各种荷载工况作用下结构楼层的最大位移、层间位移、层间位移角及位移比、位移角比的结果。其输出格式如下,所有位移单位均为mm。

水平荷载作用下楼层位移格式：

　　塔号　层号　Nmax　Max-a　Ave-a　Ratio-a　h　　　DaR/Da　Ratio-Aa
　　　　　　　　NmaxD　Max-Da　Ave-Da　Ratio-Da　Max-Da/h

　　最大层间位移角:1/xxx

竖向荷载(DL/LL)作用下楼层位移格式：

　　塔号　层号　　Jmax　Max-(Z)

其中　Nmax——最大位移对应的节点号;

　　　NmaxD——最大层间位移对应的节点号;

　　　Max-(Z)——节点的最大竖向位移;

　　　h——层高;

　　　Max-a——a方向的节点最大位移;

　　　Ave-a——a方向的层平均位移;

　　　Max-Da——a方向的最大层间位移;

　　　Ave-Da——a方向的平均层间位移;

　　　Ratio-a——最大位移与层平均位移的比值;

　　　Ratio-Da——最大层间位移与平均层间位移的比值;

　　　Max-Da/h——a方向的最大层间位移角;

　　　DaR/Da——a方向的有害位移角占总位移角的百分比例(%);

　　　Ratio-Aa——本层位移角与上层位移角的1.3倍及上三层平均位移角的1.2倍比值
　　　　　　　　的大者,按照《广东省高规补充规定》DBJ/T 15 - 46—2005第3.3.1条
　　　　　　　　的要求输出。

4. 楼层侧向刚度验算

这项主要输出楼层侧向刚度比验算结果,以此来判断结构的薄弱层。

1)层质心、刚心、偏心距及偏心率

其输出格式如下：

　　塔号　层号　Xmass　Ymass　Xstif　Ystif　h　Ex　Ey　Eex　Eey

2)层刚度、层刚度比

其输出格式如下：

　　工况序号:荷载工况

　　塔号　层号　Rj　Rjz　Rat　Rat1　　薄弱层

其中　Xmass、Ymass——质心的坐标值 X、Y(m);

Xstif、Ystif——刚心的坐标值 X、Y(m);

Ex、Ey——X、Y 方向的偏心距离(m);

Eex、Eey——X、Y 方向的偏心率;

Rat——本层塔侧移刚度与下一层相应塔侧移刚度的比值;

Rat1——本层塔侧移刚度与上一层相应塔侧移刚度 70% 的比值和本层塔侧移刚度与上三层平均侧移刚度 80% 的比值之较小者;

Rj——结构总体坐标系中塔的侧移刚度(kN/m);

Rjz——结构总体坐标系中塔的扭转刚度(kN/m);

Alpha——层刚性主轴的方向(度)。

5. 楼层抗剪承载力突变验算

这项主要输出楼层抗侧力结构的受剪承载力,并给出相邻楼层受剪承载力之比的验算结果,以此作为结构薄弱层判断的参考。其输出格式如下。

工况序号:荷载工况

塔号　　　层号　　　V　　　R

其中　V——楼层受剪承载力(kN);

R——本层与上一层的受剪承载力之比。

6. 薄弱层验算

薄弱层验算主要输出各个楼层是否为薄弱层及薄弱层调整系数。其输出格式如下:

塔号　　　层号　　　薄弱层　　调整系数

8.5.3　结构分析结果

单击  ,可以在三维图形中查看结构的反力、位移、振型以及相应的表格结果。

1. 反力

反力对话框如图 8-51 所示,单击反力后面的 按钮或者 ,可以以表格方式输出图 8-52 中所选节点在相应荷载工况或荷载组合下的六个反力分量结果,包括整体坐标轴三个方向的力和力矩,如图 8-53 所示。这六个反力分量可单独输出,也可全部输出。

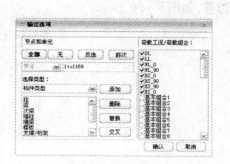

图 8-51　反力对话框　　　　　　　　　　　　　图 8-52　反力表格结果输出选项

节点	荷载	FX (kN)	FY (kN)	FZ (kN)	MX (kN×mm)	MY (kN×mm)	MZ (kN×mm)
231	DL	-4.141	-10.558	654.022	-3708.795	-2704.258	-57.839
232	DL	-7.132	4.166	893.047	-3377.619	-1142.751	56.836
233	DL	63.077	-0.650	622.514	394.689	4273.261	-37.367
234	DL	0.602	-50.449	479.303	3195.956	393.214	47.075
235	DL	0.318	4.456	520.046	-1561.830	116.898	-1.596
236	DL	36.913	0.550	847.980	-676.872	-3891.738	96.566
237	DL	-35.830	2.990	1082.206	-2509.122	-14171.857	25.239
238	DL	-26.697	-0.389	652.892	185.632	8000.789	-8.055
239	DL	-1.189	-25.643	789.885	-2538.296	-1190.221	-127.568
240	DL	-10.072	0.885	701.506	-784.025	248.407	8.086
241	DL	-3.573	10.570	870.058	-3108.446	-3224.501	13.031
242	DL	-3.976	68.397	967.841	-10052.744	-3334.335	-39.225

图 8 - 53　反力分量表格结果

当"点取节点/节点号"处的文本框为绿色时,点取模型窗口中的某个节点,可在信息窗口显示该节点的所有反力结果。

2. 位移

位移对话框如图 8 - 54 所示,可以选择位移显示形式,包括变形形状、位移云图和查询位移。变形形状只显示节点平动位移,位移云图可以以云图形式显示节点平动位移和转动位移,查询位移功能可以查询任一节点的六个位移分量。

图 8 - 54　位移对话框

单击位移后面的 按钮或者 ，可以以表格方式输出图 8 - 55 中所选节点在相应荷载工况或荷载组合下的六个位移分量结果,包括整体坐标轴三个方向的平动位移和转动位移,如图 8 - 56 所示。

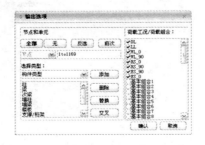

图 8 - 55　位移表格结果输出选项

	节点	荷载	DX (mm)	DY (mm)	DZ (mm)	RX ([rad])	RY ([rad])	RZ ([rad])
►	1	DL	0.02898	-0.01895	-0.22799	0.00006	0.00005	-0.00000
	2	DL	0.02898	-0.02424	-0.51213	0.00011	0.00001	-0.00000
	3	DL	0.02898	-0.03011	-0.55673	0.00010	0.00001	-0.00000
	4	DL	0.02898	-0.03599	-0.56315	0.00011	0.00001	-0.00000
	5	DL	0.02898	-0.04187	-0.32563	0.00006	-0.00002	-0.00000
	6	DL	0.02338	-0.01836	-0.44846	0.00004	0.00008	-0.00000
	7	DL	0.02338	-0.02424	-0.96223	0.00007	0.00000	-0.00000
	8	DL	0.02338	-0.03011	-0.28820	-0.00005	0.00003	-0.00000
	9	DL	0.02338	-0.03599	-0.36108	-0.00004	0.00005	-0.00000
	10	DL	0.02338	-0.04187	-0.60636	-0.00005	0.00000	-0.00000
	11	DL	0.01621	-0.01836	-0.45493	-0.00002	0.00008	-0.00000
	12	DL	0.01621	-0.02424	-0.98122	-0.00003	0.00000	-0.00000

图 8 – 56　位移分量表格结果

3. 自振模态

自振模态对话框如图 8 – 57 所示。单击自振模态后面的  按钮或者 振型，可以以表格方式输出图 8 – 58 所示自振模态结果表格，包括振型周期、振型参与质量、振型方向系数和特征向量。

图 8 – 57　自振模态对话框

振型号	频率		周期	误差
	(rad/sec)	(cycle/sec)	(秒)	
1	8.93325	1.42174	0.70336	4.8047e-069
2	11.88837	1.89209	0.52852	1.6697e-062
3	15.45860	2.46031	0.40645	1.8639e-057
4	26.34618	4.19312	0.23849	9.4582e-049
5	40.84768	6.50111	0.15382	9.9125e-040
6	44.01012	7.00443	0.14277	2.4871e-038
7	48.83427	7.77221	0.12866	8.7098e-037
8	68.34577	10.87757	0.09193	1.2642e-031

(a)

振型号	平动-X		平动-Y		平动-Z		旋转-X		旋转-Y		旋转-Z	
	质量(%)	合计(%)	质量(%)	合计(%)	质量(%)	合计(%)	质量(%)	合计(%)	质量(%)	合计(%)	质量(%)	合计(%)
1	6.38	6.38	0.03	0.03	0.00	0.00	0.00	0.00	0.00	0.00	79.22	73.22
2	44.72	51.09	23.47	23.49	0.00	0.00	0.00	0.00	0.00	0.00	4.58	77.80
3	22.10	73.19	52.27	75.77	0.00	0.00	0.00	0.00	0.00	0.00	2.08	79.88
4	1.67	74.86	0.04	75.81	0.00	0.00	0.00	0.00	0.00	0.00	9.35	89.23
5	12.25	87.11	5.04	80.85	0.00	0.00	0.00	0.00	0.00	0.00	1.31	90.54
6	0.06	87.17	2.73	83.57	0.00	0.00	0.00	0.00	0.00	0.00	4.15	94.69
7	4.86	92.02	9.03	92.61	0.00	0.00	0.00	0.00	0.00	0.00	0.29	94.98
8	0.01	92.04	0.29	92.90	0.00	0.00	0.00	0.00	0.00	0.00	2.33	97.31

(b)

图 8 – 58　自振模态表格结果

(a)振型周期　(b)振型参与质量

8.5.4　层结果表格

图 8 - 59　层结果表格内容

层结果表格是以表格的形式输出楼层的分析结果,包括图 8 - 59 所示内容。

1. 层间位移角

此项以表格方式输出楼层层间位移角和层间有害位移角结果。

楼层最大位移角为楼层最大层间位移与层高的比值,楼层层间最大位移以楼层最大水平位移差计算,此处计算楼层位移不考虑偶然偏心的影响。

层间有害位移角为层间有害位移与层高的比值(层间有害位移等于本层位移减去下层位移与下层位移在本层引起的位移之和),根据《广东省高规补充规定》(DBJ/T 15 - 46—2005)计算及判断。当不执行这个标准时本条仅供参考。

图 8 - 60 所示为层间位移角结果表格。

塔	楼层	层高(mm)	荷载工况	最大层间位移(mm)	最大层间位移角	容许层间位移角	验算结果
			请按鼠标右键并点击"允许层间位移角..."命令并修改允许值				
Base	8F	4000.00	RS_0	0.647	1/6179	1/800	OK
Base	7F	3500.00	RS_0	0.639	1/5480	1/800	OK
Base	6F	3500.00	RS_0	0.730	1/4794	1/800	OK
Base	5F	3500.00	RS_0	0.782	1/4477	1/800	OK
Base	4F	3500.00	RS_0	0.806	1/4341	1/800	OK
Base	3F	3500.00	RS_0	0.794	1/4409	1/800	OK
Base	2F	3500.00	RS_0	0.680	1/5149	1/800	OK
Base	1F	4000.00	RS_0	0.489	1/8187	1/800	OK
Base	8F	4000.00	RS_90	0.524	1/7628	1/800	OK
Base	7F	3500.00	RS_90	0.569	1/6149	1/800	OK
Base	6F	3500.00	RS_90	0.665	1/5266	1/800	OK
Base	5F	3500.00	RS_90	0.658	1/5322	1/800	OK
Base	4F	3500.00	RS_90	0.596	1/5871	1/800	OK
Base	3F	3500.00	RS_90	0.690	1/5075	1/800	OK
Base	2F	3500.00	RS_90	0.678	1/5165	1/800	OK
Base	1F	4000.00	RS_90		1/7378	1/800	OK

(a)

塔	楼层	层高(mm)	荷载工况	有害层间位移(mm)	有害层间位移角	层间位移角	有害层间位移角比值(有害层间位移角/层间位移角)
Base	8F	4000.00	RS_0	-0.082	-1/48489	1/6179	0.13
Base	7F	3500.00	RS_0	-0.051	-1/36268	1/5480	0.14
Base	6F	3500.00	RS_0	-0.052	-1/67670	1/4794	0.07
Base	5F	3500.00	RS_0	-0.025	-1/142525	1/4477	0.03
Base	4F	3500.00	RS_0	0.013	1/277628	1/4341	0.02
Base	3F	3500.00	RS_0	0.114	1/30702	1/4409	0.14
Base	2F	3500.00	RS_0	0.252	1/13080	1/5149	0.37
Base	1F	4000.00	RS_0	0.489	1/8187	1/8187	-
Base	8F	4000.00	RS_90	-0.126	-1/31714	1/7628	0.24
Base	7F	3500.00	RS_90	-0.095	-1/36606	1/6149	0.17
Base	6F	3500.00	RS_90	0.007	1/496545	1/5266	0.01
Base	5F	3500.00	RS_90	0.061	1/56994	1/5322	0.09
Base	4F	3500.00	RS_90	-0.093	-1/37464	1/5871	0.16
Base	3F	3500.00	RS_90	0.012	1/291033	1/5075	0.02
Base	2F	3500.00	RS_90	0.203	1/17226	1/5165	0.30
Base	1F	4000.00	RS_90	0.542	1/7378	1/7378	-

(b)

图 8 - 60　层间位移角结果表格
(a)层间位移角　(b)层间有害位移角

2. 层构件承担剪力比

此项以表格方式输出楼层剪力及框架、剪力墙剪力占层总剪力的比例,如图 8 - 61 所示。

3. $0.2Q_0$ 验算

此项以表格方式输出结构 $0.2Q_0$ 验算的结果,如图 8 - 62 所示。

本条对框架 - 剪力墙结构中,每层框架部分承担的剪力是否满足 $0.2Q_0$ 作验算并给出调整系数。对于框架柱数量从下至上有规律变化的结构及多塔结构,设计人员应在前处理

墙	楼层	荷载	框架承担比例	支撑承担比例	墙承担比例	斜板/楼板承担比例	楼层剪力(kN)
Base	8F	RS_0+ES_0	0.184	0.000	0.816	0.000	242.334
Base	7F	RS_0+ES_0	0.455	0.000	0.545	0.000	1015.115
Base	6F	RS_0+ES_0	0.270	0.000	0.730	0.000	1643.511
Base	5F	RS_0+ES_0	0.291	0.000	0.709	0.000	2215.725
Base	4F	RS_0+ES_0	0.226	0.000	0.774	0.000	2677.873
Base	3F	RS_0+ES_0	0.176	0.000	0.824	0.000	3077.358
Base	2F	RS_0+ES_0	0.176	0.000	0.824	0.000	3402.710
Base	1F	RS_0+ES_0	0.192	0.000	0.808	0.000	3579.718
Base	8F	RS_0+ES_0	0.184	0.000	0.816	0.000	242.334
Base	7F	RS_0+ES_0	0.455	0.000	0.545	0.000	1015.115
Base	6F	RS_0+ES_0	0.270	0.000	0.730	0.000	1643.511
Base	5F	RS_0+ES_0	0.291	0.000	0.709	0.000	2215.725
Base	4F	RS_0+ES_0	0.226	0.000	0.774	0.000	2677.873
Base	3F	RS_0+ES_0	0.176	0.000	0.824	0.000	3077.358
Base	2F	RS_0+ES_0	0.176	0.000	0.824	0.000	3402.710
Base	1F	RS_0+ES_0	0.192	0.000	0.808	0.000	3579.718

图 8 - 61　层构件承担剪力比结果

墙	楼层	荷载	框架剪力(kN)	$0.2Q_0$(kN)	$1.5V_{fmax}$(kN)	最小($0.2Q_0$/框架剪力, $1.5V_{fmax}$/框架剪力)	用户自定义系数	验算结果
按鼠标右键并点击"用户自定义系数"命令调整系数								
Base	8F	RS_0	46.518	894.930	1290.660	19.238	—	需调整
Base	7F	RS_0	492.312	894.930	1290.660	1.818	—	需调整
Base	6F	RS_0	449.766	894.930	1290.660	1.990	—	需调整
Base	5F	RS_0	650.697	894.930	1290.660	1.375	—	需调整
Base	4F	RS_0	610.274	894.930	1290.660	1.466	—	需调整
Base	3F	RS_0	546.312	894.930	1290.660	1.638	—	需调整
Base	2F	RS_0	601.577	894.930	1290.660	1.488	—	需调整
Base	1F	RS_0	860.440	894.930	1290.660	1.040	—	需调整
Base	8F	RS_90	23.836	1121.973	1500.892	47.071	—	需调整
Base	7F	RS_90	364.705	1121.973	1500.892	3.076	—	需调整
Base	6F	RS_90	339.648	1121.973	1500.892	3.303	—	需调整
Base	5F	RS_90	458.552	1121.973	1500.892	2.447	—	需调整
Base	4F	RS_90	484.383	1121.973	1500.892	2.316	—	需调整
Base	3F	RS_90	465.380	1121.973	1500.892	2.411	—	需调整
Base	2F	RS_90	526.607	1121.973	1500.892	2.131	—	需调整
Base	1F	RS_90	1000.595	1121.973	1500.892	1.121	—	需调整

图 8 - 62　$0.2Q_0$ 验算结果

“分析设计/控制信息/调整信息/$0.2Q_0$”中定义结构每段调整的起止层,并分别指定每段进行 $0.2Q_0$ 验算时采用的 Q_0 层,即基底总剪力所对应的楼层。

此处也可以通过“用户自定义系数”选项,由设计人员自定义调整系数,程序将按新定义的调整系数进行 $0.2Q_0$ 调整。在表格中右键单击“用户自定义系数”弹出图 8 - 63 所示对话框,完成用户自定义调整系数。

图 8 - 63　用户自定义调整系数

4. 层剪重比

此项以表格方式输出楼层剪重比并验算楼层是否满足最小剪重比要求,对于最小剪重比,设计人员可以默认让程序自动按规范取值,也可以自定义该值,如图 8 - 64 所示。

这里表格输出了楼层剪力、剪重比及容许剪重比,判断楼层剪重比是否满足最小剪重比要求,并对不满足最小剪重比要求的楼层给出了构件地震作用内力调整系数,程序自动对不满足要求的楼层构件进行了地震作用内力调整。

每一层的“重量统计”为本层及上面各层的重力荷载代表值之和。

塔	楼层	反应谱	剪力 (kN)	重量设计 (kN)	剪重比	容许剪重比	剪重比调整系数	验算结果
Base	8F	RS_0	242.394	2634.465	0.092	0.016	-	OK
Base	7F	RS_0	1015.113	13774.284	0.074	0.016	-	OK
Base	6F	RS_0	1643.511	26064.903	0.063	0.016	-	OK
Base	5F	RS_0	2215.725	41728.530	0.053	0.016	-	OK
Base	4F	RS_0	2677.873	57833.156	0.046	0.016	-	OK
Base	3F	RS_0	3077.958	73937.783	0.042	0.016	-	OK
Base	2F	RS_0	3402.710	90511.109	0.038	0.016	-	OK
Base	1F	RS_0	3579.718	107447.952	0.033	0.016	-	OK
Base	8F	RS_90	256.372	2634.465	0.097	0.016	-	OK
Base	7F	RS_90	1138.080	13774.284	0.083	0.016	-	OK
Base	6F	RS_90	1908.890	26064.903	0.073	0.016	-	OK
Base	5F	RS_90	2695.185	41728.530	0.065	0.016	-	OK
Base	4F	RS_90	3946.136	57833.156	0.058	0.016	-	OK
Base	3F	RS_90	3875.248	73937.783	0.052	0.016	-	OK
Base	2F	RS_90	4276.123	90511.109	0.047	0.016	-	OK
Base	1F	RS_90	4487.892	107447.952	0.042	0.016	-	OK

图 8 - 64　层剪重比结果

若楼层剪力满足要求，"地震作用构件内力调整系数"一栏输出"－"，反之给出计算得到的调整系数。

程序自动按《抗震规范》第 5.2.5 条判断各楼层的容许剪重比。

5. 层偏心

此项以表格方式输出楼层的重心、刚度中心、偏心距、扭转刚度、偏心半径、偏心率，如图 8 - 65 所示。

塔	楼层	重心		刚度中心		偏心距		扭转刚度 (kN×mm)	偏心半径		偏心率	
		X (mm)	Y (mm)	X (mm)	Y (mm)	X (mm)	Y (mm)		X (mm)	Y (mm)	X	Y
Base	8F	20979.42	13718.85	13935.550	14246.820	443.635	527.969	10939671100B9	4175.595	4596.529	0.126	0.098
Base	7F	20942.07	13249.78	20221.789	14432.582	720.289	1182.796	713295663866	8178.992	8670.780	0.145	0.083
Base	6F	20947.01	13238.35	20221.789	14432.582	725.228	1194.229	713295663866	8178.992	8670.780	0.146	0.084
Base	5F	17227.56	13224.01	18554.457	14439.415	1326.893	1215.401	110950987056	9815.836	10358.65	0.128	0.124
Base	4F	16870.82	13221.30	18554.457	14439.415	1683.633	1218.112	110950987056	9815.836	10358.65	0.124	0.163
Base	3F	16870.82	13221.30	18554.457	14439.415	1683.633	1218.112	110950987056	9815.836	10358.65	0.124	0.163
Base	2F	16868.82	13342.18	18023.428	15297.746	1154.607	1955.558	203315694349	11271.41	11709.57	0.173	0.099
Base	1F	16890.21	13373.90	18089.597	15266.956	1199.378	1893.056	143103804030	11034.18	11513.58	0.172	0.104

图 8 - 65　层偏心验算结果

6. 倾覆弯矩

此项以表格方式输出楼层倾覆弯矩及各类构件倾覆弯矩占总弯矩的比例，如图 8 - 66 所示。

塔	荷载工况	楼层	标高 (mm)	倾覆弯矩（规定的水平力）(kN×mm)				柱承担比率	短肢剪力墙承担比率	比值 (墙/倾覆弯矩)	验算结果
				框架	短肢剪力墙	框剪板/框柱	合计				
Base	WL_0	8F	29000.00	86631.244	0.000	108241.570	194872.813	0.445	0.000	0.555	
Base	WL_0	7F	25000.00	503959.628	0.000	205132.177	709091.805	0.711	0.000	0.289	
Base	WL_0	6F	21500.00	999285.130	0.000	543908.017	1543273.147	0.648	0.000	0.352	
Base	WL_0	5F	18000.00	1704976.263	0.000	965603.928	2670580.190	0.638	0.000	0.362	
Base	WL_0	4F	14500.00	2469693.755	0.000	1595194.664	4064888.419	0.608	0.000	0.392	
Base	WL_0	3F	11000.00	3298524.361	0.000	2398902.171	5695026.532	0.579	0.000	0.421	
Base	WL_0	2F	7500.00	4451622.908	0.000	3098314.591	7549941.500	0.590	0.000	0.410	
Base	WL_0	1F	4000.00	5558376.608	0.000	4372407.738	9340784.346	0.560	0.000	0.440	
Base	WL_90	8F	29000.00	76077.793	0.000	83987.155	159964.888	0.476	0.000	0.524	
Base	WL_90	7F	25000.00	397096.318	0.000	233279.155	630366.473	0.630	0.000	0.370	
Base	WL_90	6F	21500.00	801882.389	0.000	606460.272	1408342.661	0.569	0.000	0.431	
Base	WL_90	5F	18000.00	1373074.174	0.000	1188899.022	2561973.196	0.536	0.000	0.464	
Base	WL_90	4F	14500.00	2045731.269	0.000	2012011.606	4057742.875	0.504	0.000	0.496	
Base	WL_90	3F	11000.00	2802663.683	0.000	3055317.941	5857981.524	0.478	0.000	0.522	
Base	WL_90	2F	7500.00	3950437.384	0.000	3991090.403	7941527.971	0.497	0.000	0.503	
Base	WL_90	1F	4000.00	5226742.524	0.000	5445601.265	10672343.789	0.490	0.000	0.510	

图 8 - 66　倾覆弯矩验算结果

对于短肢剪力墙结构，短肢剪力墙的基本振型底部地震倾覆力矩不宜大于结构总底部地震倾覆力矩的 50%；抗震设计的框架 - 剪力墙结构，在基本振型地震作用下，框架部分承受的地震倾覆力矩大于结构总地震倾覆力矩的 50% 时，其框架部分的抗震等级应按框架结构采用，柱轴压比限值宜按框架结构的规定采用；其最大适用高度和高宽比限值可比框架结构适当增加。程序将给出验算的结果，设计人员根据验算结果判断在前处理中是否需对结构模型及分析设计参数进行调整。

7. 稳定性验算

此项以表格方式输出结构刚重比和整体稳定性验算结果，如图 8 - 67 所示。

荷载工况	塔	EJ d (kN×mm2)	结构高度 (X) (mm)	SumG(i) (kN)	刚重比 EJ d/(H^2*SumG(i))	结构整体稳定 (刚重比>1.4)	考虑P-Delta (刚重比>2.7)
RL_0	Base	341586075487447	29000.000	139664.742	29.291	稳定	不考虑
WL_90	Base	505004352721472	29000.000	139664.742	43.305	稳定	不考虑
RS_0	Base	338439451739711	29000.000	139664.742	29.026	稳定	不考虑
RS_90	Base	506386402319576	29000.000	139664.742	43.429	稳定	不考虑

图 8 - 67　稳定性验算结果

对于整体稳定性验算不满足的结构,应调整结构布置增加结构侧向刚度。

对于判断需要考虑 $P-\Delta$ 效应的结构,应考虑重力二阶效应对水平力作用下结构内力和位移的不利影响。

结构一个主轴方向的弹性等效侧向刚度,可按倒三角形分布荷载作用下结构顶点位移相等的原则,将结构的侧向刚度折算为竖向悬臂受弯构件的等效侧向刚度。

SumG 为所有楼层的重力荷载代表值之和。

对于不同的结构体系,程序自动按《高规》第 5.4 节内容分别进行稳定性验算,但需要设计人员在模型主控数据中正确指定。

8. 楼层屈服强度系数验算

此项以表格方式输出框架结构楼层屈服强度系数计算结果,并判断结构是否应进行弹塑性变形验算,如图 8 - 68 所示。

塔	楼层	荷载工况	剪切屈服强度 (kN)	地震剪力 (kN)	影响系数误差	静力弹塑性分析
剪切屈服强度	使弯曲破坏先于竖向破坏发生的剪切强度					
Vn=(Mntop+Mnbot)/ln						
Base	8F	RS_0	4902.975	242.334	20.232	不需检
Base	7F	RS_0	1679.800	1015.115	1.646	不需检
Base	6F	RS_0	1418.725	1643.511	0.863	不需检
Base	5F	RS_0	193.762	2215.725	0.087	需检
Base	4F	RS_0	438.931	2677.673	0.164	需检
Base	3F	RS_0	1417.114	3077.358	0.460	需检
Base	2F	RS_0	3294.841	3402.710	0.968	需检
Base	1F	RS_0	851.564	3579.718	0.238	需检
Base	8F	RS_90	16985.152	256.372	66.252	不需检
Base	7F	RS_90	24080.007	1139.880	21.144	不需检
Base	6F	RS_90	27825.459	1908.890	14.577	不需检
Base	5F	RS_90	32467.985	2696.185	12.042	不需检
Base	4F	RS_90	35303.735	3346.196	10.552	不需检
Base	3F	RS_90	36962.301	3875.228	9.538	不需检
Base	2F	RS_90	56987.961	4276.123	13.327	不需检
Base	1F	RS_90	59086.490	4487.892	13.166	不需检

图 8 - 68　楼层屈服强度系数验算结果

根据《高规》第 4.6.4 条规定,在 7～9 度时楼层屈服强度系数小于 0.5 的框架结构应进行弹塑性变形验算。因此,本项验算只适用于框架结构,对其他类型的结构仅作参考。

楼层屈服强度系数为按构件实际配筋和材料强度标准值计算的楼层受剪承载力与按罕遇地震作用计算的楼层弹性地震剪力的比值,实际配筋在程序中是按构件的超配筋系数考虑的。

8.5.5　规则性验算表格

规则性验算以表格方式输出结构规则性验算结果。

1. 扭转不规则验算

楼层竖向构件的最大水平位移和层间位移,A 级高度高层建筑不宜大于该楼层平均值的 1.2 倍,不应大于该楼层平均值的 1.5 倍;B 级高度高层建筑、混合结构高层建筑及复杂高层建筑不宜大于该楼层平均值的 1.2 倍,不应大于该楼层平均值的 1.4 倍。

本项验算计算楼层位移比,判断结构扭转效应是否明显。输出结构周期比的验算结果,以此判断结构扭转效应是否明显。

扭转不规则验算如图 8 - 69 所示。

塔	楼层	层高 (mm)	荷载工况	平均值		最大值		比值(最大/平均)		验算结果
				层间位移 (mm)	层位移 (mm)	层间位移 (mm)	层位移 (mm)	层间位移	层位移	

允许值：T1/T1 = 0.9(A类高层建筑)，0.85(B类高层建筑)
第1平动周期(T1) = 0.528515, 第1扭转周期(Tt) = 0.703364, Tt/T1 = 1.33083, 备注：不规则

Base	8F	4000.00	RS_0*ES_0	0.651	4.686	0.675	4.889	1.037	1.043	规则
Base	7F	3500.00	RS_0*ES_0	0.617	4.457	0.664	5.040	1.077	1.132	规则
Base	6F	3500.00	RS_0*ES_0	0.698	3.878	0.762	4.449	1.092	1.147	规则
Base	5F	3500.00	RS_0*ES_0	0.726	3.229	0.777	3.755	1.070	1.163	规则
Base	4F	3500.00	RS_0*ES_0	0.759	2.552	0.842	3.023	1.110	1.187	规则
Base	3F	3500.00	RS_0*ES_0	0.759	1.830	0.873	2.215	1.151	1.210	不规则
Base	2F	3500.00	RS_0*ES_0	0.661	1.101	0.779	1.351	1.180	1.227	不规则
Base	1F	4000.00	RS_0*ES_0	0.481	0.465	0.573	0.573	1.192	1.234	不规则
Base	8F	4000.00	RS_0*ES_0	0.636	4.490	0.668	4.974	1.049	1.131	规则
Base	7F	3500.00	RS_0*ES_0	0.598	4.248	0.708	5.570	1.183	1.311	不规则
Base	6F	3500.00	RS_0*ES_0	0.669	3.698	0.826	4.894	1.234	1.323	不规则
Base	5F	3500.00	RS_0*ES_0	0.691	3.084	0.888	4.109	1.284	1.333	不规则
Base	4F	3500.00	RS_0*ES_0	0.713	2.435	0.937	3.256	1.313	1.337	不规则
Base	3F	3500.00	RS_0*ES_0	0.705	1.746	0.943	2.341	1.338	1.340	不规则
Base	2F	3500.00	RS_0*ES_0	0.609	1.048	0.817	1.405	1.341	1.340	不规则
Base	1F	4000.00	RS_0*ES_0	0.442	0.440	0.589	0.589	1.332	1.339	不规则

图 8 – 69　扭转不规则验算

2. 侧向刚度不规则验算

计算楼层侧向刚度及其比值,并判断结构竖向是否规则,以此确定结构的薄弱层,如图 8 – 70 所示。

	塔	楼层	标高 (mm)	荷载工况	层间位移角	层剪力 (kN)	层刚度 (kN)	上层刚度 (kN)	层刚度比	验算结果
▶	Base	8F	29000.00	RS_0	0.00016	242.334	—	—	—	规则
	Base	7F	25000.00	RS_0	0.00017	1015.115	5888602.700	1506405.806	3.909	规则
	Base	6F	21500.00	RS_0	0.00019	1643.511	8578313.361	5888602.700	1.457	规则
	Base	5F	18000.00	RS_0	0.00020	2215.725	11121898.439	8578313.361	1.296	规则
	Base	4F	14500.00	RS_0	0.00020	2677.873	13186914.029	11121898.439	1.186	规则
	Base	3F	11000.00	RS_0	0.00020	3077.85e	15698511.714	13196914.029	1.190	规则
	Base	2F	7500.00	RS_0	0.00017	3402.710	20490063.806	15698511.714	1.305	规则
	Base	1F	4000.00	RS_0	0.00015	3579.718	34189815.781	20490063.806	1.669	规则
	Base	8F	29000.00	RS_90	0.00012	256.372	—	—	—	规则
	Base	7F	25000.00	RS_90	0.00013	1130.880	8581495.229	2123738.201	4.041	规则
	Base	6F	21500.00	RS_90	0.00015	1908.890	12717908.527	8581495.229	1.482	规则
	Base	5F	18000.00	RS_90	0.00016	2696.185	17798067.890	12717908.527	1.399	规则
	Base	4F	14500.00	RS_90	0.00016	3346.196	20446771.706	17798067.890	1.149	规则
	Base	3F	11000.00	RS_90	0.00017	3875.228	22706488.138	20446771.706	1.111	规则
	Base	2F	7500.00	RS_90	0.00017	4276.123	27768943.355	22706488.138	1.223	规则
	Base	1F	4000.00	RS_90	0.00011	4487.892	42287961.750	27768943.355	1.523	规则

图 8 – 70　侧向刚度不规则验算

抗震设计的高层建筑结构,其楼层侧向刚度不宜小于相邻上部楼层侧向刚度的 70% 或其上相邻三层侧向刚度平均值的 80% 。如果不满足,则该层判断为薄弱层,该层地震作用标准值产生的地震剪力乘以 1. 15 的增大系数。

程序还增加了广东省实施《高规》补充规定中利用层间位移角比验算楼层侧向刚度不规则的内容,在地震作用下,某一层的层间位移角大于相邻上一层的 1. 3 倍,或大于其上相邻三个楼层层间位移角平均值的 1. 2 倍,则该层的侧向刚度不规则,判断为薄弱层,该层地震作用标准值产生的地震剪力乘以 1. 15 的增大系数。

层间位移角可按下式计算:

$$\theta_i = \frac{u_i - u_{i-1}}{h_i}$$

式中　u_i、u_{i-1}——第 i 层、第 $i-1$ 层水平弹性位移;

　　　h_i——第 i 层层高。

3. 楼层抗剪承载力验算

计算楼层层间抗侧力构件的受剪承载力及其比值,并判断楼层承载力是否有突变,以此确定结构的薄弱层,如图 8 – 71 所示。

A 级高度高层建筑的楼层层间抗侧力结构的受剪承载力不宜小于其上一层受剪承载力的 80% ,不应小于其上一层受剪承载力的 65% ;B 级高度高层建筑的楼层层间抗侧力结构的受剪承载力不应小于其上一层受剪承载力的 75% 。对不满足要求的楼层,程序将判断为

塔	荷载工况	楼层	受剪承载力(kN)	上层受剪承载力(kN)	受剪承载力比	地震作用构件内力调整系数	验算结果
Base	RS_0	8F	8413.699	-	-	-	-
Base	RS_0	7F	21186.563	8413.699	2.518	1.000	规则
Base	RS_0	6F	22126.398	21186.563	1.044	1.000	规则
Base	RS_0	5F	26542.407	22126.398	1.200	1.000	规则
Base	RS_0	4F	27470.642	26542.407	1.035	1.000	规则
Base	RS_0	3F	29093.121	27470.642	1.059	1.000	规则
Base	RS_0	2F	57477.727	29093.121	1.976	1.000	规则
Base	RS_0	1F	41485.721	57477.727	0.722	1.250	不规则
Base	RS_90	8F	8408.346	-	-	-	-
Base	RS_90	7F	21001.814	8408.346	2.498	1.000	规则
Base	RS_90	6F	21667.747	21001.814	1.032	1.000	规则
Base	RS_90	5F	26491.289	21667.747	1.223	1.000	规则
Base	RS_90	4F	27535.433	26491.289	1.039	1.000	规则
Base	RS_90	3F	28979.505	27535.433	1.052	1.000	规则
Base	RS_90	2F	57314.815	28979.505	1.978	1.000	规则
Base	RS_90	1F	41464.664	57314.815	0.723	1.250	不规则

图 8－71　楼层抗剪承载力验算

薄弱层，并自动将该楼层地震作用乘以 1.15 的放大系数。

如果验算结果已达到"不应"的限制条件，则设计人员应在前处理中调整结构布置。

楼层抗侧力结构受剪承载力的计算采用构件的实际配筋，并采用《建筑抗震鉴定标准》GB 50023—95 中附录 B 的计算方法，其中构件的实际配筋程序按照超配筋系数来考虑。

8.6　专家校审系统

8.6.1　自动校审

单击【工具\校审系统】中的 按钮，可以进入自动校审系统。这项功能是程序自动对结构模型中的各种数据及结构分析设计的结果进行正确性及合理性的校核，校核的内容主要包括结构模型中的各项参数、荷载、构件的材料选择及结构布置、分析设计的结果、结构的经济性等。

自动校审系统对话框如图 8－72 所示。

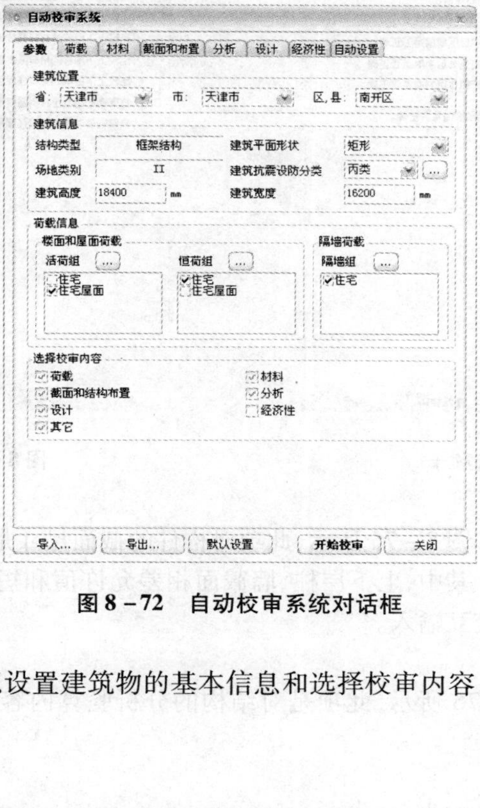

图 8－72　自动校审系统对话框

1. 参数

在参数选项卡中可以设置建筑物的基本信息和选择校审内容，如图 8－72 所示。

1）建筑位置

选择建筑所在的区域位置,程序将根据设计人员所选的区域自动按规范查找该地区的基本风压、基本雪压、地震设防烈度及设计分组的信息,并以此来对结构进行校核。

2）建筑信息

程序默认设计人员在前处理中的设置结构类型、场地类别和建筑高度,其他几项均需进行交互式输入。需要注意的是,程序默认的建筑高度是自室外地面至结构最高点的高度,如果对与建筑高度相关的验算内容的结果有怀疑,设计人员可以按规范取结构的计算高度进行复核。

3）荷载信息

设计人员可以定义相应的组对结构模型中所使用过的恒荷载值、活荷载值及隔墙荷载值进行校核,以此来检查模型中是否有超出范围的荷载值。

4）选择校审内容

程序根据校审内容的类型分成七组,以供选择。

2. 荷载

材料选项卡如图 8-73 所示,此项是对与荷载及荷载作用效应有关的内容进行校核,其中对结构每平方米竖向荷载合适的范围可以根据实际工程经验进行修改。

3. 材料

荷载选项卡如图 8-74 所示,此项对构件使用的材料是否超限进行校审,同时还根据实际工程经验对同层和上、下层构件材料强度的大小关系进行判断。

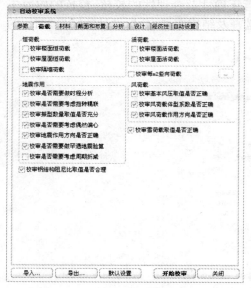

图 8-73　荷载选项卡

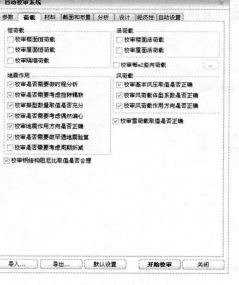

图 8-74　材料选项卡

4. 截面和布置

截面和布置选项卡如图 8-75 所示,此项对构件的截面尺寸是否满足构造要求、构件的布置是否合理进行判断。其中,上下层柱、墙截面相差允许值和短肢剪力墙占总面积比例,可以取程序默认值也可交互输入。

5. 分析

分析选项卡如图 8-76 所示,此项是对结构的分析验算内容进行校核,内容包括承载力、刚度、剪重比、规则性、薄弱层、节点核心区验算等。

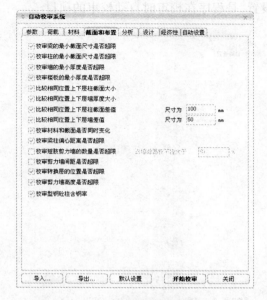

图 8－75　截面和布置选项卡

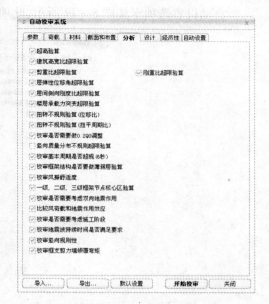

图 8－76　分析选项卡

6.设计

设计选项卡如图 8－77 所示,此项主要对结构的承载力、配筋率、挠度、裂缝宽度等设计结果进行校核。

7.经济性

经济性选项卡如图 8－78 所示,此项主要对结构的经济性进行判断,构件的配筋率范围中各项数值均可以进行交互输入。程序还给出各层构件配筋率和各层柱、墙轴压比的统计结果。

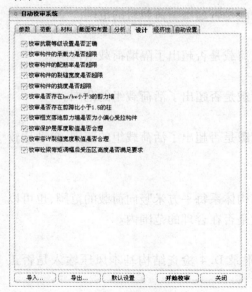

图 8－77　设计选项卡

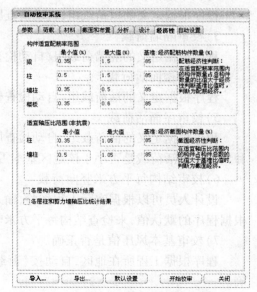

图 8－78　经济性选项卡

8. 自动设置

自动设置选项卡如图 8 – 79 所示,此项不需设置,是程序在校审时自动校审的项目。

图 8 – 79   自动设置选项卡

8.6.2   自动校审内容说明

1. 荷载

1)校审楼面恒荷载

程序根据定义的恒荷载组,自动检查楼面恒荷载是否超出了荷载组的范围。

2)校审屋面恒荷载

程序根据定义的恒荷载组,自动检查屋面恒荷载是否超出了荷载组的范围。

3)校审隔墙荷载

程序根据定义的隔墙荷载组,自动检查梁上线荷载是否超出了隔墙荷载组范围。

4)校审楼面活荷载

程序根据定义的活荷载组,自动检查楼面活荷载是否超出了活荷载组的范围。

5)校审屋面活荷载

程序根据定义的活荷载组,自动检查屋面活荷载是否超出了活荷载组的范围,自动比较和判断屋面活荷载是否小于该地区基本雪压值。

6)校审结构每平方米竖向荷载

设计人员可以根据实际工程经验,输入不同结构体系每平方米竖向荷载的范围,也可以根据程序的默认值,来检查结构每平方米竖向荷载是否在合理的范围内。

7)校审基本风压值是否正确

程序根据工程所在地区,自动按《荷载规范》附录 D.4 检查结构基本风压输入是否正确。

8)校审风荷载体型系数是否正确

程序根据设计人员选择的结构体型,自动检查结构风荷载体型系数输入是否正确。

9）校审风荷载作用方向是否正确

体型复杂的高层建筑,应考虑多方向风荷载作用,具体参见《高规》第 5.1.10 条。

10）校审雪荷载值是否正确

程序根据工程所在地区,自动按《荷载规范》附录 D.4 检查结构基本雪压输入是否正确。

11）校审是否需要做时程分析

程序根据《抗规》第 5.1.2 条和《高规》第 5.5.1 条来判断结构是否应作时程分析。

12）校审是否需要考虑扭转耦联

抗震设计时,对质量和刚度不对称、不均匀的结构、高度超过 100 m 的高层建筑、B 级高度和复杂的高层建筑都应考虑扭转耦联的影响,具体参见《高规》第 3.4.5 条、第 5.1.13 条规定。

13）校审振型数量取值是否充分

采用振型分解反应谱法计算时,计算振型数应使振型参与质量不小于总质量的 90%,具体见《高规》第 5.1.13 条。

14）校审是否需要考虑偶然偏心

计算单向地震作用时应考虑偶然偏心的影响,参见《高规》第 4.3.3 条。

15）校审地震作用方向是否正确

当结构中有相交角度大于 15°的抗侧力构件时,应分别验算各抗侧力构件方向的水平地震力作用,参见《高规》第 4.3.2 条。

16）校审是否需要作罕遇地震验算

依据《抗规》第 5.5.2 条检查结构是否需要作罕遇地震弹塑性变形验算。

17）校审是否需要考虑周期折减

依据《高规》第 4.3.16 条、第 4.3.17 条,计算各振型地震影响系数所采用的结构自振周期应考虑非承重墙体的刚度影响。

2. 材料

1）比较同层同类型构件材料强度

同一楼层中,同类型构件所使用的材料强度等级宜相同。

2）比较同层楼板和梁的材料强度

同一楼层中,楼板的材料强度等级不应大于梁。

3）比较同层梁和柱的材料强度

同一楼层中,梁的材料强度等级不应大于柱。

4）比较同层柱和墙的材料强度

同一楼层中,柱和墙的材料强度等级宜相同。

5）比较上、下层柱的材料强度大小

上层柱的材料强度等级,不应大于下层相应柱的材料强度等级。

6）比较上、下层墙的材料强度大小

上层墙的材料强度等级,不应大于下层相应墙的材料强度等级。

7）比较上、下层柱的材料强度差值

下层柱的材料强度等级,不应大于上层相应柱的材料强度两级。

8）比较上、下层墙的材料强度差值

下层墙的材料强度等级,不应大于上层相应墙的材料强度两级。

9)校审钢筋混凝土材料强度最大值

混凝土结构的混凝土强度等级,9 度时不宜超过 C60,8 度时不宜超过 C70,参见《抗震规范》第 3.9.3 条。

10)校审钢筋混凝土材料强度最小值

混凝土材料强度最小值应满足《混凝土规范》第 3.5.3 条、第 3.5.5 条、第 4.1.2 条的规定。

3. 截面和布置

1)校审梁的最小截面尺寸是否超限

梁的截面尺寸应满足《高规》第 6.3.1 条、第 10.2.8 条规定。

2)校审柱的最小截面尺寸是否超限

柱的截面尺寸应满足《高规》第 6.4.1 条、第 10.2.11 条规定。

3)校审墙的最小厚度是否超限

墙的截面尺寸应满足《高规》第 7.2.1 条、第 7.2.2 条规定。

4)校审楼板的最小厚度是否超限

板的厚度应满足《混凝土规范》第 9.1.2 条、《高规》第 3.6.3 条、第 3.6.4 条、第 10.2.14 条、第 10.2.23 条的规定。

5)比较相同位置上、下层柱截面大小

上层柱截面尺寸不应大于下层相应柱的截面尺寸。

6)比较相同位置上、下层墙厚度大小

上层墙厚度不应大于下层相应墙的厚度。

7)比较相同位置上、下层柱截面差值

下层柱截面的边长或直径,与上层相应柱截面对应边或直径的差,不应大于允许值,该值程序默认为 100 mm,也可以交互输入指定。

8)比较相同位置上、下层墙厚差值

下层墙厚度与上层相应墙厚度的差,不应大于允许值,该值程序默认为 50 mm,也可以交互输入指定。

9)校审材料和截面是否同时变化

构件的材料强度等级和截面尺寸不应同时发生变化。

10)校审梁柱偏心距离是否超限

框架梁、柱布置应满足《高规》第 6.1.7 条规定。

11)校审短肢剪力墙的数量是否超限

剪力墙结构中,短肢剪力墙的面积占墙体总面积的比例不应大于允许值,该值程序默认为 50%,也可以交互输入指定。

12)校审是否有梁错误布置在墙梁和连梁上

根据《高规》第 7.1.5 条,不满足时程序将给出提示。

13)校审剪力墙间距是否超限

剪力墙间距应满足《高规》表 8.1.8 的规定,不满足时程序将给出提示。

14)校审转换层的位置是否超限

转换层设置的位置应满足《高规》第 10.2.5 条的规定。

15）验算框筒结构的核心筒的高宽比是否超限

框架–核心筒结构的核心筒高宽比应满足《高规》第 9.2.1 条规定。

16）校审宽扁梁的尺寸是否超限

宽扁梁截面尺寸应满足《抗震规范》第 6.3.2 条规定。

17）校审剪力墙高度是否超限

单片剪力墙的总高度及截面高度应符合《高规》第 7.1.2 条、第 7.1.4 条规定。

4. 分析

1）超高验算

按《高规》第 3.3.1 条验算结构高度是否超限。

2）长度超限验算

钢筋混凝土结构伸缩缝最大间距应满足《混凝土规范》表 8.1.1 的规定。

3）建筑高宽比超限验算

建筑高宽比应符合《高规》第 3.3.2 条规定。

4）剪重比超限验算

结构剪重比应满足《高规》第 4.3.12 条规定。

5）刚重比超限验算

结构刚重比计算应满足《高规》第 5.4.4 条要求。

6）层间弹性位移角超限验算

结构层间弹性位移角应满足《高规》第 3.7.3 条规定。

7）层间侧向刚度比超限验算

结构层间侧向刚度比应满足《高规》第 3.5.2 条要求。

8）楼层承载力突变超限验算

结构楼层层间抗侧力结构受剪承载力验算应满足《高规》第 3.5.3 条要求。

9）扭转不规则验算（位移比）

结构扭转不规则验算的位移比应满足《高规》第 3.4.5 条规定。

10）扭转不规则验算（扭平周期比）

结构扭转为主的第一自振周期 T_1 与平动为主的第一自振周期 T_1 之比，应满足《高规》第 3.4.5 条规定。

11）校审是否需要作 $0.2Q_0$ 调整

如果结构不满足《高规》第 8.1.4 条规定，应进行 $0.2Q_0$ 调整。

12）竖向质量分布不规则超限验算

当某层单位面积的质量平均分布密度为相邻层的 1.5 倍以上时，称为质量沿竖向分布特别不均匀。参见广东省《高层建筑混凝土结构技术规程》补充规定第 2.3.6 条。

13）校审基本周期是否超规（6 s）

基本周期大于 6 s 的结构应作专门研究，参见《高规》第 4.3.7 条。

14）校审框架结构是否要作薄弱层验算

在预估的罕遇地震作用下，不超过 12 层且侧向刚度无突变的框架结构薄弱层应进行弹塑性变形验算，具体参见《高规》第 5.5.2 条、第 5.5.3 条。

15）校审是否需要验算结构顶点加速度

高度超过 150 m 高层建筑的舒适度要求应满足《高规》第 3.7.6 条规定。建筑物总迎风面积需要设计人员输入,顶点加速度计算详见《高层民用建筑钢结构技术规程》JGJ 99—98 第 5.5.1 条。

16)一级、二级框架节点核心区验算

一、二级框架的节点核心区应进行抗震验算,具体参见《抗震规范》第 6.2.7 条。

17)框剪结构倾覆弯矩验算

抗震设计的框架 – 剪力墙结构中,对框架柱的要求应满足《高规》第 8.1.3 条的规定。

18)校审是否需要考虑双向地震作用

当结构质量和刚度分布明显不对称时,应根据《抗震规范》第 5.1.1 条考虑双向地震作用的影响。

19)比较风荷载和地震作用效应

程序将比较风荷载作用效应和地震作用效应的大小,以此来判断哪个工况起控制作用。如果风荷载起控制作用,则有地震作用效应组合中应考虑风荷载。同时,程序还根据《高规》表 5.6.4 确定地震作用效应是否考虑风荷载的影响。

5. 设计

1)校审抗震等级设置是否正确

程序自动按《高规》第 3.9 节检查模型中构件抗震等级设置是否正确。

2)校审构件的承载力是否超限

检查模型中构件的承载力验算是否有不满足要求的。

3)校审构件的配筋率是否超限

检查模型中构件的配筋率是否有超限的。

4)校审构件裂缝是否超限

检查模型中构件的裂缝宽度是否有超限的。

5)校审构件的挠度是否超限

检查模型中构件的挠度是否有超限的。

6)校审边缘构件的体积配箍率

边缘构件的体积配箍率应满足《高规》第 7.2.15 条的规定。

7)校审是否存在 h_w/b_w 不大于 3 的剪力墙

剪力墙墙肢长不大于墙厚 4 倍时,应按柱的要求设计,参见《高规》第 7.1.7 条。

8)校审是否存在剪跨比小于 1.5 的柱

剪跨比小于 1.5 的柱,轴压比限值应专门研究并采取特殊的构造措施,参见《抗震规范》表 6.3.6 注 2。

9)校审Ⅳ类场地的高层建筑的配筋率

对Ⅳ类场地上的高层建筑,柱的配筋率应满足《抗震规范》第 6.3.7 条的规定。

6. 经济性

1)梁适宜配筋率范围

梁配筋率的适宜范围,程序默认为 0.35% ~ 1.5%,可以修改。

2)柱适宜配筋率范围

柱配筋率的适宜范围,程序默认为 0.6% ~ 1.5%,可以修改。

3)墙柱适宜配筋率范围

墙柱配筋率的适宜范围,程序默认为 0.35% ~ 0.6%,可以修改。

4）楼板适宜配筋率范围

楼板配筋率的适宜范围，程序默认为 0.35% ~ 0.6% ，可以修改。

5）基准/经济配筋构件数量（%）

分别输入梁、柱、墙柱、楼板这四种类型构件配筋是否经济的判别标准，即在适宜配筋率范围内的构件数量占该类型构件总数的比值，程序默认为 85% 。

6）柱适宜轴压比范围（非抗震）

柱轴压比的适宜范围，程序默认为 0.35 ~ 1.05，可以修改。

7）墙柱适宜轴压比范围（非抗震）

墙柱轴压比的适宜范围，程序默认为 0.5 ~ 1.05，可以修改。

8）基准/经济截面构件数量（%）

分别输入柱、墙柱这两种构件截面是否经济的判别标准，即柱轴压比在适宜范围内的数量占总数的比值，程序默认为 85% 。

9）各层构件配筋率统计结果

根据前面设定的构件适宜配筋率范围及经济性判别标准，分层统计和输出每种构件配筋是否经济的统计结果。

10）各层柱和剪力墙轴压比统计结果

根据前面设定的墙、柱适宜轴压比范围及经济性判别标准，分层统计和输出墙、柱截面选取是否经济的统计结果。

7. 其他

1）校审中梁、边梁刚度调整是否正确

对现浇楼面梁的刚度可以放大，参见《高规》第 5.2.2 条。但如果楼板定义为弹性板，则梁的刚度不应调整。

2）校审悬臂梁是否被指定为调幅梁

悬臂梁不应进行调幅设计。

3）校审框支梁是否被指定为调幅梁

框支梁不应进行调幅设计。

4）校审转换层是否被设定为刚性板

转换层的楼板不应指定为刚性楼板。

5）校审主筋等级是否合适

程序默认梁、柱、支撑的主筋不能使用 HPB300 级钢筋。

8.6.3　自动校审结果

自动校审结果在屏幕右侧的树形菜单中保存，如图 8 - 80 所示。在树形菜单中可以查看每个分项的校审结果，包括荷载、材料、截面和布置、分析、设计、经济性和自动设置等。在树形菜单中，红色亮显条目即为不满足校审要求的项目，双击即可查看校审结果信息栏，并可追踪 NG 所在位置。其中参数设置错误的可直接追踪到对话框，模型布置不合理的可直接追踪到模型中的具体位置，分析设计结果不满足要求的可直接追踪到结果位置，方便设计人员对模型及参数的调整。

图 8 - 80　自动校审结果

参 考 文 献

[1]中华人民共和国住房和城乡建设部. GB 50011—2010 建筑抗震设计规范[S]. 北京:中国建筑工业出版社,2010.

[2]中华人民共和国住房和城乡建设部. GB 50010—2010 混凝土结构设计规范[S]. 北京:中国建筑工业出版社,2011.

[3]中华人民共和国住房和城乡建设部. JGJ 3—2010 高层建筑混凝土结构技术规程[S]. 北京:中国建筑工业出版社,2011.

[4]中华人民共和国住房和城乡建设部. GB 50009—2012 建筑结构荷载规范[S]. 北京:中国建筑工业出版社,2012.

[5]中国建筑科学研究院,建筑工程软件研究所. PKPM 多高层结构计算软件应用指南[M]. 北京:中国建筑工业出版社,2010.

[6]中国建筑科学研究院,建筑工程软件研究所. PKPM 结构软件若干常见问题剖析[M]. 北京:中国建筑工业出版社,2009.

[7]司马玉洲,张树珺. 建筑工程计算机辅助设计:PKPM 软件应用[M]. 北京:科学出版社,2010.

[8]杨星. PKPM 结构软件从入门到精通[M]. 北京:中国建筑工业出版社,2008.

[9]叶献国,徐秀丽. 建筑结构 CAD 应用基础[M]. 2 版. 北京:中国建筑工业出版社,2008.

[10]住房和城乡建设部工程质量安全监管司. 2009 全国民用建筑工程设计技术措施:结构(结构体系)[M]. 北京:中国建筑标准设计研究所,2009.

[11]中国建筑科学研究院 PKPM CAD 工程部. PMCAD(v2.1 版)用户手册及技术条件[R]. 北京:中国建筑科学研究院,2013.

[12]中国建筑科学研究院 PKPM CAD 工程部. SATWE(v2.1 版)用户手册及技术条件[R]. 北京:中国建筑科学研究院,2013.

[13]欧新新,崔钦淑. 建筑结构设计与 PKPM 系列程序应用[M]. 北京:机械工业出版社,2005.

[14]北京迈达斯技术有限公司. midas Building 从入门到精通:结构大师篇[M]. 北京:中国建筑工业出版社,2011.

[15]北京迈达斯技术有限公司. 结构大师操作手册[R]. 北京:北京迈达斯技术有限公司,2009.

[16]张仲先,王海波. 高层建筑结构设计[M]. 北京:北京大学出版社,2006.

[17]崔钦淑. 高层建筑结构计算机计算原理与程序应用[M]. 北京:中国水利水电出版社,知识产权出版权,2009.

[18]张维斌. 多层及高层钢筋混凝土结构设计释疑及工程实例[M]. 北京:中国建筑工业出版社,2005.

[19]陈岱林,赵兵,刘民易. PKPM 结构 CAD 软件问题解惑及工程应用实例解析[M]. 北京:中国建筑工业出版社,2008.

[20]中华钢结构论坛. www.okok.org.

[21]网易结构论坛. www.co188.com.

[22]张宇鑫,刘海成,张星源. PKPM 结构设计应用[M]. 上海:同济大学出版社,2006.

[23]姜学诗. SATWE 结构整体计算时设计参数的合理选取(1~13).